2023 年四川省科技厅科普作品创作项目资助支持

发光的宝藏

——萤火虫的繁育与产业

曹成全 等 著

中国农业科学技术出版社

图书在版编目（CIP）数据

发光的宝藏：萤火虫的繁育与产业 / 曹成全等著 . -- 北京：中国农业科学技术出版社，2023.7

ISBN 978 - 7 - 5116 - 6328 - 3

Ⅰ. ①发…　Ⅱ. ①曹…　Ⅲ. ①萤科－养殖业　Ⅳ. ① S899.9

中国国家版本馆 CIP 数据核字（2023）第 119935 号

责任编辑　闫庆健
责任校对　贾若妍　李向荣
责任印制　姜义伟　王思文

出 版 者　中国农业科学技术出版社
北京市中关村南大街 12 号　邮编：100081
电　　话　（010）82106632（编辑室）（010）82109702（发行部）
（010）82109709（读者服务部）
传　　真　（010）82106632
网　　址　https: // castp.caas.cn
经 销 者　各地新华书店
印 刷 者　北京地大彩印有限公司
开　　本　185 mm×260 mm　1/16
印　　张　13.75
字　　数　301 千字
版　　次　2023 年 7 月第 1 版　2023 年 7 月第 1 次印刷
定　　价　98.00 元

版权所有 · 侵权必究

《发光的宝藏——萤火虫的繁育与产业》

著者名单

主　著　曹成全（乐山师范学院）

副主著　童　超（乐山师范学院）

陈申芝（乐山师范学院）

何　华（武汉生物工程学院）

参　著　宋雨晗（乐山师范学院）

杨　汌（广西艺术学院硕士研究生）

王义哲（西北农林科技大学硕士研究生）

梁志文（北京师范大学–香港浸会大学联合国际学院）

在黑暗中发出萤光

——献给摸索前行中的萤火虫产业

萤火虫是大自然送给人类的精美礼物，特殊的生物发光习性决定了其特殊的产业价值和产业路径。萤火虫发出的光，不仅是物种之间的交流语言，更是世界各国人们普遍喜欢和接受的产业媒介，这些都决定了萤火虫具有做成世界性大产业的基础和潜力。若能将具有中国特色的萤火虫产业模式输出到“一带一路”相关国家，萤火虫文化和产业还能有助于世界各国人民的感情沟通。

萤火虫，是人们既熟悉又陌生的一类昆虫，所谓“熟悉”是指无人不知萤火虫，所谓“陌生”是指很多人不了解萤火虫的基础知识、不知晓萤火虫的全面产业价值、不懂得萤火虫到底该如何产业化，甚至引起了很多误解，导致了很多错误的产业做法或贻误了很多商机。这与“重研究、轻产业”的中国科研现状有关：本就极少的萤火虫研究者，鲜有人能有意愿和能力投身萤火虫产业路径研究；虽然很多企事业单位越来越青睐萤火虫产业，但是由于萤火虫的特殊性，致使很多项目都没做好，甚至失败了。

笔者十几年来不间断地从事萤火虫的基础研究，探索萤火虫的人工繁育，并成立公司进行产业实践，在萤火虫领域取得了一定的成绩。其间发表论文几十篇，获得专利20余项，出版多部书籍，申报20多个商标，指导建设萤火虫景区几十家，策划几十项萤火虫活动方案，提出了“萤火虫创意产业链／群”等若干创新概念，提出“将四川省打造成中国萤光之省”和“萤遍中国，光耀九州”等构想，接受过中央电视台等几十家媒体的采访报道，相继受邀担任日本京都大学客座教授，赴美国多所高校做访问学者，赴韩国参加萤火虫节并做大会报告，赴中国香港和中国台湾考察萤火虫项目。

在历经长期坎坷的科学研究、人工繁育尤其是产业实践过程中，笔者对萤火虫产业形成了若干观点：（1）科学研究是萤火虫保育、复育和人工繁育的基础；“谁有虫谁是王”，种类多、数量大、周期长的萤火虫虫源供应是产业化的保障，大量人工繁育萤火虫至关重要；成功的产业化带来的经济利益能有助于科学研究和保育、复育及人工繁育；这几个元素之间互相影响。（2）鉴于特殊的国情，中国的萤火虫不能为保护而保护，不能就保护而保护，要将保护和产业化相融合，用产业化反哺保护，在产业化中保护，要合理开发利用萤火虫资源，真正让萤火虫造福人类，让人们享受到萤火虫带来的红利，从而更加热爱和保护萤火虫。（3）昆虫产业有别于传统的畜牧产业，必须以“昆虫创意产业”理念为指导，方可走得更高更远，萤火虫作为一类特殊的昆虫，更要以“昆虫创意产业”思想为指导，融合一、二、三产业，践行“萤火虫+”和“+萤火虫”理念，打造“萤火虫创意产业群”，最大化延长其产业链，最大化彰显其产业价值。（4）萤火虫产业不能乱做，政府要出面规划引导，专家要提供科技支撑，要建立产业联盟，制定产业标准，引领中国的萤火虫产业健康发展。（5）萤火虫产业必须与萤火虫科普紧密结合，否则若只是简单的赏萤，就弱化了萤火虫产业的含金量，也错失了让广大民众了解萤火虫、保护萤火虫、支持萤火虫产业的良机。

萤火虫产业其实是在探索人类与生态环境之间的关系，在人类与萤火虫和谐共生的前提下让萤火虫为产业发展作出贡献，形成“萤火虫经济”。目前，尤其是近几年来，受多方因素的影响，中国的萤火虫产业发展得如火如荼，但却存在着很多问题和乱象，主要表现为：科学研究、资源调查和政府立法严重滞后，各界民众对萤火虫的认知不足，人工繁育萤火虫的产量与产业需求量严重不符，萤火虫从业者不熟悉萤火虫产业规律，各地萤火虫产业发展水平参差不齐，甚至出现了野外捕捉萤火虫以放飞展览等乱象，这些都严重阻碍了中国乃至世界的萤火虫产业发展。

专家学者要把论文写在大地上，要主动关心和探索产业发展。科学研究要能指导产业发展，产业要能吸引专家投身科研，从而形成良性互动。目前，有关萤火虫的大规模人工繁育及宠物化家庭养殖的技术及全产业开发的论著基本是空白，严重制约了萤火虫产业的发展。出于对萤火虫的热爱，本着对萤火虫产业负责的态度，在各界的支持和鼓励下，笔者斗胆尝试推出中国乃至世界第一部重点阐述萤火虫人工繁育和产业化路径的专著，甚至想将其打造成“萤火虫产业宝典”指导产业健康发展。尽管水平有限、准备不足，但笔者还是愿意抛砖引玉，引发社会大众对萤火虫产业的热烈讨论，更希望本书能像萤火虫发出的微光一样，照耀萤火虫产业和昆虫创意产业。

需要说明的是:（1）由于翔实的萤火虫人工繁育技术和产业化措施涉及商业机密，所以，很多技术和措施只能是寥寥几句、点到为止。（2）本书所阐述的产业路径等内容和观点仅是一家之言，未必完全正确，恳请大家讨论和批评，也未必要求从业者必须刻板遵守，只能权作引导和启发，更多的是依靠读者自己触类旁通的思考和举一反三的实践。（3）本书分为三篇，第一篇主要介绍与繁育和产业最相关的萤火虫基础知识，为后面的繁育和产业做好铺垫；第二篇重点讲萤火虫的保育、复育，着重阐述萤火虫人工繁育的技术；第三篇是全书的点睛之处和核心，全面阐述了萤火虫产业化路径。（4）本书不仅着眼于中国大陆的萤火虫现状，还着眼于港澳台地区，更着眼于全世界多个国家，以求从更宏观的角度全面把控和透彻阐述。（5）若想全面掌握萤火虫创意产业群的打造路径，建议读者同时阅读笔者主编的《昆虫创意产业》《昆虫创意产业助力乡村振兴》《萤光探秘——萤火虫研学读本》《追光者笔记——萤火虫科普读物》等专著，因为，为避免与上述专著的大量重复，很多内容都在本书中略写了。（6）本书不仅想讨论萤火虫产业的发展路径，还想启发昆虫产业从业者从萤火虫创意产业思路中举一反三，对其他种类昆虫（尤其是旅游观赏娱乐昆虫）的产业化发展提供借鉴，以期让昆虫创意产业绽放出更多的花朵。（7）本书在撰写过程中引用了 *Fireflies, Glow-worms and Lightning Bugs*、*Silent*

Sparks: The Wondrous World of Fireflies、《熠熠洄澜》三部著作的照片，因联系不到原作者及原著出版者，本书出版后如有原作者或出版者提出引用照片版权事宜，请与笔者联系，邮箱：chqcao1314@163.com。

本书的完成不是笔者一个人的力量，还汇集了各位著者的智慧，更包含了中国乃至世界多位萤火虫专家和众多萤火虫从业者的贡献。在此，特别感谢所有支持和陪伴我从事萤火虫研究和产业的学生、助手、同事和单位、企业，感谢所有曾经为萤火虫研究、繁育、产业作出贡献的人士，感谢 2023 年四川省科技厅科普作品创作项目（23KPZP0046）和乐山师范学院出版资金对本书的资助。与萤火虫产业的广谱性直接相关，本书涉及众多的产业群，因此具有广泛的读者群：涉及旅游景区、研学科普、乡村振兴、酒店民宿、餐厅酒吧、婚纱摄影、露营温泉、公园商场、文化教育、康养产业、环保产业、医药行业、白酒行业、香水行业、光彩行业等；既适合萤火虫繁育和产业从业者，也适合普通人士家庭宠物式养殖萤火虫；既可以作为大学和中高职院校的教学辅助资料，也可以作为政府职能部门决策的参考资料。

“在黑暗中发出萤光，不等炬火”。希望本书能唤起更多的人重视和科学对待萤火虫及其产业，使人们更珍惜萤火虫并与萤火虫友好相处，能帮助更多的萤火虫从业者全面准确地把握萤火虫产业规律进而做好萤火虫产业，能为摸索前行中的萤火虫产业插上飞翔的翅膀，让萤火虫造福人类，助推昆虫创意产业。

2023 年 7 月于四川乐山

目录

第一篇　萤火虫的基础知识

1

第一章　萤火虫的分类…………………………………………3

第一节　萤火虫的几种分类　…………………………………3

第二节　萤火虫的近缘物种　…………………………………6

第三节　其他的发光生物　……………………………………9

第二章　萤火虫的生物学特性……………………………………11

第一节　萤火虫的生活史　……………………………………11

第二节　萤火虫的生活环境　…………………………………19

第三节　萤火虫的天敌　………………………………………20

第四节　对萤火虫的误解　……………………………………24

第三章　萤火虫的行为学特性……………………………………29

第一节　萤火虫的取食行为　…………………………………29

第二节　萤火虫的发光行为　…………………………………32

第三节　萤火虫的交配产卵　…………………………………37

第四节　萤火虫的防御行为　…………………………………42

第五节　萤火虫的其他行为　…………………………………44

第四章　萤火虫的文化…………………………………………47

第一节　萤火虫的民俗传说　…………………………………47

第二节　萤火虫的诗词歌赋　…………………………………50

第三节　萤火虫的成语称谓　…………………………………51

第四节　萤火虫的电影美术　…………………………………52

第五节　萤火虫的精神文化　…………………………………52

第六节　萤火虫的园林文化　…………………………………54

第二篇　萤火虫的人工繁育

55

第五章　萤火虫的保育和复育……57
第一节　萤火虫消失的原因　……57
第二节　萤火虫资源的保护　……60
第三节　萤火虫资源的保育和复育　……61

第六章　萤火虫的人工繁育……67
第一节　人工繁育的种类　……67
第二节　人工繁育的类型　……74
第三节　人工繁育的场地　……77
第四节　人工繁育的器具　……83
第五节　人工繁育的技术　……88
第六节　人工繁育的疾病　……93
第七节　人工繁育的食物　……97

第三篇　萤火虫的产业应用

103

第七章　萤火虫的开发利用价值……105

第八章　萤火虫创意产业链的打造……111
第一节　萤火虫第三产业　……113
第二节　萤火虫第一产业　……160
第三节　萤火虫第二产业　……170

第九章　萤火虫创意产业的实操……177
第一节　产业技术　……177
第二节　产业运作　……184

主要参考文献……210

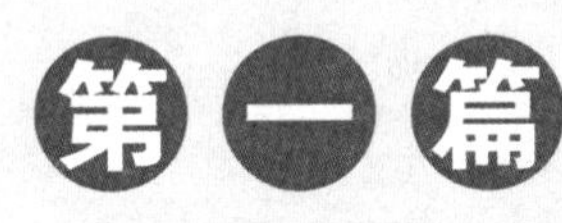

萤火虫的基础知识

第一章　萤火虫的分类

本部分内容为萤火虫的繁育和产业作铺垫，同时科学普及萤火虫基础知识。

第一节　萤火虫的几种分类

一、物种分类

很多人会误判萤火虫，若连萤火虫都没判准，其繁育和产业就无从谈起，也影响萤火虫的保护等工作。

萤火虫是鞘翅目 Coleoptera 多食亚目 Polyphaga 叩甲总科 Elateroidea 萤科 Lampyridae 和凹眼萤科（又称“雌光萤科”）Rhagophthalmidae 种类昆虫的统称。

狭义的“萤火虫”仅指萤科昆虫，但由于凹眼萤科在外部形态及发光行为上与萤科昆虫较为相似，且在分类地位上也有人认为它是萤科的一个亚科，所以，广义的“萤火虫”也包括凹眼萤科昆虫（具体介绍见本章第二节）。

所以，萤火虫其实就是一种甲虫，只是具有发光器、能发光而已。

萤火虫的外形结构如图 1–1 所示：

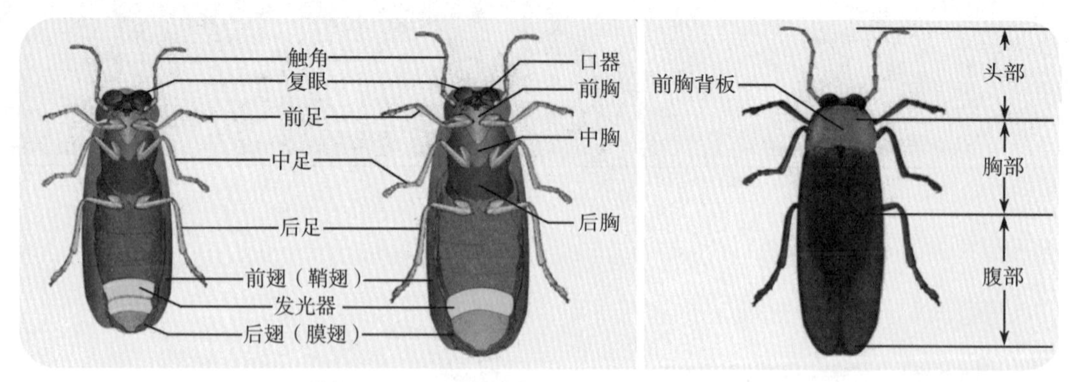

图 1-1　萤火虫结构模式图：左图为成虫腹面（左为雄性，右为雌性），右图为成虫背面（张毅 依照水萤属绘）

萤火虫主要的外部特征如下：尽管具鞘翅，但较软，所以萤火虫还有一个名字叫“软翅甲”；鞘翅上只有纵向纹路而没有横纹（图 1-2）；在停下来休息的时候，萤火虫的头部会有一部分甚至全部都隐藏在前胸背板之下（图 1-3）；萤火虫的眼睛大而圆，呈半圆球形，雄性的复眼常大于雌性。

图 1-2　萤火虫成虫背面观（徐茂洲 摄）

图 1-3　红胸黑翅萤休息时头部会有部分隐藏在前胸背板下（左图），奋力行进时头部才可以明显外露（右图）（陈灿荣，郑明伦 摄）

根据《中国萤科和雌光萤科昆虫名录》和最新文献，目前，世界已知萤科昆虫 140 属 2 200 余种，凹眼萤科昆虫 8 属 50 种；中国已知萤科昆虫 5 亚科 24 属 142 种 1 亚种，凹眼萤科昆虫 1 属 20 种。

二、生活环境分类

此部分内容有助于人们根据各类萤火虫所喜的生活环境判定类别和进行繁育、保育等。

根据幼虫所生活的环境，萤火虫可以简单分为水生、陆生和半水生三大类型。水生萤火虫的幼虫期一直在水中度过（但蛹期和成虫在陆上和空中，有的卵期也在水中）；陆生萤火虫的各虫态都生活在陆地上；半水生萤火虫多生活在沼泽和溪沟附近的潮湿地带，需要潮湿但不常积水的环境。需要提醒的是：有些时候，半水生萤火虫不太好确认，因为有些萤火虫喜欢生活在沼泽地，但也可以生活在湿度较大的陆地环境里，比如三叶虫萤 *Emeia pseudosauteri*。

水生萤火虫的幼虫终生生活在水中，以水生腹足纲类软体动物螺贝类以及小型鱼类为主要食物。多数种类生活在水底，以呼吸鳃呼吸，但条背萤 *Luciola sbustriata* 的幼虫则以寡气孔进行呼吸，幼虫生活在干净清澈的水草中间和水面；它们都在水中发光，末龄幼虫会爬到水边的石头或杂草底下打洞化蛹，直至成虫。主要是萤科中的熠萤属 *Luciola* 与水萤属 *Aquatica* 萤火虫，共计 10 来个种。

水生萤火虫在食物来源和栖息环境上具有一定的可控性，是萤火虫景观中应用较多、产业价值较高的一类品种，且可以用来监测水质和环境改良效果。

多数萤火虫属陆生种类。陆生萤火虫生活在较为潮湿的陆地上，常栖息在有苔藓丛生、枯叶覆盖的小型灌木林或森林里，以蜗牛、蛞蝓或蚯蚓等为主要食物。许多陆生萤火虫都是以幼虫越冬，天气寒冷时钻入土中避寒。

半水生萤火虫生活在沼泽地或邻近水流较为潮湿的地方，必要时会进入水中捕捉螺类为食，但需要爬出水面呼吸，否则在水中待太久会溺毙。由于半水生种类虽然有潜水的能力且喜欢湿度大的环境，但还是必须生活在陆地上，因此，也有人把这一类萤火虫归类到陆生萤火虫里面。

三、成虫的生活习性分类

此部分内容有助于人们依成虫的昼夜出没习性选择合适种类进行繁育和产业化开发。

根据成虫的生活习性，萤火虫可分为日行性、夜行性、日夜行性 3 类。

绝大多数萤火虫都是晚上出来活动发光，很少在日间活动；但部分种类也是日行性的，只在白天出来活动，发光的意义不太大，发光器几乎退化掉，成为不会发光、体色较为鲜艳的萤火虫，如弩萤属，代表性种类有奥氏弩萤（图 1–4），它们的幼虫是能发光的，只是成虫后发光器退化，不能发光了，其求偶主要依赖性信息素而非光信号。

图 1-4 弩萤成虫的发光器退化（陈灿荣，郑明伦 摄）

还有少数昼夜兼能活动（日夜行性）的种类，是夜间利用发光信号而在日间也会利用化学信号求偶的全天活动种类，主要是白天出来活动，夜晚有时也可看见它们，这类萤火虫的雌、雄虫所发出来的光均只有两个小点，发光器极度退化，在夜晚如果不仔细观察是不会发现的，如栉角萤属（图 1-5）及部分双栉角萤属。

图 1-5 栉角萤属腹部仅有两个乳白色的点状发光器（陈灿荣，郑明伦 摄）

由此可知，并不是所有的萤火虫成虫都会发光，或者说“并不是所有的萤火虫都能发光，也并不是所有能发光的都是萤火虫”。

第二节 萤火虫的近缘物种

此部分内容有助于人们判断与萤火虫相似的物种，以免混淆，且有助于后期开发更多类似萤火虫的发光物种，同时进行科学普及。

与萤火虫外貌相似或因能发光而被误认为是萤火虫的昆虫有很多，经常引起民众的误会和混淆，大概可以分为以下 3 类情况：

第一类情况是：能发光且长得比较像萤火虫，比如发光叩甲和凹眼萤。

已报道的叩甲科 Elateridae 发光类群有 200 多种，主要分布于拉丁美洲和大洋洲，来自拉丁美洲的 Pyrophorini 族叩甲具有发光的能力，其中的典型代表 *Pyrophorus* 属成虫在前胸后部的两侧具有 2 个可以发光的"斑点"，发出绿色或者黄色的光，腹部基部也有一个发光器，另外，其幼虫、卵、蛹也能发光。中国学者在 2017 年对云南西部的一次科学考察中发现了亚洲首例发光叩甲，且是一个新亚科新属新种 *Sinopyrophorus schimmeli* Bi et Li, 2019，该种平时不发光，仅在起飞的时候发光（图 1-6）。

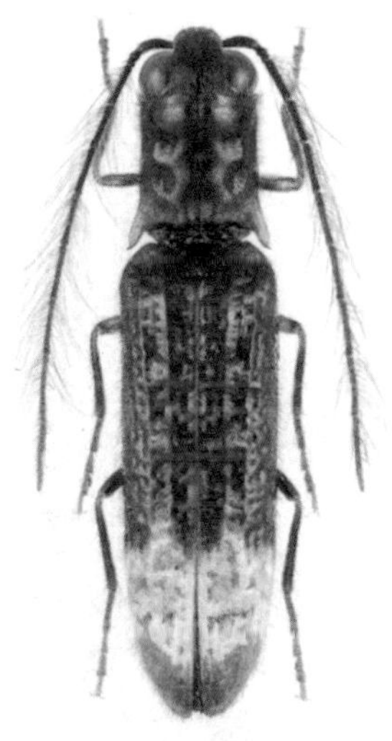

图 1-6 *Sinopyrophorus schimmeli* Bi et Li, 2019。模式：雄（左），雌（右）（论文引图）

凹眼萤科昆虫（图 1-7）严格说起来不属于萤火虫家族的。雄成虫的眼睛分成上下两半，上半部凹进去的部分，主要用于感受自然光，下半部半球形的部分，主要用来接收雌虫发出的荧光，因此被称为"凹眼萤"；又因为早先人们发现这个物种时，基本只看到了雌虫而找不到雄虫且雄虫不发光，故以"雌光（萤）"称之。其实，是雄虫躲藏起来且数量很少，很难发现而已，且雄虫也有发光现象，其发光现象和雌虫一样，大多数体节均会发出三点黄绿色光，只是亮度远不及雌虫明亮（图 1-8，图 1-9 右图）。

该类昆虫的雌成虫保持了幼虫的形态，在交配前，雌虫只有尾部会发光，光点强烈明显，它会爬到空旷的地方，高举腹部后端发光吸引雄虫与它交配，但是雄虫并非每日都会出现，有集中出现的现象，或许与气候有关；如果 1 个小时左右都无雄虫出现，雌就将尾部放平，爬回土内"关灯"睡觉，等待明日再来尝试。

一旦交配成功，它就会躲进土里产卵，此时，发光的方式开始产生重大转变：除原先尾部仍会发出一排光外，身体出现多点发光（图 1-7 左下图，图 1-9 左图），甚为壮观，有“发光女神”之称，或被称为会“舞火龙”的萤火虫，同时，这种行为也被奉为“伟大母爱”的极佳象征，是母爱教育和母亲节的极佳素材和特色礼物。

不同种类的凹眼萤体形大小差别很大，其中，巨凹眼萤 *Menghuoius giganteus* 的成虫体长能达 5cm。白天看起来酷似一条大号的黄粉虫，夜晚却奇迹般地全身发出绿光，宛如披挂了几串小灯，其身体上的发光点多达 30 余个，而且不会闪烁，亮度远远超过普通萤火虫，甚至能够照亮周围数厘米的范围。

凹眼萤幼虫主要取食马陆，通过强有力的弯钩状口器直接撕咬马陆头部，并注入毒液将其麻醉。马陆头部刚刚被咬后会因疼痛而马上翻滚蜷曲，但不久便失去活动能力。马陆丧失抵抗能力后，凹眼萤幼虫便由头部开始食用，甚至钻入马陆体内取食，直至将整个马陆食尽。

图 1-7　某种凹眼萤的雌成虫（左图，从上到下分别为求偶时发光、卵、产卵后发光）和雄成虫（中图和右图，分别为背面和腹面）

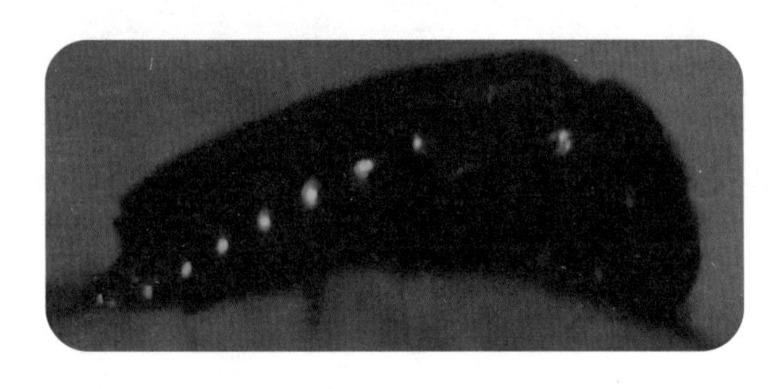

图 1-8　凹眼萤雄虫发光极其微弱，不容易被观察到（陈灿荣，郑明伦 摄）

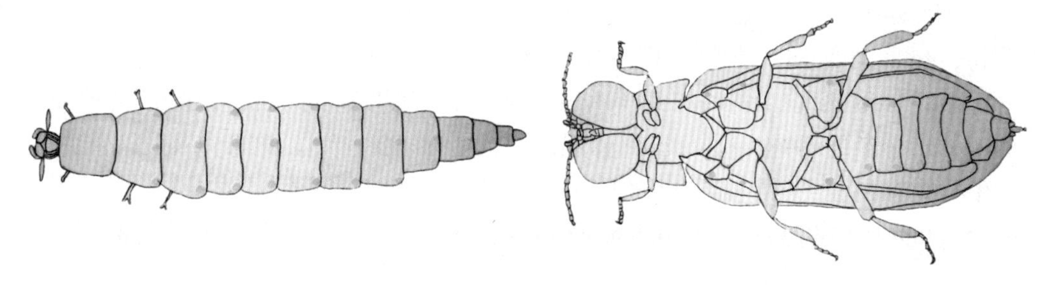

图 1-9　凹眼萤雌虫产卵时发光（左图）和雄虫发光（右图）（张茜 仿绘）

第二类情况是：其本身不会发光，只是外表长得像萤火虫，包括红萤科、菊虎科、花萤科甚至叶甲科的昆虫。这些和萤火虫长得很像的昆虫，有部分是农业上的害虫，蚌食叶片，毁坏作物，更有很多民间人士把叶甲科的“黄守瓜”误认为是萤火虫，继而有了“萤火虫吃植物，是害虫”的误解。

还有一种情况就是该昆虫的幼虫很像某种萤火虫的幼虫，因此很容易被人误判，比如二叶虫红萤的幼虫很像三叶虫萤的幼虫。

第三类情况是：发光原理和外部特征均与萤火虫明显不同，但有时候也被误认为萤火虫，如新西兰“萤火虫洞”中的“萤火虫”。其实，洞里发光的并不是萤火虫，而是发光蕈（xùn）蚊（双翅目蕈蚊科蕈蚊属昆虫）的幼虫，在洞穴顶端分泌黏液，做出中空透明的多条黏液管道，像珊瑚一样由一个出发点向下散开，成一簇簇的垂吊线体，幼虫便在每一丛的发出点趴着伏击等待，并持续发出淡蓝色的光，很多洞穴昆虫就被吸引过来，在接触到黏液的一瞬间，身体被黏液粘住而无法动弹，蕈蚊幼虫则不紧不慢地顺着振动的方向，通过黏液中间中空部分来取食猎物。

除此之外，南美洲发现的荧光蟑螂，前胸背板上有一块黑斑，上有骷髅眼睛一样的图案，当用荧光灯照射时，“骷髅眼睛”便会发出亮黄色的荧光。在这些部位的甲片上生长着可以发光的细菌，这便是荧光蟑螂能够发光的原因，在人工饲养的情况下发光会消失，据推测，在原产地此种蟑螂会进食含有能制造荧光素的菌类，而在人工饲养条件下则无法取食。

除了上述几种情况之外，某些影视作品中也出现了与萤火虫相似或混淆的物种，如《鬼吹灯之云南虫谷》中的“火虫（flamefly）”不是“萤火虫（firefly）”。

第三节　其他的发光生物

此部分内容是为了扩大发光物种的开发和科学普及。

在自然界中，生物的发光现象普遍存在，原生动物、腔肠动物、软体动物、节肢动物、被囊动物和鱼类等，都有发光种类存在，有40～50个生物类群，节肢动物门（Arthropoda）的海蜘蛛纲（Pycnogonida）、真甲壳纲（Eucrustacea）、倍足纲（Diplopoda）、多足纲（Chilopoda）、弹尾纲（Collembola）和昆虫纲（Insecta）都存在发光生物。在昆虫纲中，同翅目（Homoptera）[现已归入半翅目（Hemiptera）]、双翅目（Diptera）和鞘翅目（Coleoptera）都有发光的种类，但发光昆虫的大部分类群集中在鞘翅目，包括萤科（Lampyridae）、凹眼萤科（Rhagophthalmidae）、光萤科（Phangodidae）和叩头甲科（Elateridae），此外，隐翅虫科（Staphylinidae）也有发光的种类。有些植物和真菌也能发光。

生物发光是一种十分迷人的现象，黑夜中的点点光亮就像生物界“精灵们”写给大自然的情书。自然界中的发光生物已知来自11个门和600多个属（不包括发光细菌和真菌），其中80%是海洋生物，如海萤 *Vargula hilgendorfii* 和发光水母 *Aequorea victoria*。相比之下，陆生发光生物仅存在于3个门（环节动物门、软体动物门和节肢动物门）和大约140个属中。鞘翅目是动物界中发光种类最多的类群，除了上面章节阐述的发光类甲虫和双翅目的3个能发光的属 *Arachnocampa*、*Keroplatus* 和 *Orfelia* 之外，还有以下发光的动物类群。

发光弹尾虫：在弹尾虫的两个属 *Neanuridae* 和 *Onychiuridae* 中也发现了生物发光现象，但由于对其观察结果和发光机制研究有限，所以目前对于其发光机制和生物学功能尚不清楚。

发光马陆：倍足纲 Diplopoda 中也有过生物发光的记载，被称为发光马陆，主要存在于3个属，分别是 *Motyxia*、*Paraspirobolus* 和 *Salpidobolus*。它们全身发光，且受到刺激后发光程度会增强。由于其中一些能发光的属的眼睛都已经退化，所以科学家们推测，它们的发光主要是起警示作用，而不是用于交流。诺贝尔化学奖得主下村修教授在1981年研究了 *Motyxia* 属千足虫的发光机制，认为其发光与光蛋白、ATP和 Mg^{2+} 有关，但与萤火虫不同的是其发光反应不需要荧光素酶的参与。

发光蜈蚣：在唇足纲 Chilopoda 中有5个科有过发光生物的记载，即 Himantariidae，Oryidae，Geoophilidae，Linotaeniidae 和 Scolopendromorpha。*Orphaeus brevilabiatus* 被称为发光蜈蚣，属于 Oryidae 科，这种蜈蚣在机械、化学和电刺激下，可以从胸腺的气孔处分泌透明黏性液体，这些分泌物可以发出绿色荧光，即使在蜈蚣离开后，粘在土壤上的液滴还可以持续发光数秒之久。

发光蚯蚓：在环节动物门中，唯一已知的陆生发光物种属于寡毛纲。在寡毛纲中，已报道的发光种有16属。对于发光蚯蚓而言有种很有趣的现象：寡毛纲中的磷微蠕蚓 *Microscolex phosphoreus* 在受到轻微刺激后不会发光，只有在被切割、挤压或其他粗暴对待后，发光液才会从体内排出。

除此之外，软体动物的陆地蜗牛 *Quantula striata* 和腹足纲的帽贝 *Latia neritoides* 也能发光。

第二章　萤火虫的生物学特性

此部分主要是为萤火虫的繁育和产业化作铺垫，只有详细了解其生物学知识，才能在此基础上进行保育和人工繁育，同时也可以作为部分产业化思路的参考资料。

第一节　萤火虫的生活史

萤火虫属于完全变态昆虫，一生经历卵、幼虫、蛹和成虫 4 个发育阶段（图 2-1 至图 2-4）。水生萤火虫通常 4 个月或半年完成 1 个世代，而陆生萤火虫一般 1 年 1 代，有些种类长达 2 年。不过，生活史的长短和食物及温度等也有较大的关系：实验室里，在食物缺乏的情况下，曾有极少数的双色垂须萤及山窗萤的幼虫饲养了近 20 个月才化蛹的记录；在温度保持较高的情况下，三叶虫萤不到 1 年就能羽化。一般来说，南方春、夏季节出现的萤火虫种类通常是以老熟幼虫钻进土缝或石块下越冬，秋冬出现的种类以卵越冬，到翌年温度较高时卵才孵化，卵期一般长达 3 ～ 4 个月。

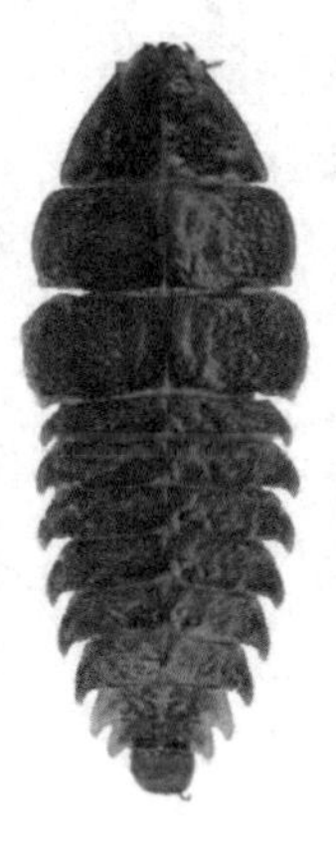
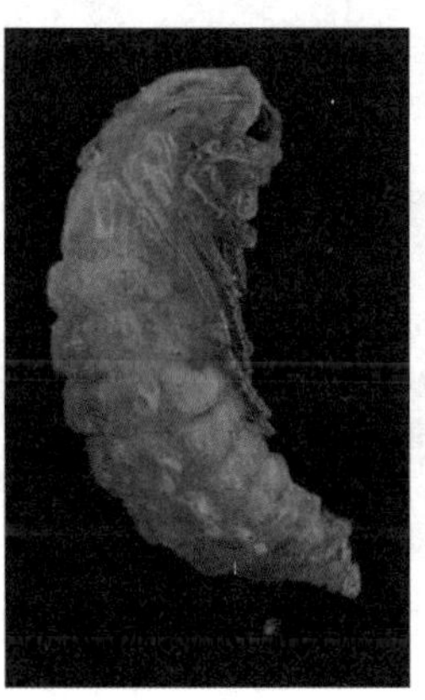

图 2-1　陆生萤火虫（三叶虫萤）生活史（从左到右依次为：卵、幼虫、蛹、成虫）

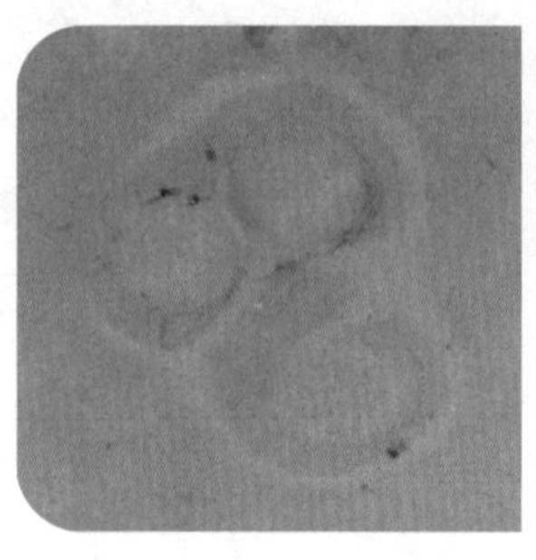

图 2-2　水生萤火虫（雷氏萤）生活史（从左到右依次为：卵、幼虫、蛹、成虫）

图 2-3　*Pyractomena borealis*：幼虫、蛹（外壳带着幼虫蜕皮）、成虫羽化、雄虫守护雌蛹、交配（Sara Lewis 摄）

图 2-4　在澳门拍摄的金边窗萤 *Pyrocoelia analis*（左图为雄成虫，右图为幼虫）（曾杰 摄）

1. 卵

由于种类与栖息环境的不同（图 2–5 至图 2–10），不同种类雌虫所需要寻找的产卵场所也不同。幼虫生活在水中的黄缘萤及黄胸黑翅萤雌虫会将卵产在水边的青苔上，而条背萤的雌虫则将卵产在浸没于水中的浮萍背面。陆生窗萤及短角窗萤的雌虫大多会在石缝或土缝中产卵，而晦萤类的雌虫则会将卵分散产在土壤里，扁萤类雌虫则将卵散产在土表或土表腐殖质中。半水生的穹宇萤和喜湿的三叶虫萤等则喜欢把卵产在湿润的苔藓上。

产卵的数量因种类及个体大小而异，一般情况下，脉翅萤属及短角窗萤属的神木萤产卵量较少，一般不超过 20 粒；水生萤属的黄缘萤及晦萤属的黑翅晦萤，其雌虫产卵量则在 70 ～ 150 粒；体形较大的山窗萤雌虫产卵量则可达 300 粒以上。总体而言，多数萤火虫的产卵量在 50 ～ 100 粒。卵粒的大小因种类而异，最小的为纹胸黑翅萤、黄缘萤等熠萤亚科的种类，其卵粒直径仅 0.2 mm 左右，而最大者为云南扁萤及山窗萤，其卵粒的直径可达 2.0 mm。大部分的萤火虫卵也会发光。

萤火虫的卵期因种类而异，已知卵期最短的是条背萤，只需 1 周左右，最长的种类为冬季出现的萤火虫，比如山窗萤及云南扁萤等，由于它们多以卵越冬，卵期可长达 4 个月以上。春末夏初出现的种类，其卵期多在 3 周左右。

一般刚产下的卵为淡黄或乳白色，随着时间的推移，卵末期卵壳会呈半透明的黄褐色，此时隐约可透过卵壳看到卵内的幼虫。幼虫在卵中卷曲，随着其身躯越来越大，也会慢慢将卵壳撑大，当卵壳大到无法再大的时候，就会从最脆弱的一个点开裂，幼虫从中钻出，即为孵化。

卵的孵化受很多外界因素的影响，以三叶虫萤 *Emeia pseudosauteri* 为例，卵在 12 ～ 30℃ 恒温条件下孵化率随着温度升高显著下降，卵的发育起点温度为 3.52℃，有效积温为 382.20 d · ℃；厚实的土壤是三叶虫萤卵抵御外界不利天气的基础，遮蔽物环境避免了自然强光、恶劣天气、人为践踏、重物冲击等外界不利因素造成的卵孵化失败，光照对卵的孵化基本没影响，但低温会延缓卵的发育。

图 2–5　条背萤的卵
（产卵在叶片背面，付新华 摄）

图 2–6　产卵于苔藓缝隙

图 2–7　产卵于土壤缝隙

图 2-8　三叶虫萤卵

图 2-9　窗萤卵及其孵化后的卵壳

图 2-10　短角窗萤卵

2. 幼虫

在萤火虫整个生活史中，幼虫期最长，从 3 ～ 5 个月到 10 个月甚至更久不等，一般占整个生活史周期的 2/3 左右，但是对于萤火虫幼虫的研究却十分有限。据统计，有 94% 萤火虫物种缺少幼虫期的研究，且已有的研究主要集中在形态和行为方面，对于生活史、生理生化和分子互作方面的研究相对更少。大多数的幼虫需要经过 5 ～ 7 次的蜕皮，以三叶虫萤 *Emeia pseudosauteri* 为例，幼虫共 8 龄，随龄期增大，体色和形态特征都会发生变化；如果食物充足，或者温度较高，前后两次的蜕皮间隔会缩短；萤火虫一二龄的间隔时间较短，而最后两三个龄期的蜕皮间隔较长；幼虫白天躲藏在石头、沙堆、枝叶、洞穴或泥土中休息。萤火虫陆生幼虫通过气孔呼吸，水生幼虫生活在水底，主要是通过呼吸鳃呼吸；但条背萤 *Sclerotia flavida* 幼虫以寡气孔进行呼吸，生活在干净清澈的水草中间和水面，研究认为条背萤幼虫的游泳行为改变与呼吸有关。萤火虫幼虫具臀足，主要有以下的功能：吸附功能，将身体吸附在物体上；作为清理工具，清理体表黏着的泥土等脏物；辅助爬行，此外，穹宇萤幼虫还可利用臀足筑巢化蛹。

萤火虫家族种类众多，幼虫的形态特征差异也很大（图 2-11），有很多长相怪异的幼虫（图 2-12、图 2-13）。

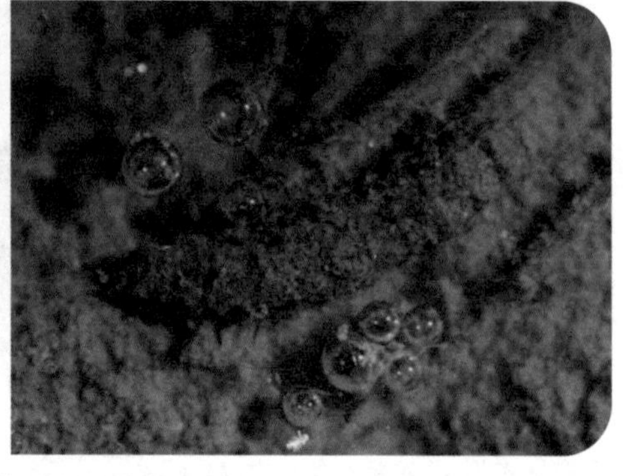

图 2-11　穹宇萤幼虫和雷氏萤幼虫（徐茂洲 摄）

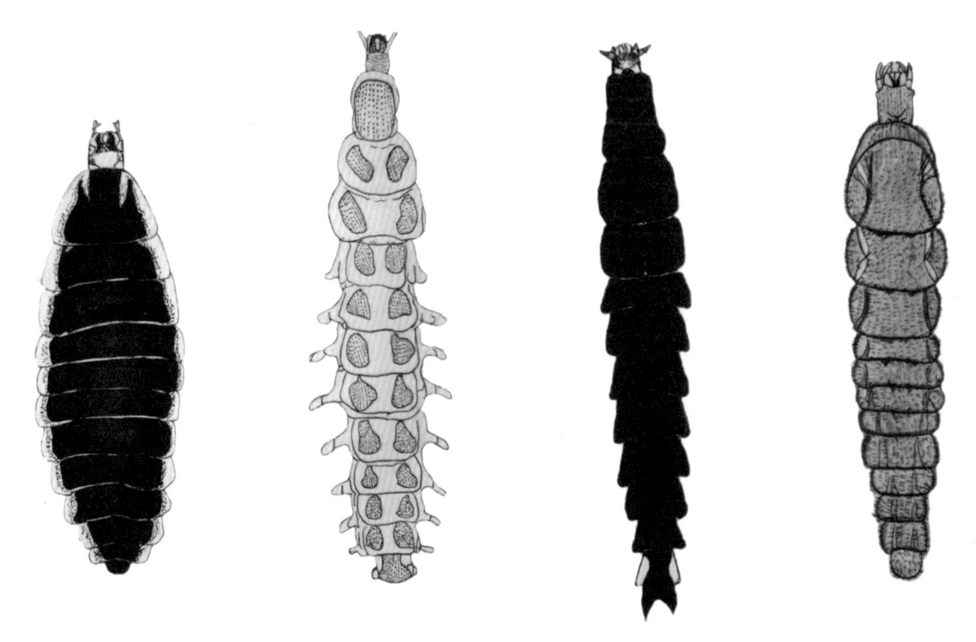

图 2-12 几种萤火虫幼虫体形图（张茜 仿绘）

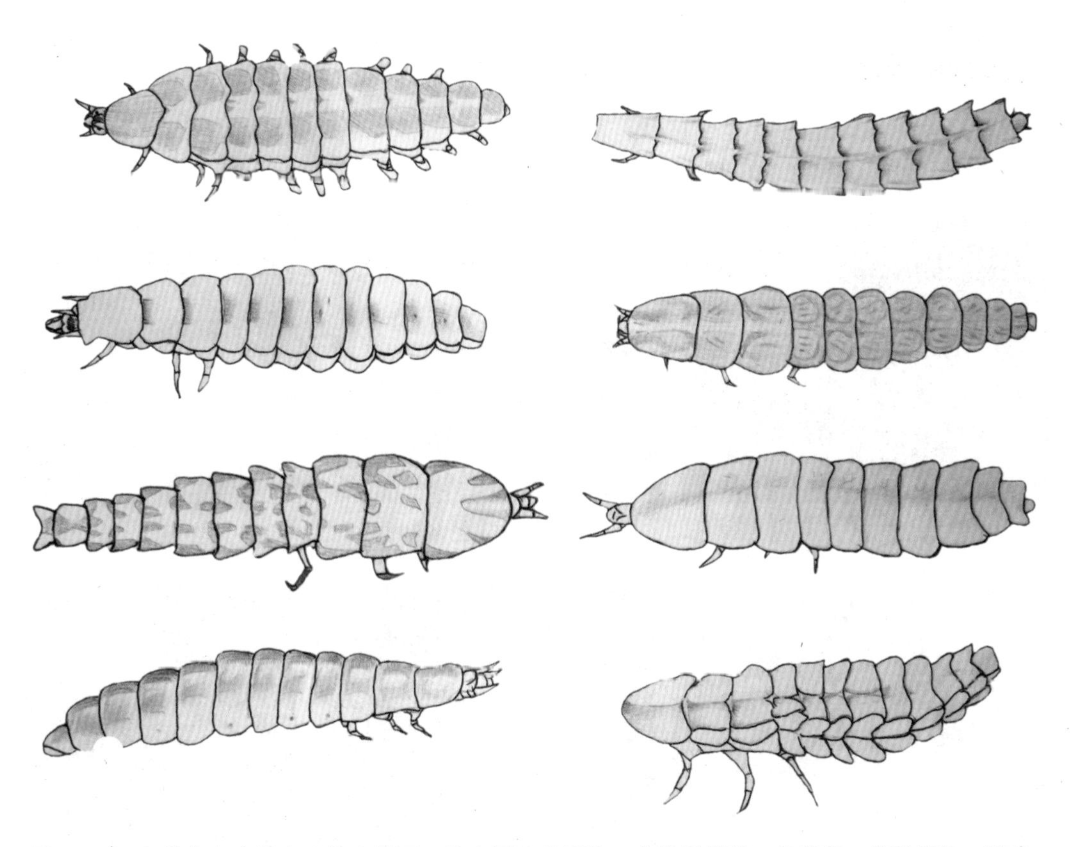

图 2-13 各类萤火虫幼虫（从上到下、从左到右分别为：黄胸黑翅萤、条背萤、黄脉翅萤、橙萤、蓬莱短角窗萤、云南扁萤、双色垂须萤、鹿野氏黑脉萤）（张茜 仿绘）

3. 蛹

当幼虫长到终龄时，就会开始找适当的地方准备化蛹。终龄幼虫在化蛹前，会略呈弧状，然后不吃不动，很像死去一样，这个时期称为“预蛹期”，一般幼虫的预蛹期的时间为 1 周左右（图 2–14）。

陆生萤火虫会选择在草丛土表、石头缝或树洞里直接蜕皮化蛹，水生萤火虫一般会在水边石头或苔藓下比较松软的地方建造一个蛹室化蛹（图 2–15），半水生的穹宇萤 *Pygoluciola qingyu* 末龄幼虫会建造一个带喇叭口的精致蛹室后化蛹。萤亚科昆虫多找隐蔽的土缝、石缝、树缝或落叶下化蛹，弩萤亚科的种类则钻入土中化蛹，熠萤亚科昆虫除了多会钻入土中化蛹外，晦萤属的种类甚至会筑土茧化蛹，穹宇萤还会用头部和足等筑带有喇叭口的特殊土茧，熠萤属的水生萤火虫喜欢在苔藓下面的湿润土壤中作个简单的巢穴，在其中化蛹。

幼虫化蛹时许多部位的特征会发生重大改变（图 2–16 和图 2–17），如长出翅芽，改变口器、复眼、触角，生殖器也在此时形成。在化蛹初期，部分种类发光质会随着体液流动，因此，除了尾部外，有些个体全身都会发出淡淡的荧光，但到了蛹期末期，夜行性种类的发光质集中到尾部，就会形成只有尾部才会发光的现象，而日行性的种类在此时发光现象则慢慢消失。萤火虫的蛹为裸蛹，一开始颜色很淡，后来颜色逐渐加深，直至身体成为黄色或黄褐色，眼睛变黑，翅膀颜色变为深褐色；有些种类（如窗萤、扁萤）的蛹还可以爬行移动，甚至还能雌雄配对。在蛹期一般可分辨出萤火虫的雌雄，一般雌蛹的个体比雄蛹大（图 2–16）。

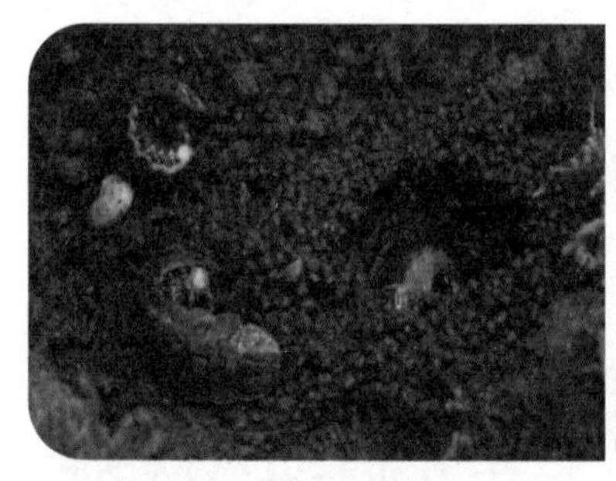

图 2–14　某种扁萤的预蛹、蜕皮及蛹

图 2–15　水生萤火虫蛹巢

图 2–16　陆生萤火虫化蛹

图 2–17　突尾熠萤蛹

4. 成虫

大部分萤火虫的蛹期为一两周，少数种类如双色垂须萤的蛹期可以长达近 1 个月。在即将羽化成虫的前两天，蛹壳会渐渐透明，而蛹内部的体色会明显加深到近成虫的体色。当整个成虫的形状及体色完全呈现时，此蛹则将于几个小时内就可以羽化。刚羽化出来的成虫（图 2–18），翅膀很软，呈乳白色，并不会马上离开化蛹场所，要待在原地几个小时等翅膀硬了才开始活动，而会做蛹室或筑土茧的种类有时还会在化蛹场所待三四天才钻出来活动。

萤火虫成虫离开化蛹场所后，一般就不会返回了，但像纹胸黑翅萤、蓬莱短角窗萤等无法飞行的雌虫，羽化后除了求偶时会近距离离开外，平时它们都是待在土茧或树洞等化蛹场所内。一旦要产卵，也仅是在土茧外或树洞内直接将卵产下。

在萤火虫发生的季节，先出现的个体往往都是雄虫，待成虫发生期进入 1 周后才比较容易出现雌虫，这个现象可能是因为雌性幼虫往往比雄性幼虫多 1 个龄期的缘故；到了发生期末期，有时候甚至雌虫的数量比雄虫还多，这种现象是因为雌虫要产卵需要更多的养分，其幼虫期要花更多的时间觅食，因此比雄幼虫晚化蛹和羽化。羽化过程中的萤火虫相当脆弱，所以，化蛹场所选择不当或羽化时受到干扰往往会羽化失败，在人工养殖过程中，提高羽化成功率也是重要的一环。羽化不成功的萤火虫在外形上会有明显的缺陷（图 2–19），如果缺陷严重，除了无法飞行或影响求偶外，也很容易被地面的天敌所捕食。

图 2–18　刚羽化完成的窗萤（陈灿荣，郑明伦 摄）

图 2–19　羽化时翅膀受损的窗萤成虫（陈灿荣，郑明伦 摄）

成虫寿命一般为1周左右，只有少数种类如双色垂须萤及少数山窗萤雄成虫可以在实验室内饲养达3周以上，少数种类如雌光萤的雌成虫可以存活近1个月。有些种类萤火虫成虫的雌雄二型性明显，不仅外形差异很大，而且飞行等行为差异也较大，比如雄虫多在空中飞舞，雌虫多躲在草丛内不太飞行或不能飞行。雌虫不喜欢飞的原因主要有两个：一是由于雌虫负责产卵的工作，体内往往带有几十粒甚至数百粒的卵，这些卵粒增加了雌虫的重量，因此可能大大降低了其飞翔的意愿；另一个原因是有的种类，如窗萤属、短角窗萤属、垂须萤属、扁萤属及部分熠萤属的雌虫，翅膀退化缩小，甚至消失，根本无法飞行。当雌虫在草丛内出现时，眼明手快的雄虫就会飞到雌虫的周边，各自以发光的方式期待得到雌虫的青睐。所以，这时在空中漫飞的萤火虫就会减少，反而在草丛内聚集的萤火虫增多。

萤火虫幼虫无法辨别性别，但雌雄成虫异型，可以根据发光器、体型、翅膀甚至触角、复眼等判断其性别：

（1）一般常见的种类，雄虫都是发两排光，雌虫发一排光或点状光（六点、四点或两点），所以，简便的辨别方式是：发两排光的一定是雄虫，发一排光或点状光的大概就是雌虫，当然也有例外，例如：三节熠萤的雄虫是发三排光，而有的橙萤雌虫发光器特别发达，原本4个单独的点状光连接在一起，变成和雄虫一样发出二排光，不过这些都是比较少数的种类；熠萤亚科除日行性的黑翅萤属之外，其雄虫均有两排发光器，而雌虫仅为一排；萤亚科的种群中，短角窗萤属、扁萤属及部分窗萤属的种类为夜行性，夜行性种类的雄虫（除扁萤属的雌雄虫均为两个点状光外），都有两排明显的发光器，而雌虫则多为4～6个点状发光器，其中，橙萤有少数个体发光器发达，具有与雄虫一样的两排发光器。整体来说，若观察到两排发光器的一般就是雄虫，但雄虫不一定有两排发光器。

（2）雄虫基本都有翅膀，可以飞行，但窗萤、短角窗萤、垂须萤、扁萤及部分熠萤的雌虫翅膀退化缩小甚至全部消失而无法飞行，形态差别很大，一眼便可识别；还有一种情况比较特殊，比如三叶虫萤的雌虫除了个头稍小之外，其前翅正常，但后翅却退化成了翅芽（掩藏在前翅下面），无法起飞。所以，空中飞行的很多都是雄虫而非雌虫，对无翅或翅芽的种类而言，起飞的全是雄虫。

（3）所有夜行性萤火虫的雌雄成虫有一个共同的特征：雄虫的眼睛均比雌虫大一些。

（4）一般萤火虫雌虫的体形多较雄虫大，但也并非绝对，比如，黑翅晦萤雌虫体形明显小于雄虫，神木萤的雌虫体形更是大多数比雄虫小。

（5）日行性的萤火虫没有发光器，雄虫主要是靠发达的嗅觉来寻找配偶，因此，一般雄虫的触角明显比雌虫的要更大或更长（图2–20）。

图 2-20　赤腹栉角萤雄虫（左）触角明显比雌虫（右）发达（陈灿荣，郑明伦 摄）

雌雄虫交配之后，雄虫 1 ～ 2d 就会死亡，雌虫则在交配后 2 ～ 10d 陆续产卵，在产完卵后的 1 ～ 2d 内也会死亡。雌虫可多次产卵，但初次产卵数量最多，随后产卵量则随产卵次数增加而减少；雌虫的产卵次数和产卵量与其体重相关，体重越重则其产卵次数和产卵量越多。云南扁萤 *Lamprigera yunnana* 雌成虫会出现抱卵行为，且在抱卵的同时还会继续产卵。

第二节　萤火虫的生活环境

从地域跨度上说，萤火虫广布于除南极洲以外的各大洲，主要生活在热带和亚热带地区。在中国分布广泛，甚至包括东北、西北在内的北方多个省份也有萤火虫的分布，但主要分布在南方地区。从时间跨度上说，每个月份都会有萤火虫成虫羽化，只是地点和数量有差异。

影响萤火虫分布的主要因素有地形、地貌、海拔、湿度、空气、土壤、水质和光照等环境因子和植被、食饵、土壤生物及种群内部因素等生物因子，当地的气候特点、陆地环境的生态条件、水土的 pH 值、土壤湿度及有机质、水的溶氧量等都不同程度地影响着萤火虫分布。

水生、陆生、半水生 3 类萤火虫的生活环境如下（图 2-21 至图 2-23）：

图 2-21 （水生）雷氏萤幼虫及其生活环境（稻田）

图 2-22 （陆生）窗萤幼虫及其生活环境（树林）

图 2-23 （半水生）穹宇萤幼虫及其生活环境（溪沟）

总结各个栖息地的类型发现，水生萤火虫喜栖池塘、稻田、藕田等环境中，水流不要很快，但也要有充足的氧气，水质要好，水中要有较多生物，水面要有些植株遮阳和供成虫栖息，岸上要有足够的细土及松软植被以供上岸化蛹。

陆生萤栖息的环境则多样化，森林、草地、田地周围等自然环境均可以，但一定要有较多的植被覆盖，且有大量软体动物，湿度适中。萤火虫幼虫本身不保湿，但又需要较大的湿度才能满足自身生长发育的需要，茂密的丛林有助于遮阳保湿，同时，萤火虫幼虫和成虫都属于避光性昆虫，森林能遮蔽很多阳光，利于萤火虫的生长。这就是很多陆生萤火虫喜欢生活在森林中的重要原因。

半水生萤火虫主要是生活在河流、小溪、水渠等水边岸上，需要水流稳定，水质不受污染，有较多的螺类等食物，岸边要有土壤和草木生长以便化蛹。同时，在一些有一定积水的沼泽地或坑洼地甚至有渗水的崖壁上也可以生存。

总体来说，萤火虫喜栖的都是水质、土壤等环境很好的地方。因此，萤火虫可以作为优质环境的代言者。

第三节　萤火虫的天敌

萤火虫成虫陆地环境中的天敌（图 2-24 至图 2-35）主要是蜘蛛、螨虫、蜈蚣 / 蚰蜓、螳螂、食虫蝽象、蚂蚁、苍蝇等节肢动物，还有涡虫、笄蛭等扁形动物和线虫，以及青蛙、蟾蜍、蛇、鸟类、蝙蝠等脊椎动物，在美洲还有一类专门捕食萤火虫的女巫萤 *Photuris* sp. 也算是一种天敌，有的成虫也会被真菌寄生；水域环境中的天敌主要是水黾、蝎蝽、水蛋、虾蟹及部分鱼类等。

图 2-24　食虫蝽象捕食纹胸黑翅萤（陈灿荣，郑明伦 摄）

图 2-25　水黾捕食掉落水面的弩萤（陈灿荣，郑明伦 摄）

图 2-26　宾夕法尼亚州的臭虫若虫刺穿并取食 *Pyropyga decipiens*（Lynn Frierson Faust 摄）

图 2-27　猎蝽用喙刺穿萤火虫（Lynn Frierson Faust 摄）

图 2-28　蜘蛛正在清理蜘蛛丝包裹的萤火虫（Lynn Frierson Faust 摄）

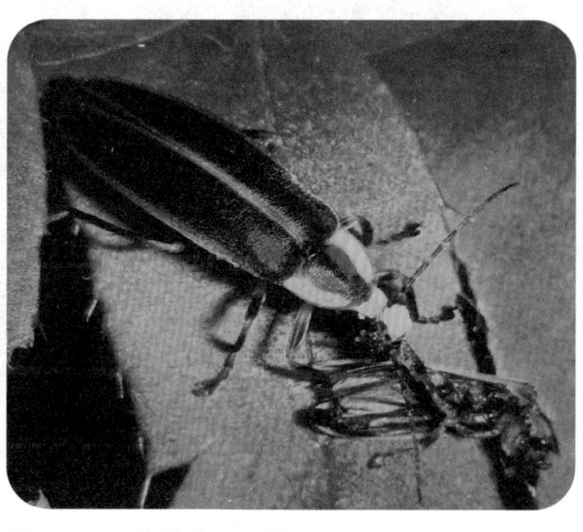

图 2-29　雌性萤火虫捕食 *Photinus macdermotti* 柔软的部分（Lynn Frierson Faust 摄）

图 2-30　涡虫捕食黑翅晦萤
（陈灿荣，郑明伦 摄）

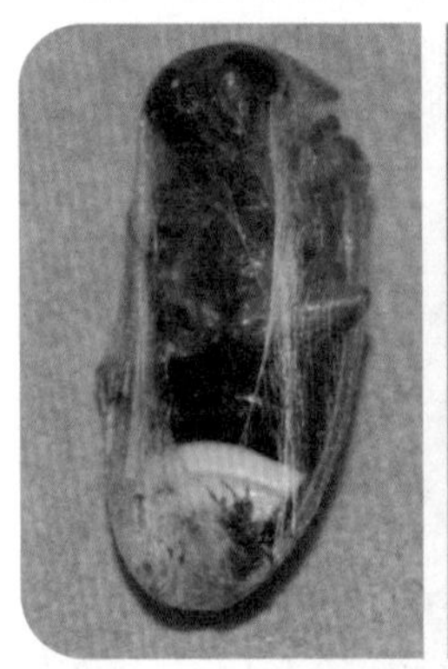

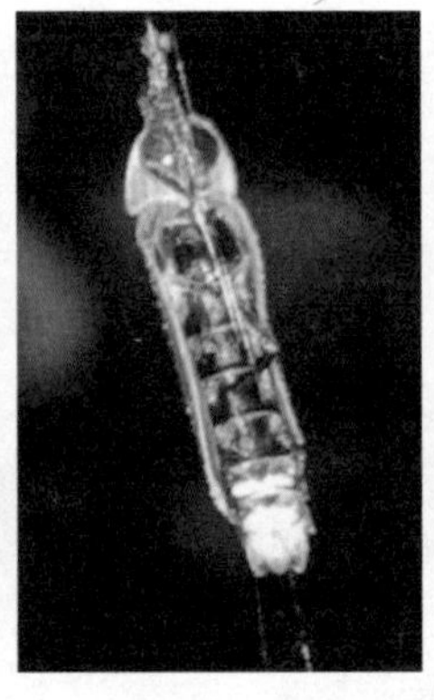

图 2-31　各种萤火虫被蜘蛛网住的情况

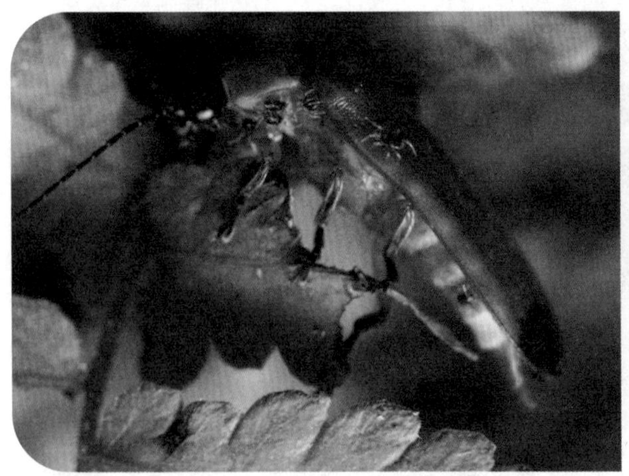

图 2-32　大端黑萤成虫被螨虫寄生

图 2-33　白色的苍蝇幼虫从垂死的 *Ellychnia* sp. 雌虫体内钻出，在 1d 内化蛹，10～21d 后苍蝇成虫出现（Lynn Frierson Faust 摄）

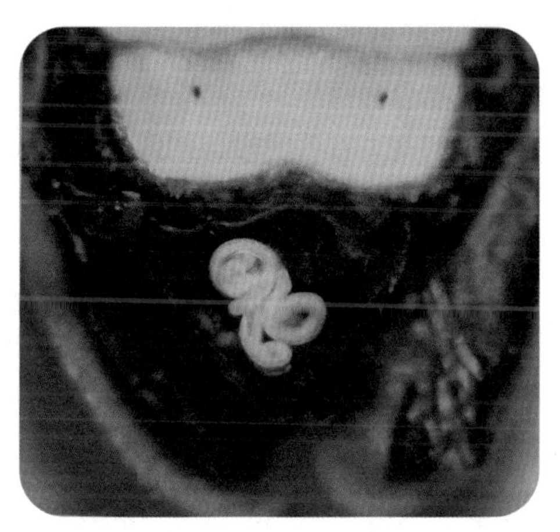

图 2-34　线虫在濒临死亡的萤火虫宿主身上出现（Lynn Frierson Faust 摄）

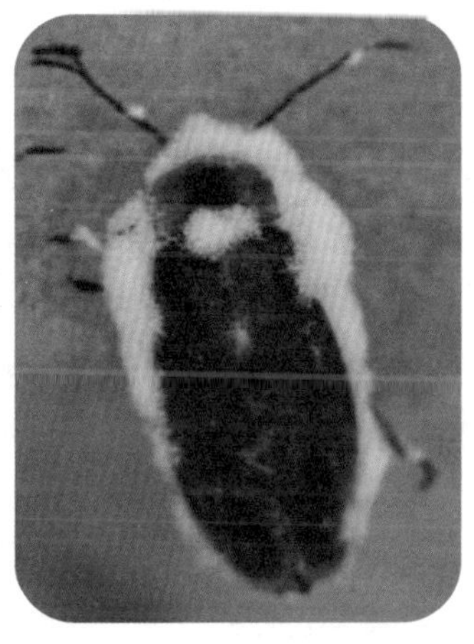

图 2-35　三叶虫萤成虫感染白僵菌（王义哲 摄）

陆生萤火虫幼虫的天敌（图 2-36 至图 2-38）主要有螨类、沼蝇、蚂蚁、蛇、蛙等，特别是螨类喜好寄生于萤火虫幼虫体节接缝处或足部的基节窝上；一些真菌会寄生幼虫，使幼虫变成白僵虫。水生萤火虫幼虫的天敌包括水蛋、爬沙虫等捕食性水生昆虫及鱼、龙虾等各种较为凶猛的捕食性水生动物。

图 2-36　颈槽蛇取食某种窗萤幼虫（福田将矢 摄）

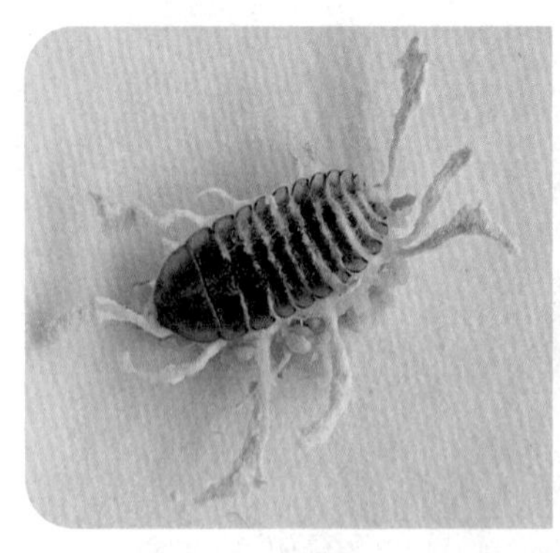

图 2-37　黄宽缘萤幼虫感染白僵菌（王义哲 摄）

图 2-38　扁萤被螨虫寄生

萤火虫的卵和蛹由于基本不会移动而很容易受到感染、寄生和捕食。白僵菌等真菌会侵染卵和蛹造成大量死亡，很多昆虫、蜘蛛等会捕食萤火虫的卵。

捕食性蜘蛛 *Lycosa rabida* 可以基于荧光视觉信号对萤火虫进行捕食，突然闪光对跳蛛 *Phidippus princeps* 没有恐惧作用，相反蜘蛛更喜欢靠近会闪光的猎物，研究还表明，结网的蜘蛛捕捉到的多是会飞的雄虫，而不结网的蜘蛛多在草丛间捕捉正在产卵的雌虫，萤火虫也产生了相应的生理抵御措施应对被捕食和寄生，如产生毒素和进行适当的伪装，萤火虫被蜘蛛网粘住后，可以发出警戒的闪光。有些时候，蜘蛛捕到萤火虫后并不马上食用，先将猎物用丝捆绑后搁置在网上或带回洞中慢慢享用。

萤火虫的发光行为会给食虫蝙蝠 *Eptesicus fuscus* 带来警戒效果，蝙蝠会避免取食萤火虫，可能和被捕食者体内存在毒素有关。九龙颈槽蛇（*Rhabdophis nuchalis*）偏好性地取食含有蟾蜍甾烯 bufadienolides（BDs）的萤亚科 Lampyrine 幼虫，并将 BDs 储存于颈背腺中。

为了权衡易于配偶定位和减少被捕食风险，有些萤火虫甚至演化成了完全的白天活动，比如，*Photinus interdius* 在进化过程中为了躲避天敌而演化成完全白天发光求偶交配的萤火虫。

第四节　对萤火虫的误解

由于研究萤火虫的专家和资料都比较少，萤火虫科普的力度不够，致使萤火虫成了一种对很多人来说既熟悉又陌生的物种，人们对萤火虫产生了很多的误解，甚至以讹传讹，影响了萤火虫的保护和产业化等工作。

一、古人对萤火虫的误解

1. 腐草为萤

由于古人对萤火虫生物学知识的匮乏，相关文献典籍中不乏对萤火虫的错误解读或描述，其中，最经典的当属“腐草化萤”。

古人感觉萤火虫常出没于腐草环境中，可能是由腐草化生而来，其实，这是古人对萤火虫的误解。萤火虫的幼虫多生活在腐草环境中取食蜗牛等食物，逐步长大、化蛹，最终羽化成虫，但古人没注意到幼虫和蛹，只看到了“突然”羽化起飞的发光成虫，因此，误以为是“腐草化萤”。

宋代理学家朱熹对“腐草为萤”有另外的解释：离明之极，故幽类化为明类也。他认为，腐草处于幽深、阴暗之处，不见日光，而物极必反，就变成能发光的昆虫；还有专家认为可能是古人误将野外腐草附近的发光真菌当作萤火虫，故而作出“化腐为萤”的结论；更有甚者，李时珍在《本草纲目》中将萤分为3种，除腐草所化外，还有茅根、竹根亦可化萤。由于受到“腐草为萤”说的影响，不少作者在诗中也谈到这一点，如“火中变腐草，明灭靡恒调”“幸因腐草出，敢近太阳飞”等，有的诗人甚至以丰富的联想，描写萤火虫是如何由腐草变化而成的，如宋代陈章的《腐草为萤赋》就详细描写了萤火虫“始烂然于朽壤，俄蠢尔于荒庭”的变化过程；更有甚者，竟然用“腐草为萤”判断庄稼收成，史籍《汲冢周书·时训》中记载：大暑之日，腐草化为萤；腐草不化为萤，谷实鲜落。其实，古人未必不知“腐草化萤”乃推演之说，比如，南宋戴侗在《六书故》中指出：萤产子于草中，谓“腐草化萤”，非也。

2.《本草纲目》对萤火虫的误解

《本草纲目》中详细记载了萤火虫的不同类型：“萤有三种：一种小而宵飞，腹下光明，乃茅根所化也，吕氏《月令》所谓‘腐草化为萤’者是也；一种长如蛆蠋，尾后有光，无翼不飞，乃竹根所化也，一名蠲，俗名萤蛆，明堂《月令》所谓‘腐草化为蠲’者是也，其名宵行，茅竹之根，夜视有光，复感湿热之气，逐变化形成尔；一种水萤，居水中，唐季子卿《水萤赋》所谓‘彼何为而化草，此何为而居泉’是也。入药用飞萤。”

其实，《本草纲目》中提到的第一种“小而宵飞”的萤火虫实为熠萤属成虫，这类萤火虫成虫飞行发出节律性的闪光进行求偶，“乃茅根所化也”乃是与“腐草化萤”一样的误解；第二种“无翼不飞”的萤火虫实际上是萤火虫的幼虫，夜晚爬行时发出无规律的光，用来警戒捕食者；第三种“居水中”的水萤（水栖萤火虫）是最近一百年才被发现并记录的一类独特的萤火虫，但古人几百年前居然就观察到了，实在令人惊叹。

3. 朱熹对萤火虫的误解

朱熹的“宵行，虫名，如蚕，夜行，喉下有光如萤也”中的“宵行”实际上是指萤火虫的幼虫，萤火虫幼虫的体长通常明显长于成虫，也会发光，不过发光的位置应该是如李时珍在《本草纲目》中所说是“尾后有光”，而非“喉下有光”。

二、现代人对萤火虫和萤火虫产业的误解

⊗误解 1：萤火虫吃植物，尤其是吃黄瓜苗等。

真实情况：萤火虫幼虫是肉食性的，成虫只能喝一点露水或采食一点花蜜，不会吃植物；所谓的“吃黄瓜苗”，其实是一种能为害多种瓜类的名叫“黄守瓜”的害虫，其外表和常见的端黑型萤火虫很类似，是人们误将之认为是萤火虫。

⊗误解 2：萤火虫是害虫。

真实情况：正是基于上述对萤火虫食性的误解，很多人认为萤火虫是害虫。其实，萤火虫幼虫多取食田螺、钉螺、蜗牛、蛞蝓等有害动物，从这个意义上来说，萤火虫应该算是益虫。

⊗误解 3：萤火虫只在夏天才有或者冬天没有萤火虫，萤火虫产业周期很短。

真实情况：多数的萤火虫是在 6—9 月起飞成虫，因此，在人们的概念中，都认为萤火虫只在夏天才有，冬天肯定不会有萤火虫。其实，这是人们不注意观察萤火虫的结果。萤火虫成虫的时间与种类和温度等有关，如在温度高的海南，基本每个月都会有成虫出现，另外，有些萤火虫（如短角窗萤、扁萤等）在四川成都、乐山一带就是 11—12 月天气很冷的时候大量起飞成虫，并不罕见。因此，萤火虫其实是可以一年四季起飞的（尤其是在温室大棚内养殖或有其他加温设施的情况下，完全可以实现），可以全年运营，产业周期很长。

⊗误解 4 ：萤火虫只有成虫才发光。

真实情况：起飞的萤火虫成虫发光显而易见，但其实，萤火虫的卵、幼虫、蛹、成虫，都可以发光，只是人们很少关注在草丛或土中埋藏着的卵和蛹，且即使看到了偶尔发光的幼虫也不认为是萤火虫而导致的误判。

⊗误解 5：萤火虫都会发光。

真实情况：绝大多数萤火虫都会发光，但也有少数白天出来活动的萤火虫的发光器退化而不再发光。

⊗误解 6：萤火虫无法人工养殖，更无法在城市里养殖。

真实情况：萤火虫其实就是一种甲虫，不是那么难养殖，只要掌握了其生物学习性，精心地照料，肯定能人工养殖，甚至大规模人工养殖；而且，即使在城市里，只要有个局部小环境适合萤火虫（比如校园里的养殖棚、城市的湿地公园等），同样可以

养殖成功。

⊗误解 7：萤火虫都生活在树林里。

真实情况：人们多数都是在野外森林、树林里看到萤火虫，其实，上述环境中多数都是陆生萤火虫或者在森林溪沟里的半水生萤火虫，其实，还有一类水生萤火虫，生活在水塘中、稻田里等各种水环境中。

⊗误解 8：萤火虫只在南方地区才有。

真实情况：人们都以为只有南方地区才有萤火虫，其实，作为一种会发光的甲虫，萤火虫分布很广泛，中国的北方和西北等地区都会有萤火虫，只是种类、数量和成虫出现的时间不同而已。

⊗误解 9：萤火虫有毒，甚至会致人眼瞎等。

真实情况：萤火虫幼虫体内含有一种类似于蟾蜍毒素的甾类物质，这类毒素通常对节肢动物有防卫作用，对小型的爬行动物如蜥蜴也有一定的毒性。萤火虫对人类毒性不大，但最好还是不要去吃它们。当然了，萤火虫作为中药服用，则是另外一码事了。上述那些结论很可能是把其他昆虫误认为是萤火虫或把某个偶然的不科学的现象当成了规律而以讹传讹。

⊗误解 10：萤火虫会咬人。

真实情况：萤火虫成虫的口器退化，不可能会咬人；幼虫有口针，能刺入蜗牛等体内造成麻醉后取食，但一般不会刺入人体内，只有“巨无霸”的扁萤幼虫偶尔会用凶猛的口针“咬人”，但也只是将口针刺入手指导致短暂的疼痛，一般不会造成其他不适。

⊗误解 11：白天没有萤火虫，只有晚上才有。

真实情况：多数萤火虫都是晚上出来（夜行性），但也会有少数种类是昼行性（也就是白天出来活动），这种萤火虫一般不会发光（如弩萤），也有些萤火虫是白天、晚上都能出来活动的。

⊗误解 12：有一种昆虫，没有翅膀，在地上爬，还能发光。

真实情况：这种情况，很大的可能性就是某种萤火虫的幼虫或无翅型的雌成虫（如扁萤、垂须萤、窗萤等），只是人们不熟悉罢了。

⊗误解 13：萤火虫只能活几天，只有 1～2 个月能看萤火虫，萤火虫产业不能持久。

真实情况：这是人们对做萤火虫产业的一个误解。第一，萤火虫成虫的寿命长短不一，一般只有1周左右，有的也可以达到两周多；第二，基本所有的萤火虫的卵、幼虫、蛹、成虫都能发光，都能观赏、做产业；第三，即使只观赏成虫，基本每个月都会有不同种类的萤火虫成虫出现，并不是“只有1～2个月能看萤火虫”。综上所述，萤火虫可以做到一年四季（尤其是在有温室等温控措施的情况下）起飞观赏，完全可以做成一个持久的产业。

⊗误解14：萤火虫一旦放飞就会四处跑尽，无法赏萤。

真实情况：很多人以为萤火虫就类似蝴蝶、蜻蜓等擅飞昆虫，一旦释放就会飞得很高、很远，无法控制，因此无法做成固定的赏萤产业项目。其实，这是对萤火虫成虫飞行行为的误解。多数萤火虫飞行能力并不强，高度不过2～3m（当然，有的种类会飞得很高），飞行距离不会太远，因为要围绕其生活环境周边飞行，尤其是对那些雌虫不能起飞的种类，雄虫只能围绕雌虫区飞行，绝大多数都不会到处乱飞；若投放环境为较为茂密的树林或凹形山谷，抑或用各类网棚遮盖，则更不必担心投放或起飞的萤火虫四处跑尽而无法产业化。

⊗误解15：萤火虫项目只吸引年轻人和小孩子。

真实情况：萤火虫最受青年人（尤其是情侣）和小孩子（尤其是幼儿和小学生）的喜欢，但中年人甚至老年人也很喜欢，因为他们（多为1940—1980年出生的人群）中的多数人儿时见过萤火虫，若干年后的今天他们也想再看看萤火虫，寻找儿时的回忆和乡愁，因此，若巧妙设计活动主题，也会吸引很多中老年人赏萤。那些陪同孩子去赏萤的中青年人自不必说了，这些算是“萤火虫亲子游”的范畴了。

⊗误解16：萤火虫项目主要就是通过售卖赏萤门票作为收入。

真实情况：很多从业者不熟悉萤火虫，没有打开思路，认为萤火虫就是一种观赏昆虫，赏萤就是一个单一的旅游项目，用萤火虫把游客吸引来，收个门票就差不多了，门票成了主要收入。其实，萤火虫产业很庞大，很多元，完全可以延伸到一、二、三产业的多个领域，取得多重的收益，门票只是固定的非常小的收益组成，甚至，到一定程度的时候，萤火虫产业都无须收门票，更无须靠门票支撑。

第三章　萤火虫的行为学特性

此部分介绍的取食、交配、产卵等行为学知识是萤火虫科学保护和人工繁育的基础资料，发光等行为学知识是萤火虫产业化的重要依据。

第一节　萤火虫的取食行为

除了美洲的 *Photuris* 属雌成虫可模拟 *Photinus* 属雌虫发光以猎杀该属雄虫（图 3–1）并取食外，其他萤火虫成虫的口器高度退化，野外条件下只取食露水、植物分泌物等液体或流食、花蜜等用来补充营养，人工养殖条件下可提供蜜水、糖水等增加活力（图 3–2）。所以，通常情况下，萤火虫的取食行为主要指的是幼虫。

图 3–1　性还是死亡？左图：华丽而诱人的 *Photuris* 雌性杀手袭击了一个无助的 *Photinus* 雄性（Jim Lloyd 摄）；右图：吃剩的一些嚼碎的碎块和几条腿（Sara Lewis 摄）

图 3-2　三叶虫萤成虫的取食

尽管总体来说萤火虫幼虫都是肉食性，但各种生态型萤火虫幼虫的取食习性各不相同（图 3-3 至图 3-11）。陆生萤火虫幼虫主要取食蜗牛、蛞蝓等软体动物，但有些种类的萤火虫并不取食软体动物，仅捕食蚯蚓，如双色垂须萤及部分短角窗萤的幼虫；有的种类则食性更杂，除了软体动物和蚯蚓外，还捕食蚂蚁、白蚁等小型节肢动物，也会取食死去的小动物尸体，在人工养殖条件下部分种类还可以取食猪肉、鱼肉等多种肉类；半水生萤火虫的食性与陆生萤火虫类似，自然条件下主要捕食水边的蜗牛和螺类，在人工养殖条件下还可以取食多种肉类；水生萤火虫幼虫多数以淡水螺类为食，但也可以取食其他的肉类。有些种类的萤火虫幼虫在取食时存在聚集捕食现象，其具体机理尚不清楚。部分捕食性萤火虫的幼虫有潜力应用于生物防治（主要是防治蜗牛、蛞蝓等软体动物），有些水生萤火虫幼虫甚至可以作为防治钉螺和福寿螺的天敌昆虫。

陆栖萤火虫幼虫利用嗅觉或味觉可以检测到蜗牛爬过残留的物质从而找到蜗牛，定位之后，萤火虫会爬上蜗牛壳并用尾刷将身体固定，利用中空的镰刀状上颚刺入猎物体内（尤其是触角附近），通过上颚中的管道，反复几次向猎物注入消化道内的一种具有毒性的液体，这种有毒的液体会在很短的时间内杀死猎物，并分解液化猎物组织，进行肠外消化，之后，幼虫再通过中空的上颚吸食液化的食物，属于体外消化；某些种类的幼虫还可以爬到树上捕食蜗牛。半水生萤火虫幼虫无法长时间在水中停留，捕获猎物后快速在水中进食或拖上岸进食。螺类被水生萤火虫幼虫攻击后，把身体缩到壳内，并以口盖封闭起来，不久再把身体探出来，幼虫则会采取等待的姿态，再度攻击，将麻醉液注入螺的身体，直到螺不再动弹。有些情况下，被攻击麻醉后的蜗牛或螺类，也有可能因幼虫没有及时捕食，恢复知觉而逃离。大型蜗牛受到萤火虫幼虫攻击的时候，会大量分泌黏液将幼虫浸在黏液中，若幼虫能挣脱逃离则会逃生，否则就会在黏液中窒息死亡。即使体形很大的扁萤幼虫在取食体形更大的蛞蝓时，两者也会搏斗很久。

萤火虫幼虫可慢慢取食，如果吃饱了却没吃完，便在蜗牛壳内休息，等饿了再食用，窗萤类幼虫此种现象特别明显。有些种类萤火虫同种幼虫数只聚集在一起集体取食，如水生萤火虫和三叶虫萤等。有些种类较为残暴，对于同种间的取食竞争十分明显，如黑翅晦萤、中华晦萤及扁萤类的幼虫在养殖密度较大时还会自相残杀、互相取食，或对其他幼虫加以攻击。

图 3-3　三叶虫萤幼虫取食（童超，徐茂洲，王义哲，曹成金 摄）

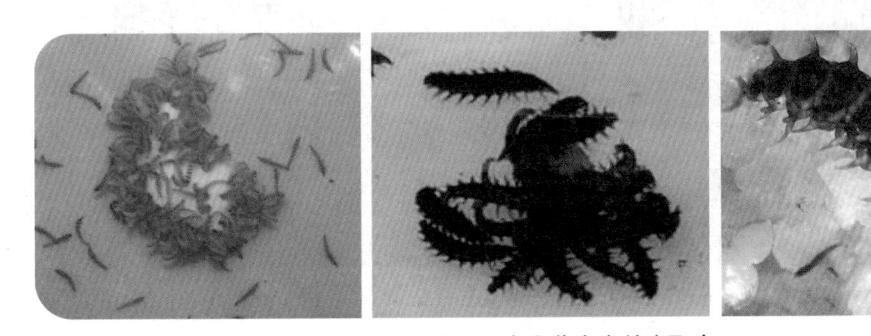

图 3-4　水生萤火虫幼虫取食

图 3-5　某种窗萤幼虫捕食蜗牛

图 3-6　穹宇萤幼虫取食苍蝇尸体

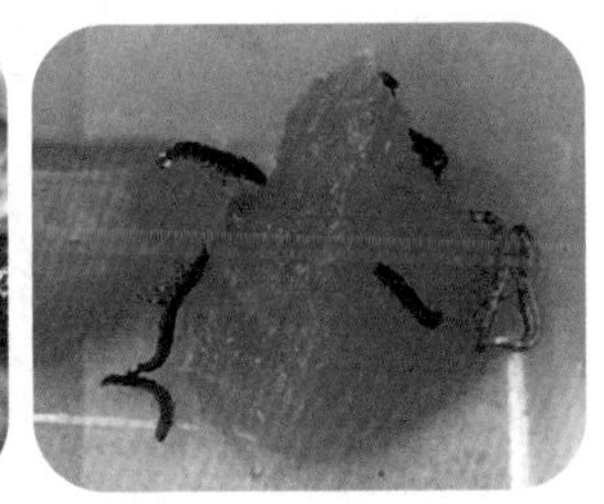

图 3-7　某种窗萤幼虫取食西瓜

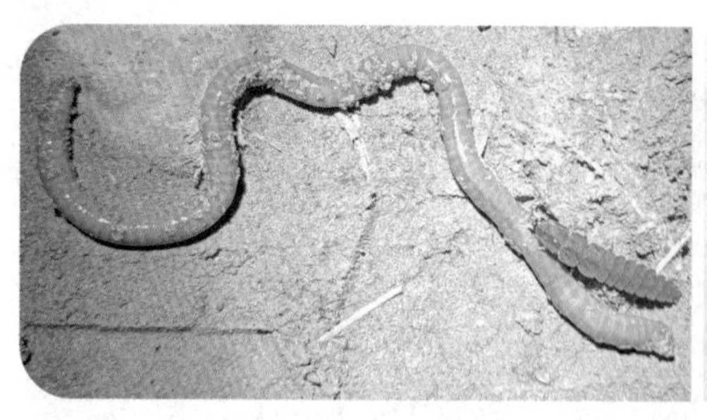

图 3-8 黄缘短角窗萤幼虫取食蚯蚓（李龙 摄）

图 3-9 窗萤幼虫取食蜗牛（王义哲 摄）

图 3-10 某种扁萤幼虫取食蚯蚓（徐茂洲 摄）和蜗牛（杜良永 摄）

图 3-11 某种扁萤取食过程中被蜗牛的吐液干扰（左图），取食蛞蝓时与之搏斗（右图）

第二节 萤火虫的发光行为

一、萤火虫发光的历史

化石证据和相关研究显示，波罗的海琥珀中的 *Electotreta* 和 *Eoluciola* 属萤火虫距今约 4 500 万年，而缅甸琥珀中的 *Protoluciola* 属萤火虫腹部有发光器官，意味着至少 1 亿年前萤科昆虫祖先就具备了发光能力，发光器官位于腹部，但其发光不是为了求偶，而是为了吓唬敌人，被命名为“白垩光萤科”。

目前流行的光起源假说为：萤火虫发光起源于幼虫阶段，幼虫在漫长的生长期中因为受到的捕食压力较大，进化出的发光作用是为了警告捕食者。成虫随后将发光进化成为两性交流的信号。

二、发光的规律

已发现的所有萤火虫类群至少在幼虫阶段都可发光（图 3-12 至图 3-16），闪光时间和闪光间隔不固定，有的发明显的两点光，像窗萤属、短角窗萤属、熠萤属及脉翅萤属等；有的发晕晕的两坨光，像扁萤属、垂须萤属的幼虫等；有的则发出一片光，像黑脉萤属的幼虫。萤火虫的卵和蛹也基本全部都会发光，只有成虫的发光出现了多样性：极少数萤火虫成虫不具备发光的能力（如一些昼行性的窗萤及锯角萤等），有的种类（如弩萤属）的幼虫会发光但成虫却不发光。萤火虫成虫发光特点差异较大，熠萤亚科的雄成虫发出一种特异性的闪光信号（单脉冲或多脉冲），而雌成虫则一般在草丛中发出单脉冲闪光信号；窗萤属及短角窗萤的一些种类雌、雄成虫均发出持续光。

图 3-12　萤火虫幼虫的发光

图 3-13　萤火虫蛹的发光

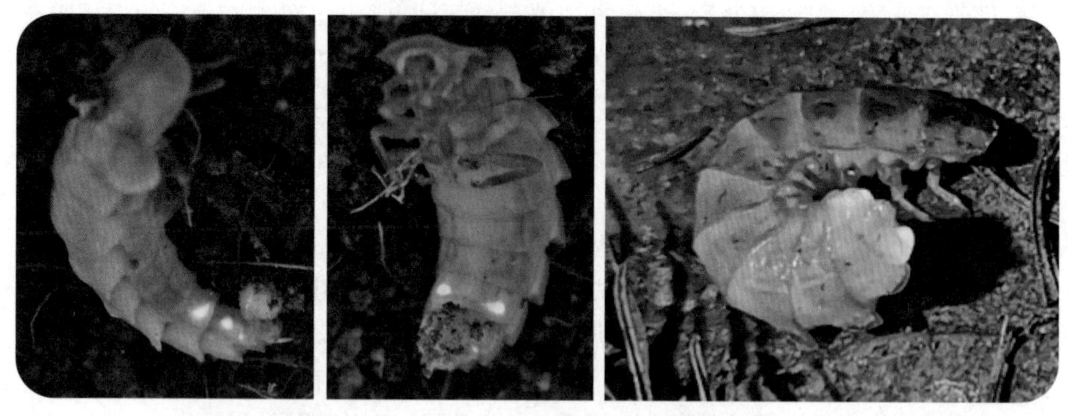

图 3-14　翅芽型和无翅型萤火虫成虫的发光

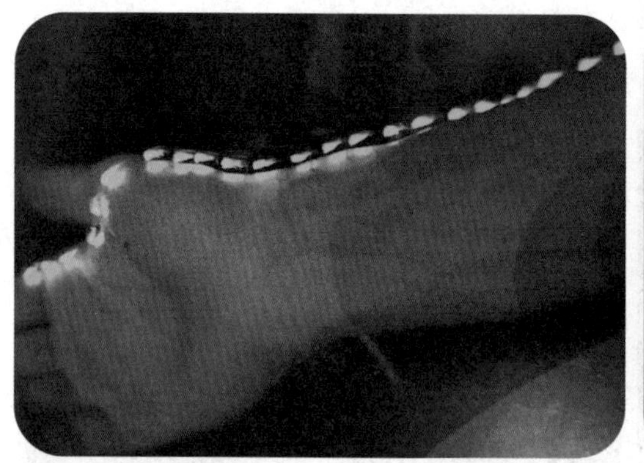

图 3-15　受到威胁的 *Photuris* sp. 持续闪烁
（Lynn Frierson Faust 摄）

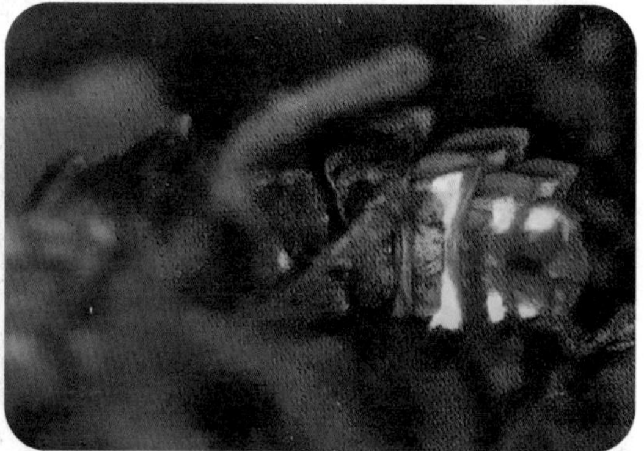

图 3-16　山窗萤雌虫发出 4 或 6 个点状光
（陈灿荣，郑明伦 摄）

不同地域的同种萤火虫，所发出的光也有所不同，类似人类的“方言”或所谓的“南腔北调”：日本的大场信义博士发现，同样是源氏萤，在日本东部和西部的种群所发出的光频率有很大的差异，东部种群间隔 4s 闪烁 1 次，西部种群则间隔 2s 就闪烁 1 次。

除了不同种的萤火虫一般会有自己特殊的发光频率、亮度或光色以被同性或异性辨识外，同种之间也会利用不同形式的光来进一步地沟通。例如，黑翅晦萤与纹胸黑翅萤这两种萤火虫就曾被发现，当 3 只以上雄虫在一个约 10m^2 面积的空间内飞行时，会将原来的发光模式改变成发光较为迅速的闪光，其中领导闪光的个体会在短时间内持续闪光，而跟随闪光的个体则呈现不同程度的间断，之后再度跟上群体同步发光的频率。萤火虫的发光会根据种类、性别以及活动时间段不同而有所差异。从闪光到缓缓发光，从持续发光到微弱发光，甚至完全不发光，有多种类型；寻找产卵场所的雌萤会在较长时间内发出微弱光，产卵期间会不断发出时强时弱的光；雄虫随着晚上的时间段而改变发光频率，而并非整个晚上采取一直固定的发光模式；有的萤火虫受到惊吓时，其发光颜色和频率都会有变化。

成虫夜晚发光时间节律呈现出一定的规律性，发光时间少则几天，多则半月甚至二三十天（如山窗萤雄虫），这与萤火虫的种类、温度及成虫寿命等有关系。同一种类的萤火虫，温度低的情况下，寿命和发光的时间会一定程度地延长，有些雄萤个体在生活史末期会丧失发光能力。幼虫的发光时间一般都比较长，基本整个幼虫期都可以发光，只是发光的颜色、频率、亮度等因萤火虫种类不同而各异。

三、发光的目的

萤火虫发光的作用，有很多解释，包括求偶、沟通、照明、警戒、诱杀、展示及调节族群等，其中，成虫用闪光来吸引异性进而求偶交配或捕食其他种类萤火虫的成虫或遭遇敌害时警戒同类，幼虫发光是为了照明和警戒敌害或种群内的沟通交流，蛹发光是为了警戒敌害，卵发光可能是类似幼虫和蛹的警戒行为。生物荧光也可作为群体的防御信号；萤火虫被蜘蛛网粘住或被捕捉时，它们会发出沮丧信号来警告其他个体；有些幼虫的生物荧光也是一种防御信号，因此，萤火虫幼虫栖息地的蟾蜍对萤火虫具有厌食性；萤火虫的生物发光对蝙蝠具有威胁恐吓作用，因此，蝙蝠不喜好捕食萤火虫。萤火虫腹部发光这种交流方式已经演变成一个相当复杂的交流系统，它通过发光展示自己的物种、性别和健康状况，还可以作为种群聚集的信号。

总体而言，萤火虫发光的目的主要有两个：

（1）警戒或抵御。告知敌人勿接近。值得注意的是，不仅卵、幼虫、蛹的发光主要是为了警戒，成虫的发光也有警戒的作用。找一只正在飞翔或停息的萤火虫成虫，当此虫正在正常发光时，用捕虫网将其捕捉然后立即放掉，这时可以观赏到这只萤火虫的发光频率甚至连颜色都有变化，这种现象以黑翅萤等最为明显，此时，附近原有的萤火虫光点也会减少一些，这就是萤火虫受到惊吓之后所发出的警讯，这与我们人类受到惊吓后发出尖叫提醒别人注意的行为类似；另外，有些蜥蜴、鸟类等误食萤火虫成虫后会死亡，也说明了成虫发光具有警戒作用。因此，在产业应用中，萤火虫不发光的时候，轻轻拍打一下盛放器具，就会引发发光。缅甸琥珀中发现的白垩光萤中的发光器官或许与抵御捕食者有关，而不是为了求偶。

（2）求偶或诱惑。主要是指夜行性萤火虫成虫通过发光吸引异性，进而求偶交配，繁衍后代。若用与发光相似的人为光源，可以吸引萤火虫聚集和发光。值得注意的是，美洲的 *Photuris* 属雌成虫可模拟 *Photinus* 属雌虫发光以猎杀该属雄虫并取食，因此，并不是所有的成虫发光都是为了求偶，也有可能是借助模拟发光而进行猎杀和捕食。

四、发光的原理

萤火虫是靠腹部腹面末端的发光器来发光，发光器从表面到内部依次由透明表皮、发光细胞、反光细胞等组成。如果将发光器的构造比喻成汽车的车灯，发光细胞就如同车灯的灯泡，而反光细胞就如同车灯的灯罩，会将发光细胞所发出的光集中反射出去，因而发光很亮。简单来说，就是发光器中发光细胞含有的荧光素遇到氧气的时候，在荧光素酶的催化作用下发生化学反应，发出光。

发光细胞中有两类化学物质：荧光素（luciferin）和荧光素酶（luciferase）。荧光素先与细胞内的ATP结合为过渡的化合物，在荧光素酶的催化下，与氧气发生氧化反应，成为能量较高但不稳定的氧化荧光素，然后以光的形式释放能量，而变成能量较低的稳定状态，此过程中氧化荧光素会绝大多数（95%以上）以光的形式释放，只有极少部分以热的形式释放，这就是“冷光”，所以，萤火虫的屁股也不会因为长时间发光而被“烫伤”。简单来说，萤火虫的发光是荧光素在催化下发生的一连串复杂生化反应，而光即是这个过程中所释放的主要能量。这与火柴经过摩擦和氧气发生氧化反应而发出光的原理类似。

之所以会出现荧光闪烁的现象，是因为发光细胞围绕在气管分支旁，细胞内的线粒体也集中在靠近气管的区域，发光作用所在的过氧化体则散布在细胞内，平时氧气进入发光细胞时会先被线粒体所利用，代谢制造ATP（三磷酸腺苷），发光反应发生前，ATP会先和荧光素结合成高能量状态的氧化荧光素。当神经细胞接受刺激讯号传达到发光器时，发光器内器官末端的端细胞会合成一氧化氮，抑制线粒体消耗氧气，使得氧气顺利进入发光细胞抵达过氧化体，在荧光素酶和镁离子的催化下顺利和氧化荧光素反应而释放出光。产生的光接着又被一氧化氮分解，线粒体恢复氧气的消耗。如此周而复始，形成一亮一灭的荧光闪烁现象。简言之，萤火虫体内的神经讯号会启动一氧化氮的制造，当一氧化氮制造完成并送到发光细胞后，就关闭细胞里通过消耗氧来产生能量的线粒体，让氧气能够进入发光细胞，所以，关闭了“发电厂”线粒体的同时，实际上也就点亮了萤火虫的灯光，也可以更简单地说，萤火虫能闪烁发光，是因为它能控制对发光细胞的氧气供应。当氧气充足时，反应剧烈，光亮就强；氧气不充足时，反应缓慢，光亮就会变弱，甚至黯淡无光。这个机理犹如油灯的机理一样，其亮度是由空气进入灯芯的量来加以调节的。

荧光素酶中的异亮氨酸残基能牢牢地抓住氧化荧光素从而发光，萤火虫之所以能发出不同颜色的光，主要是因为荧光素酶立体构造的不同，发黄绿色光时异亮氨酸残基和氧化荧光素结合得相当紧密，而发偏红光时两者结合相对松散，这就是荧光颜色的决定机制，或者说，萤火虫发光的颜色不同，主要是由于它们所含的荧光素和荧光酶各不相同。不同种类的萤火虫发光的颜色和频率也不同，以此来找到自己的同类，并与其他种类形成物种隔离，因此，发光是萤火虫的“种族语言”。

萤火虫的发光主要是红、黄、绿 3 种颜色及其混合色，这与交通上应用的红绿灯的颜色不谋而合，都是因为这 3 种颜色光的波长较长、穿透力较强、辨识度较高。萤火虫的发光一般为黄色、绿色、黄绿色或淡红色。美国记录有一种可发“蓝光”的萤火虫，后证实蓝光只是人眼的位移现象对绿光造成的错觉。曲翅萤属 *Pteroptyx* 部分种类、源氏萤 *Luciola cruciata* 和穹宇萤 *Pygoluciola qingyu* 的雄虫都可以同步发光，黑翅萤 *Luciola cerata* 则分数批有节奏地发光，大端黑萤 *Luciola anceyi* 雌、雄成虫都会聚集在比较高的树上发光求偶，雄萤会闪烁发光，雌萤则持续性发光。多数种类的萤火虫都是雄成虫到处飞寻找雌萤，有些种类的萤火虫如扁萤类及凹眼萤的雄萤只能发出微弱的光或不发光，而由雌萤发出很强的光吸引雄萤。当萤火虫吸入乙酸乙酯蒸汽时，几分钟后腹部发光器就会发出持续的光，发光是由一系列连续的微小脉冲组成的，脉冲的性质表明振荡的化学反应在被麻醉的萤火虫发光器内以微秒的时间尺度持续。

第三节　萤火虫的交配产卵

萤火虫的求偶方式比较独特，尤其是夜行性萤火虫，雄虫多会在空中飞舞并发出一定节律和颜色的光，若是躲藏在草丛中的雌虫同意雄虫的求偶，则会以相同频率和颜色的闪光与雄虫相呼应，这样萤火虫的求偶就会成功进而交配，否则，雄虫则需要再次去寻找其他的雌虫。当雄虫发现草丛中的雌虫时，就会飞入草丛围绕在雌虫身边寻求交配，而晚来的雄虫，有的可能是发觉无望会径自离去，有的仍会紧紧留在雌虫旁伺机而动，而有的甚至会直接干扰已经在交配中的雌、雄虫。

在求偶时，夜间活动的萤火虫种类则可分为 3 种主要求偶方式：第一类是雌虫发光，吸引不发光或仅发微弱光的雄虫前来；第二类是两性都会发出持续光或断续光；第三类是两性都会发出闪光，可以利用闪光信号“对话”，其中，有些种类甚至可以同步发光，但不管何种发光类型，化学信号或多或少都会在求偶中发挥功能。

大多数萤火虫求偶识别主要是以光信号为基础，光信号的产生和变化在求偶识别和交配选择研究中具有重要意义。雌成虫在 24h 内经历多次光 / 暗周期时，信号持续时间和强度都显著降低；对于雌成虫而言，延迟交配的成本大于释放性信号的成本，雌虫应该尽快交配。

很多白天活跃的萤火虫种类，比如 *Lucidota atra* 和 *Pyropyga nigricans* 等，成虫是无法发光的，它们会用性信息素进行交流，当然，一些可发光种类的萤火虫也会采用光信号和性信息素结合的方式进行交流求偶。

一般来说，雄虫释放的荧光信号能够反映个体的营养状况甚至精子质量，因此会成为雌虫选择雄虫的重要指标，但也有研究显示，萤火虫发光所需要的能量需求占比不高，发光特征和雄虫自身的营养条件可能并不相关。在雌、雄虫之间的闪光交流过程中，一般是雄性释放信号，雌性根据自身的选择进行信号的回应，因此一般来说，能够获得多个雌性荧光回应的雄性个体会获得更高的交配成功率。早期研究发现，不同萤火虫种类的荧光波长和闪烁频率具有各自的特点，可以通过模拟雄虫的闪光特征（如发光频率和波长）来成功吸引雌虫。在寻求交配对象的过程中，雄性之间还会开展基于荧光的竞争，以获取目标雌性的青睐。

羽化后长时间等待雄虫交配会使雌虫失去一部分卵。对于体形较小的雌虫而言，羽化 5 d 后交配会影响其产卵数，使产卵数降低，有些甚至无卵可产。这就使得雌成虫很着急交配，并想办法使自己更有吸引力。对雌虫而言等待交配或者交配失败的代价很大——多等待一晚比努力发光 1 h 多消耗 60 倍的能量。

雄虫并不会环绕众多雌虫飞行并比较不同雌虫的亮度，雄虫会直接飞向它们看到的最亮的雌虫，而信号光亮的强弱取决于雌虫与雄虫之间的距离。雄虫如果距离发光较暗的雌虫更近的话，即使暗淡的雌虫在雄虫眼中也是最亮的。雌成虫会远离自己的竞争者（强光源），以此来增加自己对雄性的吸引力，所以，雌成虫彼此之间距离很远，单一的雌虫可以吸引更多的雄虫。

雌虫在成虫时候很少移动，多数雌成虫在化蛹前会尽量分散开，且更喜欢在比较开阔的地方化蛹羽化，这样可以使自己更明显，更有利于吸引在空中飞行的雄性。在不同的环境中，死于公路上的幼虫数有很大差异。在森林中公路上死亡的最多，因为森林中意味着幼虫需要移动更远的距离抵达开阔的地带；而在基岩上公路的幼虫死亡率最少，因为这里相对开阔，需要移动的距离最少。因此，可以作出推断：野外独居的一些萤火虫幼虫是因为交配压力的选择使得它们在幼虫期互相分散很远，以此来提高自己的交配成功率，比如扁萤等独居萤火虫。

当夜幕低垂时，夜间活动的种类开始出现，雄虫的发光器较雌虫更发达，雌萤通常静静地停着，发出微弱的发光信号，摇尾引诱雄萤。当雄萤发现这样的信号，便向雌萤飞去，慢慢靠近，然后和雌萤开始交配。当太阳升起时，它们会保持着交尾的姿势，慢慢地转移到阴凉处。有时候，萤火虫的交配时间可达 20h 以上。三叶虫萤的成虫 24 h 内均有交配现象，交配高峰出现在 20:00—22:00（交配率 20.8%）和 12:00—14:00（交配率 15.1%）。

萤火虫的交配方式有两种（图 3–17 至图 3–23）：一种为尾对尾体位（或称“—”型），如熠萤属、脉翅萤属；一类为上下体位（或称“∠”型），如窗萤属、锯角萤属，但很多萤火虫兼有上述两种交配体位（如三叶虫萤），且“—”型多是由“∠”型转化而来。

图 3-17　三叶虫萤的交配（A.“∠”型；B.“—”型）

图 3-18　三叶虫萤的交配干扰

图 3-19　山窗萤的交配

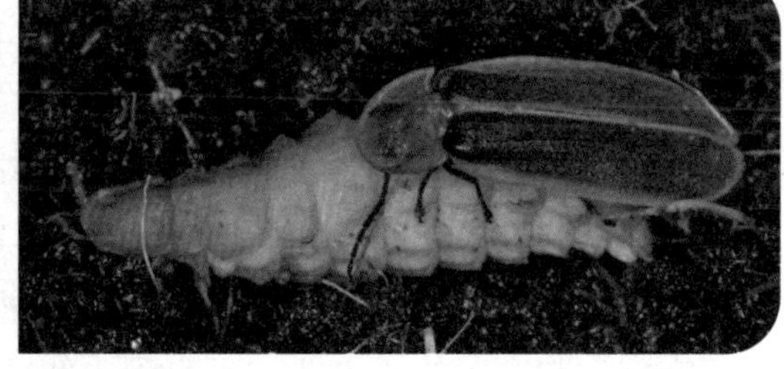

图 3-20　黄缘短角窗萤的交配

图 3-21　三叶虫萤的其他交配姿势

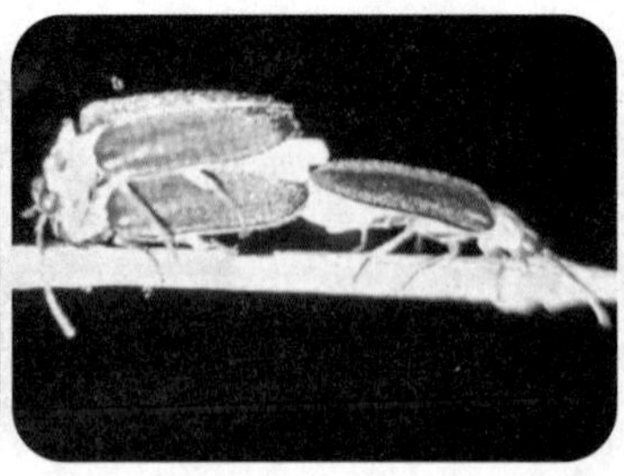

图 3-22 穹宇萤的交配姿势

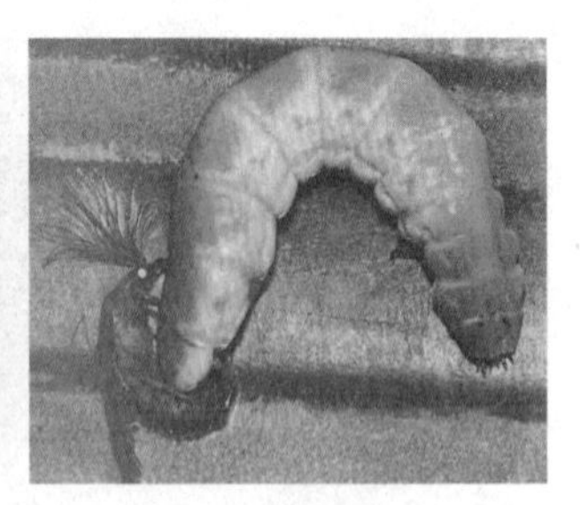

图 3-23 雄性 *Phengodes*（Railroad-worm）与体型较大的黄色蛆形雌性交配（Andrew Moiseff 摄）

雌、雄虫一般具有多次交配的习性，黄缘萤雌虫只能交配 1 次，胸窗萤雌虫可以多次交配，最多可达 12 次。雄虫有交配干扰和假交配现象（图 3-24）。有时也会出现雄虫误抱的现象，即雄虫与雄虫进行“交配”，如北方锯角萤和赤腹栉角萤，有意思的是往往被抱住的萤火虫不会拒绝。胸窗萤的雌性为了选择更优秀的雄萤来提高自己后代的质量，会跟多只雄性进行交配，让精子互相竞争，以选出其中优者。

图 3-24 两只南华锯角萤雄虫与一只突胸窗萤雄虫叠抱在一起（陈灿荣，郑明伦 摄）

黄缘萤的雄虫生殖系统中的附腺可以产生一种生殖礼物——精包（一团蛋白包被着精子），精包在交配过程中传输给雌虫，雌虫消化蛋白后将精子储存在受精囊中，而胸窗萤雄虫的附腺根本不能产生精包，只有精子。

关于萤火虫生殖力的研究证明，黄缘萤的雌虫如果没有交配，很快就会死掉，几乎不产卵，胸窗萤的雌虫即使不交配也能活很长时间，但随着交配次数增多，产卵量以及卵的孵化率直线上升，且胸窗萤可能具有精子竞争行为。

人工光源对于萤火虫交配产生较大的影响。随着人工光源照度的增强，被雌成虫光源所吸引的雄虫逐渐减少。城市化中的光污染会干扰萤火虫寻找配偶，公路可能作为生态陷阱导致幼虫的死亡率增加。白光强弱对萤火虫雄虫寻找配偶的成功率有很大影响，光照越强，对萤火虫的干扰越大，但白光色温对其基本没有影响。随着橙色光源照度强度的增加，雌虫对雄虫的吸引逐渐减弱，意味着雌虫的发光时间会更长，以此来吸引雄性交配。在蓝色光源下，萤火虫雄虫难以发现雌虫，并且雄虫对于蓝光具有负趋性。在橙色光源下，萤火虫雄虫难以发现雌虫，且对橙光具有趋性。人造光源对萤火虫寻找配偶交配有很不利的影响：越短的光照时间，对于雌虫发光的影响越小；15 min 的光照与全黑暗环境相比没有显著差异，但是长时间光照 45 min 会使大多数雌虫不再发光。

完成交尾后，雌萤在二三天内便可产卵。雌萤火虫会四处飞行，寻找一个适合产卵的地方（图 3-25 至图 3-28）。水生的种类通常是在幼虫出生的栖地附近，在阳光很难照射到的河边苔石上或植物缝隙间产卵。陆生的种类较喜于潮湿阴凉的树干上、树叶上产卵。从 23:00 许，雌萤开始产卵，可到黎明来临时才停止。产卵时，雌萤火虫弓着尾巴末端，从产卵管中把卵一个接一个地产下，产卵管会左右摆动着，把卵分布得很平均。

图 3-25　条背萤产卵

图 3-26　垂须萤产卵

图 3-27　三叶虫萤产卵

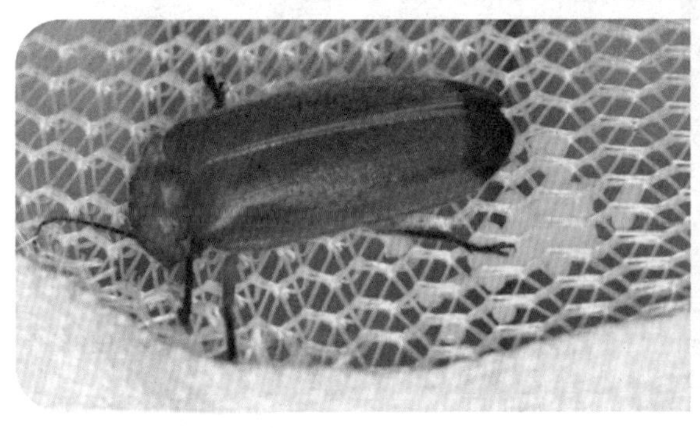

图 3-28　大端黑萤和黄缘短角窗萤产卵

第四节　萤火虫的防御行为

为了抵御敌害的侵袭，萤火虫各虫态都进化出了不同的防御行为。

1. 闪光

萤火虫的卵、幼虫和蛹甚至成虫都可以通过发光来警戒潜在天敌，某些萤火虫强烈而短促的闪烁发光使得捕食者惊恐或暂时性地致盲，从而起到较好的防卫效果。萤火虫成虫若遇到危险，比如撞到蜘蛛网上，它就会通过闪光发出警示信号，其他萤火虫发现信号后，就会远离危险区域。

2. 反射性出血与化学物质防卫

许多种类的萤火虫都能从鞘翅、前胸及足的胫节分泌出血淋巴（图 3–29 和图 3–30），如北美洲的 *Photinus pyralis* 在受到刺激时，其鞘翅、前胸背板边缘和触角窝周围均能分泌血淋巴，有时会从后翅缘、背部或足部跗节处分泌出一种味道难闻的物质来吓阻敌人，这些物质对于脊椎动物有明显的吓阻效果，但对于无脊椎动物来说，效果似乎不大。萤火虫分泌的血淋巴对蚂蚁、蜥蜴和蟾蜍等天敌具有较好的趋避作用，同时，反射性出血现象与捕食 – 被捕食及闪光行为之间存在着某种密切的关系，在抵御天敌侵害方面是一种适应行为。

图 3–29　*Photinus collustrans* 鞘翅边缘释放出 2 颗有毒的防御性反射性血珠
（Lynn Frierson Faust 摄）

图 3-30 窗萤幼虫的应激性出血（福田将矢 摄）

大多数发光萤火虫为了躲避天敌的袭击，在长期的进化过程中获得了抵御天敌的某些特殊行为和化学物质，使得天敌取食后口感不适，甚至发生中毒或死亡。萤火虫幼虫体内存在一系列类似于蟾蜍毒素（bufodienolides）的甾类吡喃酮化合物（LBG），这种低浓度的防卫物质可引起捕食者恶心与呕吐；另一类是三甲胺乙内酯即甜菜碱，这类化合物存在于 *Photinus* 属幼虫体内。

胸窗萤具有复杂的多重防卫行为策略：成虫利用闪烁、假死、反射性流血进行防卫，幼虫则利用闪烁、假死和微小的翻缩腺体进行防卫；反射性出血发生在雄成虫的前胸背板和鞘翅边缘，而雌成虫仅在前胸背板边缘观察到有反射性出血行为，胸窗萤血液对蚂蚁具有非常有效的趋避作用。

水萤属、窗萤属、短角窗萤属的部分幼虫都具有假死、翻缩腺体、释放难闻气体、发光等防卫行为。水萤属中的雷氏萤、黄缘萤、水栖萤火虫 *Luciola cruciata* 具有最强的防卫行为，频繁地腺体翻缩、释放出强烈的松香味道化合物及发光的强度最大。陆生的短角窗萤也能翻出腺体，但释放出淡淡的柠檬味，强度不大。胸窗萤及欧洲的 *Lampyris noctiluca* 具有最弱的防卫行为，在最强烈的挤压下才会翻出腺体，无气味释放，但会强烈发光。

超微结构研究揭示，翻缩腺体上均密布瘤状结构。在雷氏萤、黄缘萤中，瘤状物上生长有对称的刺，而在短角窗萤的两种幼虫中，瘤状物呈圆形或梭镖形。在胸窗萤和 *L. noctiluca* 幼虫中，瘤状物呈棒状，生长于小坑中。超薄切片发现，腺体表面棒状结构连接一个发达的分泌细胞，细胞内连接棒状结构的部位生着致密的管状内质网。

在野外发现垂须萤及扁萤也具有反射性出血的防卫行为。垂须萤的幼虫在体节两侧的气门侧上方生长有月牙形开口，内部肌肉控制开合。扁萤则是在体节两侧生长有透明的小囊，当遇到捕食者的时候，小囊破碎，血液喷涌而出。两种萤火虫的幼虫血液非常黏稠，能将蚂蚁等小型捕食者的口器及触角粘住，从而延缓捕食者的攻击，趁机逃脱。在反射性出血的同时，也伴随有发光的现象。

综上所述，多样性的萤火虫防卫行为大多伴随着发光，这为光起源于幼虫并起到警戒的作用假说提供了证据。

3. 警戒色

有些种类萤火虫的幼虫具有警戒色，如欧洲萤火虫 *L. noctiluca* 的体色由黑色、橙色、红色、黄色、白色 5 种颜色组成，在体表具有明显的斑点，这些色彩图案对天敌起到了有效的恫吓作用，常常促使天敌放弃捕食。

第五节　萤火虫的其他行为

1. 叠背行为

三叶虫萤各龄幼虫均表现出了独特的叠背行为（两只甚至多只幼虫“叠罗汉”），按照叠背的重合度可分为相对叠背和集群叠背。叠背率随种群密度增加而增加，叠背率与种群密度的相关系数为 0.835 8。三叶虫萤幼虫的叠背行为可能与足部结构、背腹部结构、接触时间、种群密度具有较大关系，该行为可能对其栖息、防卫、取食、迁移等行为具有较大意义。

2. 假死行为

萤火虫的运动能力较弱，即便是能飞的成虫在起飞时也需要一定的准备时间，这使得天敌有更充分的时间来捕捉它们，但假死行为却极大地增加了它们逃脱敌害的机会。受到刺激或惊扰时，会停止闪光，进入假死状态，在重力的作用下快速掉入草丛中，从而逃脱敌害；如果是从较高的地方掉落，下落一段距离后又能解除假死状态在空中恢复飞行。

3. 拟态行为

美洲女巫萤属 *Photuris* 有 12 种萤火虫能分别捕获 2 ～ 8 种猎物，而最厉害的猎手当数 *Photuris vesicolor*，它能捕获 11 种猎物，此行为可以称为光学拟态或攻击性拟态，即某个种的雌虫模仿其他种类的雌虫发光，引诱它们的雄虫靠近，然后捕食雄虫。在被捕食的种类之中 *Photinus* 属较多，因为这种食物对 *Photuris* 属的后代极为有利，取食这些食物它们体内会产生一种 Lucibufagin 的有毒物质，能使它们的卵和幼虫避免受到一些天敌的伤害。在漫长的进化过程中，女巫萤雌虫失去了制造毒素的机制，所以只有猎杀其他种类的萤火虫。通常女巫萤雌虫先与同种的雄性交配，然后在产卵之前猎食其他种类的萤火虫，将有毒的化学物质遗传给后代以抵御天敌。

4. 飞行规律

在野外所看到成群飞舞的萤火虫多数都是雄虫，因为很多长有翅膀且具有飞行能力的雌成虫体内有很多卵，不易飞行，故多在地表的草丛中等待雄虫，不常飞行；其他的长有短翅芽但无法飞行或无翅的雌成虫无法飞行，只能在地表爬行等待雄虫的追求，此类萤火虫有窗萤、短角窗萤、垂须萤、扁萤等类群或部分熠萤属的雌虫。

当雌成虫出现时，雄成虫就飞落到雌成虫身旁进行求偶，此时，空中飞舞的萤火虫就会减少，同时能发现草丛中有萤火虫聚集的情况。

5. 后成虫蜕皮行为

一般情况下，全变态昆虫在成年后会停止蜕皮，但 Jeng 观察到中国台湾一种萤火虫的雌虫出现了后成虫蜕皮现象，即在实验室中养殖的未交配雌成虫羽化后 8 ～ 18 d 进行额外蜕皮。当成虫后蜕皮发生时，它们处于生殖成熟状态，这可以从它们体内的卵中得到证明。这些成虫后蜕皮的雌虫在没有产卵的情况下死亡，而只有正常的雌虫能产卵。从生理学角度上看，这些萤火虫雌幼虫甚至在成虫时仍保留前胸腺，这使得它们在某些环境或生理条件下成虫后蜕皮成为可能（图 3–31）。

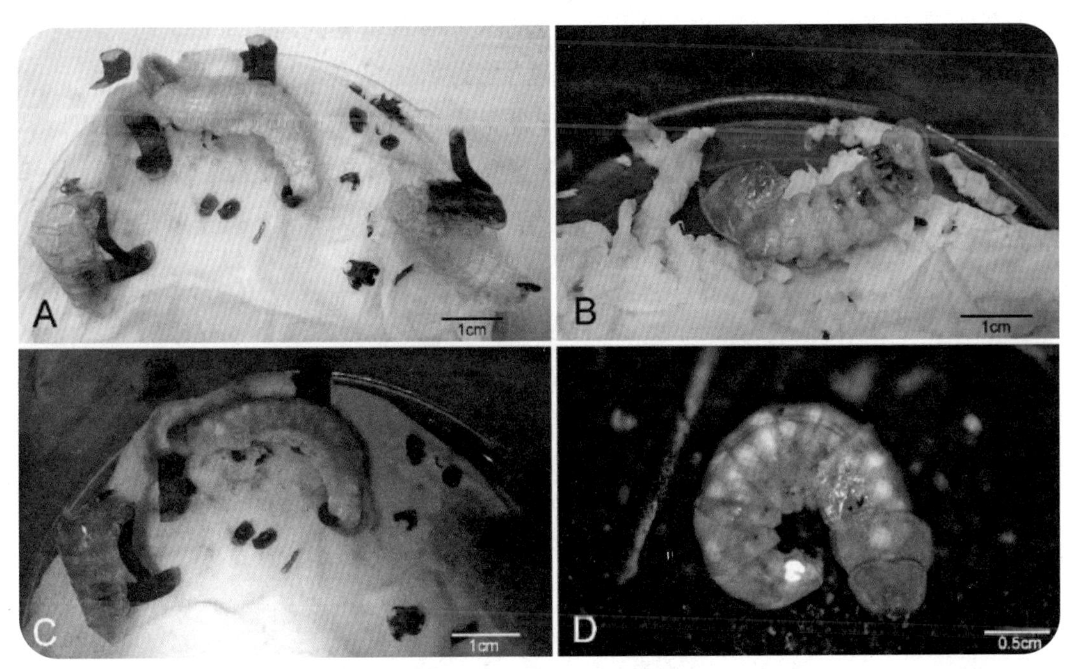

图 3–31　两个后成虫蜕皮萤火虫：A. 第一个雌虫，深棕色表皮的是末龄幼虫，左边是成虫表皮，右边是蛹皮，雌虫还有一部分旧表皮未从前胸背板脱落，这是在后成虫蜕皮后的同一天拍摄的照片；B. 第二个雌虫正在蜕掉它旧成虫表皮；C. 第一个雌虫可能在后成虫蜕皮发生前就已经性成熟了，在紫外光下发现其体内有卵，这是在图片 A 拍完 20 min 后拍摄的；D. 第一个雌虫在后成虫蜕皮 12 d 后体内充满了卵（论文引图）

6. 护卵行为

扁萤雌性成虫在产下 2 ～ 3 粒卵时，会出现抱卵行为（图 3-32）。用前足和中足将第一枚卵压在前胸腹板和中胸腹板上，身体蜷曲把其余的卵压在第一枚卵和腹节之间，后足不参与抱卵，但会缓慢地挠动。扁萤不能把全部的卵抱在一起，且在抱卵的同时还会继续产卵。

凹眼萤雌成虫也具有护卵行为，其全身多点发光就是护卵的表现。

图 3-32　扁萤的护卵行为

7. 游泳行为

水栖性条背萤 *Luciola substriata* 的 3 ～ 6 龄幼虫可以在水中腹面向上进行仰泳（图 3-33），哪怕是它们在觅食的时候也是这样。当幼虫开始游泳时，胸足不停地向后划动，腹部则可以向上或向下弯曲。位于腹部末端的臀足使幼虫能够抓住和附着在漂浮物上，这有助于开始或停止游泳。当反向游泳的幼虫改变方向时，幼虫腹部顺时针或逆时针地迅速弯曲，然后变直。幼虫足的运动包括 8 种不同的划水模式。幼虫平均每秒划水 1.6 次，腹部每秒摆动 0.6 次，游泳速度很慢，大概是 0.9 m/h 的速度。

图 3-33　条背萤末龄幼虫的仰泳（1a：觅食时腹部向上游泳，p 代表“臀足”；1b：逆时针转向）（论文引图）

第四章　萤火虫的文化

此部分在全面科普萤火虫文化的同时，为萤火虫文化产业发展和文创产品研发作铺垫，特别是为小说和影视剧本写作、研学游深挖素材及萤火虫主题博物馆的建设作参考资料。

第一节　萤火虫的民俗传说

古人有“魂魄化萤”“精血化萤”甚至“尸体化萤”的民间信仰和传说，原因应该是他们只观察到萤火虫在夜里飞行，而看不到其虫体，便以为是磷火，也就是民间所称的“鬼火”。民间甚至还有“女鬼化萤”的传说，如《酉阳杂俎》载：“忽有星火发于墙堵下，初为萤，稍稍芒起，大如弹丸”，民间把这种女鬼与萤火虫联系起来，认为夜间飘飞的萤火虫就是女鬼所化。

日本有关萤火虫的画作中也描述了这样的景象：死去的人划船前往天堂，他们的灵魂幻化成了萤火虫继续在世上飘荡，给黑暗中的路人以光明和战胜黑暗的一丝鼓舞，似乎给这个较为恐怖的传说增添了一点积极的亮色。这种凄悲文化在1988年的动画电影《萤火虫之墓》中已经有所影射：兄妹两个在漫天飞舞的萤火虫中燃起的希望，第二天就被埋进了土里，影片中如影随形的萤火虫形象，也散发着哀愁的叹息。事实上，萤火虫的亮光也被认为是在战争中丧生的士兵们灵魂的改变形式。

萤火虫与鬼魂的神秘关系让人们对其产生敬畏和惧怕，在一些民间传说中则认为萤火虫飞到谁家谁家就倒霉，不是生病就是死亡，但多数的民间传说都认为出现萤火虫是积极向好的兆头。萤火虫从风水学的角度来说，属于火象，因此象征着权利与财富，在晚上看到萤火虫，会有发财的兆头，象征着近期会有一大笔财富收入；有人认为萤火虫进入家里就会有客人上门；萤火虫象征着浪漫的爱情，如果萤火虫进家里寓意是非常好的，很快就能遇到一场浪漫的表白，或者和命中注定的人相遇；萤火虫除了代表爱情之外，还有亲情的含义，相传萤火虫可能是上一世的亲人或情人，这一世变成萤火虫来看望你；还有传说认为每一只萤火虫都是天神派到人间的天使，只要对着萤火虫许愿，它就会把你的愿望带到天神那里。

关于“魂魄化萤”，还流传着“赵匡胤千里送京娘”的感恩故事：宋太祖赵匡胤未登帝位时，曾救过一位被强盗囚禁的苦命女子赵京娘，为避免京娘再次遇险，赵匡胤与京娘结为兄妹，千里护送京娘回家，京娘和赵匡胤分别后，不久在战乱中死去。后来赵匡胤在一次夜战中迷路，忽然飞来一只萤火虫为他引路，把他带出险境，传说这是京娘死后特地化为萤火虫赶来相救。

日本民间传统中，萤火虫象征着离去的灵魂或沉默而汹涌的爱；秘鲁安第斯山脉的一些土著文化中，萤火虫被视为幽灵之眼；各式各样的西方文化中，萤火虫及其他发光昆虫已经与种种令人眼花缭乱的隐喻联系在一起，在古代欧洲，萤火虫曾因能发光而被称为“炼金术士”，或许它们不会真正把其他金属转变成为金子，但是确实不可思议地创造出了光。

古代关于萤火虫的放飞和观赏等娱乐项目有很多，其中最为典型的应属隋炀帝，堪称“人造萤火虫之夜的始作俑者”。据《隋书·炀帝纪》载：“大业十二年，上于景华宫征求萤火，得数斛，夜出游山放之，光遍岩谷。”隋炀帝在游山玩水时，别出心裁，命人用斛装满萤火虫，酒酣兴浓之际，便把斛打开，放出其中的萤火虫，霎时萤火虫争相飞向夜空，美不胜收，意犹未尽的隋炀帝后来又在扬州建立专门的“放萤苑”，这里有专人收集、放飞萤火虫，供隋炀帝随时取乐之用。由于皇帝的提倡，民间观萤娱乐的习俗在唐代就已经有了。到了清代，市场上就有人捉萤火虫来卖，用以做成萤火虫灯，《扬州画舫录》中载：“北郊多萤，土人制料丝灯，以线系之，于线孔中纳萤。其式方、圆、六角、八角，及画舫、宝塔之属，谓之萤火虫灯”。

除了单纯的赏玩，利用萤火虫发光特性的习俗在不同地域不同时期都有。中国古代“囊萤夜读”的典故就是用萤火虫照明读书的最佳案例；窗萤有别于熠萤的不停闪烁，它们是稳定地发出亮光，松村松年（1928）就记述只要10只山窗萤就足以供阅读了，所以萤火虫早就成为穷人的照明工具，且有不发热、不引燃火灾的优点；中国很多地方有将萤火虫放在透明瓶或折纸做的灯笼里观赏，或包在豆荚里或放在空鸡蛋壳里玩耍，或把南瓜藤里塞满闪闪发光的萤火虫做成项链的风俗习惯；日本的小孩子则把萤火虫放进风铃草花朵里玩耍；非洲有些国家将萤火虫放在丝网兜里，拴在脚上走路照明；在撒哈拉以南非洲的多个国家的孩子们喜欢玩萤火虫，比如捉萤火虫，把萤火虫放在一个瓶子里，把萤火虫的一条腿绑在一根绳子上，或者把萤火虫碾碎后使荧光仍然留在他们的手中；墨西哥妇女制作小丝袋收集萤火虫，绑在头发上或胸前，作为装饰用；有些渔民采集萤火虫装在瓶内，置于渔网上方或钓竿下方，夜间的鱼类有趋光性，可以捕获较多鱼类。清朝《古今秘苑》中记载“取羊膀胱吹胀晒干，入萤百余枚，系于罾（渔网）足网底，群鱼不拘大小，各奔其光，聚而不动，捕之必多”，这可能是先人们最早利用荧光捕鱼的技术了。有趣的是，萤火虫的发光特性还可以应用于战争：早期大陆沿海地区海盗盛行，居民以萤火虫替代油灯，一有风吹草动，马上将萤火虫收藏起来，使海盗找不到目标，与近代战时的灯火管制有异曲同工之妙；早期部族战争时，将萤火虫捣碎后涂抹身体，在漆黑的荒野出现发光的人形物体，以为是遇到鬼魅，会使敌人吓破胆；日本人占据中国台湾初期，英勇的原住民抵抗日军的占领，可是原住民的武器无法和装备精良的日军相比，常在夜间利用萤火虫或点燃的松枝当作照明工具偷袭日军，让日军吃了很多亏。

在我国的民俗文化中，有许多节日和风俗与萤火虫有关。如中元节，正值七月十五，据民俗家推测，鬼节定于此时大概是因为阴历七月是我国大部分地区萤火虫活动的旺季，田野里、树林里流萤纷飞，飘荡闪烁，很容易让人与鬼的活动联系起来，认为那是到处游走的鬼魂。再如壮族的台望节，是一个与萤火虫有关联性的节日，在这个节日的夜晚，欣赏流萤漫天飘舞的盛景是重要的娱乐项目。杜牧的《七夕》写道："银烛秋光冷画屏，轻罗小扇扑流萤。天阶夜色凉如水，卧看牵牛织女星"，生动地描绘出了古时七夕佳节的萤火虫之舞和动人爱情故事互动互融的美好场景。在其他有些国家设有萤火虫的专性节日，比如：韩国茂竹郡的萤火虫节是以萤火虫为主题的环保节庆，在节庆众多节目中，晚上八点开始的萤火虫探查体验项目是最受欢迎的活动。日本人把赏萤和赏樱看得同等重要，萤火虫在日文中叫"ほたるの星"，被称为"国虫"，说明了它在日本文化中的地位；人的灵魂被描述成为一颗飘浮、摇曳的火球，而萤火虫的活动形态与之相似，所以，日本女人在夏季喜欢身着色彩艳丽的和服，手持花扇，在参加完白天的庙会、烟花盛会和盂兰盆节之后，去草丛捕捉萤火虫；在日本，每年各地在萤火虫发生期举办"萤火虫祭"的活动，借助此种活动典庆以达宣传萤火虫保育的目的。

萤火虫在古代也是占卜家运的媒介之一。据萤部汇考杂录："若入人家，其色青者，吉；红者，有祸殃"。意思是，飞入家里的萤火虫，发青色光是吉兆，发红色光则是不祥之兆。有的地方用萤火虫占卜农业生产，人们把放在地上的萤火虫用脚一拖，便可根据地上出现的萤光来判断丰歉，线粗且长则象征稻穗肥大，可望丰收；反之，则歉收。道教和民间方士甚至希望萤火虫能照亮自己的灵魂，从而修仙得道。撒哈拉以南非洲的多个国家萤火虫文化丰富多彩，有各种传说，但基本与鬼魂和女巫有关，甚至还用来祈雨。当婴儿做噩梦时，可以用压碎的萤火虫和婴儿居住地炉火中的灰烬混合制成饮料来驱赶鬼魂。

《淮南万毕术》中记载："萤火却马，取萤火，裹以羊皮，置土中，马见之鸣，却不敢行。"意为用羊皮把萤火虫包起来，放在土里，马见到之后就会嘶鸣而不敢前行。有些地区还在蚕室内悬挂萤火虫驱鼠。玛雅文化中萤火虫是在夜晚叼着雪茄、尾部发光"星神"。

第二节　萤火虫的诗词歌赋

在中国文学作品中，和萤火虫有关的诗词歌赋不胜枚举，甚至有人把萤火虫比作“诗虫”。仅《全唐诗》就有245处提到萤火虫，使用过萤意象的诗人有90多位，其中就有李白、杜甫、李贺、白居易、元稹、贾岛、李商隐等著名诗人。对萤火虫的描写，最早见于《诗经》中的“町畽鹿场，熠耀宵行”，但以萤入诗是魏晋之后，随着咏物诗的逐渐繁荣才渐渐兴起。

中国古典诗歌中关于萤火虫的意象体现为“荒、寂、湿、凉、美”，其文化意涵包括家国之思（“熠耀宵行”体现了家园破败、盛景不再的落魄凄凉）、涅槃之火（“化腐为萤”恰似凤凰涅槃，将萤火意象拓展到了哲学的象征意义）、忠贤之喻（“在晦能明”可用黑夜中的孤萤来暗喻身处黑暗政治环境中孤立无援的忠臣良将）、勤学之征（“囊萤夜读”以萤火作为勤学苦读的象征），甚至还体现了尽绵薄之力服务于人的精神（借车胤囊萤之事赞美萤火虫能竭其所能为人服务）和卑而不贱的气概（萤火虫的光很微弱，但“虽缘草成质”，却“不借月为光”“何异大星芒”）。在古代咏虫诗作里，完全没有寓意的作品并不多，这些诗词有赞叹萤火虫之美的，如南朝梁萧纲《咏萤》；有借萤火虫哀叹战乱民不聊生的，如唐李商隐《隋宫》；有借萤火虫自励，希望能够有所成就的，如清赵执信《萤火》；有借萤火虫抒发抑郁不得志之憾的，如唐彦谦《咏萤》；有抒发年事渐增而壮志未酬，如唐皇甫曾《秋兴》。骆宾王在《萤火赋》中歌颂了萤之“五德”：“应节不愆，信也；与物不竞，仁也；逢昏不昧，智也；避日不明，义也；临危不惧，勇也”，还讴歌了萤火虫“怀明义以应时”的济世思想、“处幽不昧”“不贪热而苟进”的独立人格、“抟扶起而垂天”的宏大志向。

不仅中国有关于萤火虫的诗词曲赋，国外也有关于萤火虫的诗，比如印度诗人泰戈尔的《萤火虫》。根据《日本书纪》的记载，萤火虫的光芒是用来形容邪恶之神的，因为它们在夜间发出的幽森光芒，看上去像是鬼火。到了平安初期，可能是受到广泛流传的中国诗文的影响，萤火虫才变成了美丽和有情趣的代名词。“银烛秋光冷画屏，轻罗小扇扑流萤”的美好画卷，以及“囊萤夜读”的故事，都为萤火虫的正面形象贡献了一份力量。在平安时代的文学作品中，萤火虫也曾多次登场。有人认为，《源氏物语》中借萤火虫的光芒窥探女子的情节设计就是受了“囊萤夜读”的启发，这个故事改变了日本人对萤火虫光芒的态度，才有了文学作品中的经典一幕。

现代文学中有关萤火虫的作品较少，《萤火虫》是中国著名现代散文诗作家柯蓝的一首朦胧派散文诗代表作，歌颂了在社会上不受关注却无私奉献的劳动人民。《萤火虫之约》是2022年11月出版的以萤火虫为主题的乡村题材长篇小说。

萤火虫是儿童的最爱，在以前没有电的年代，它是先民童年夏夜的玩伴，所以多地都有大量朗朗上口的萤火虫童谣，如“萤火虫，萤火虫，点点红，两三个小灯笼，飞得高，飞得低，飞上姐姐薄罗衣”。由清朝末期四川长宁县秀才苏济川编撰的《虫虫歌》（四川省非物质文化遗产保护项目）中也有萤火虫主题的歌谣。另外，萤火虫不仅是儿歌的绝佳题材，也是流行音乐的宠儿。中国已发行了不少有关萤火虫的流行歌曲，比如《虫儿飞》《萤火虫》《再见萤火虫》《萤火虫在飞舞》《萤火虫之舞》《萤火虫女孩》《暖光》等。《萤火虫之光》大概是最受欢迎的日语歌曲之一，人们一般在毕业典礼、活动闭幕式和年底时等告别的时刻演唱这首歌，似乎约等于中国人民心中的《难忘今宵》，这首歌原曲来自苏格兰民歌“Auld Lang Syne”，英语直译为“old long since”，意译为“times gone by”，翻译成中文则是“友谊地久天长”，根本没有提到萤火虫，只是富有诗意的日语单词在某种程度上与歌曲的旋律相匹配。

第三节　萤火虫的成语称谓

有关萤火虫的典故和成语，最具代表性的当属“囊萤夜读”。《晋书·车胤传》记载：晋代车胤勤奋好学，但家境贫穷，买不起灯油，晚上不能读书，到了夏季，他就把许多萤火虫放进一个纱囊里，借着萤光继续读书。后人用成语“囊萤夜读”或“囊萤照书”“囊萤照读”等来比喻一些家境贫寒但勤奋好学的人，“书房”也被称为“萤窗”。其他的成语还有“腐草为萤”或“化腐为萤”等。

人们利用萤火虫发光这个特殊行为习性创造了很多巧妙而又富含哲理的歇后语：“肚皮里吃了萤火虫——全明了”“萤火虫斗架——明打明”“萤火虫的屁股——没多大亮”“萤火虫飞上天——假惺惺（星星）”。

中国古人很早就认识了萤火虫，《埤雅·萤》曰“萤，夜飞，腹下有火，故字从荧省。荧，小火也。”萤火虫还有很多其他的名称，这些名字中的寓意几乎都与“光”有关：晋代崔豹《古今注·鱼虫》里提到了若干萤火虫的别称：“萤火一名晖夜，一名景天，一名熠耀，一名磷，一名丹良，一名丹鸟，一名夜光，一名宵烛。”李时珍的《本草纲目》中萤火虫的别名则有“夜光、景天、熠耀、夜照、流萤、宵烛、耀夜、救火、据火、挟火、丹鸟”等。古人还把萤火虫叫作“宵行（《诗经》）、磷（《毛诗传》）、丹良（《夏小正》）、即照（《尔雅》）、放光（《别录》）、磷然、照磷、夜明、熠熠、蚈（《吕氏春秋》的‘腐草化为蚈’）”等。

除了我国台湾地区将萤火虫俗称为“火金姑”之外，我国各地对萤火虫的称谓也不尽相同：夜火虫、打火虫、明火虫、游火虫、亮火虫、萤火火、火焰虫、火金星、亮亮虫、明明虫、焰火虫、爆闪虫、放光蚊、火炼子等。

在文学作品或商业营销中，萤火虫还有“夜精灵、流萤、黑暗舞者、萤河系、无声的烟花、会飞的灯笼、会呼吸的钻石、冬天里的一把火（冬季萤）、提着灯笼（给别人照亮道路）的小精灵、散落在山谷里的繁星”及“天上星，地上萤”等浪漫称谓，甚至有人把萤火虫的幼虫发出的光成为“萤火虫的初恋”。

萤火虫的外文翻译里也有文化的因素，比如，萤火虫一般译为firefly或glow-worm，而荧光素和荧光素酶的词根都是Lucifer（路西法），这正是《圣经》中堕落地狱的恶魔撒旦还在天堂担任天使时的名字，在拉丁语中，“路西法”意为“光的使者”。

日语中有一个词语“Keisetsu-jidadi”，字面意思就是“萤火虫和雪的时代”，用以指代学生时代寒窗苦读的日子，也是起源于“囊萤映雪”的故事，“Keisetsu no kou”表示“勤奋学习的成果”。日语中还有一个与萤火虫相关的很有意思的新词“hotaru-zoku（萤火虫部落）”，是指被迫在外面吸烟的丈夫们：城市中有许多高大的公寓楼，通常都设有小阳台，从远处看，窗帘外面忽明忽暗的香烟的光点，很像萤火虫的光芒。

第四节　萤火虫的电影美术

日本的萤火虫影视作品较多，比如，1988年高畑勋执导的电影《萤火虫之墓》讲述了在第二次世界大战后期的神户，因空袭而失去母亲被亲戚家领养的哥哥清太和4岁的妹妹节子藏在一个洞穴里生活，因得不到大人的援助而渐渐走向死亡的悲惨故事。2005年的电影《萤火虫之星》由真实故事改编，主要讲述了日本小学教师三轮元在乡村小学发起学生通过种种努力成功培育萤火虫，改善当地环境的故事。电影《萤火虫》根据竹山洋同名小说改编，讲述了两位深受战争创伤的老人相濡以沫40年仍保持坚贞不渝夫妻之爱的故事。

《萤火虫不说》是云南大学旅游文化学院首部校园原创DV电影，影片讲述的是主人公杏子从高中到大学对爱情的两段不同的经历，最后却永远沉睡在了萤火虫的梦境里。《萤火奇兵》作为一个原创IP，以其全新的故事、绚烂的画面、逗趣的角色、暖心的主题和充满正能量的剧情获得了影评人的好评。《萤火虫之恋》是2019年由多家媒体和民间组织、政府等联合打造的环保公益网络大电影，以保护萤火虫为切入点，以宣传生态环境保护为目的。

萤火虫也出现在了很多美术作品和工艺品上。比如，日本和韩国等国家制作了很多萤火虫贴画、扇子、胸针等，日本、韩国、马来西亚等国家都印制了萤火虫绘画或照片的邮票，中国台湾地区不仅有萤火虫邮票，还有“囊萤夜读”主题邮票。随着萤火虫科普和产业的发展，萤火虫主题绘本的创作也蓬勃发展，方素珍和吴嘉倩联合绘画出版的《萤火虫去许愿》是其中的代表作。

第五节　萤火虫的精神文化

萤火虫在文化作品中不仅代表了家国之思、涅槃之火、忠贤之喻、勤学之征，还有赞叹萤火虫之美的、哀叹战乱以致民不聊生的、抒发人生抑郁不得志之憾的、自励希望能够有所成就的，有些作品是将萤火虫作为坚强意志的化身和希望之光，但也有很多时候萤火虫是凄冷和荒凉的象征。

萤火虫不仅代表了一种迷人的美（或停或飞、一闪一闪的萤光特别迷人），还代表了尽绵薄之力服务于人的精神（萤火虫的光很微弱，故常作能力薄弱的谦词）、卑而不贱的精神（“虽缘草成质”，却“不借月为光”）、集体精神和聚能文化（萤火虫的集体发光才能有更好的效果，把个人融入大集体，大家一起就能发出最强光）、奉献精神（萤火虫的发光是牺牲个人，照亮别人），还能象征真挚忠贞的爱情文化（一生点亮只为你；萤火虫进家里寓意着会邂逅一场爱情）、亲情文化（上一世的亲人或情人，这一世变成萤火虫来看望你；很多萤火虫都有护卵行为，象征伟大的母爱）、刻苦读书的励志文化（囊萤夜读）、奋斗蓄能文化（蓄过的力，是此刻的光）、温暖关爱的大爱文化（体现政府、学校、父母的关爱之光）、指引导航的引导文化（非洲人等用萤火虫来照明和引路，象征教师和长辈的引领）、黑暗照亮的点亮文化（鲁迅的“就如萤火一般，也可以在黑暗里发一点光，不必等候炬火”）、冲破黑暗的希望文化或光明文化（在漫漫黑夜中看见萤光，使迷茫的人看到希望的光芒；“宇宙间一切光芒，都是你的亲人”）、旺财文化（萤火虫属于火象，象征着权利与财富，晚上看到萤火虫，会有发财的兆头）、养心康养文化（专家的研究表明，欣赏萤火虫还可以缓解人的焦虑和压力等，具有舒缓心情、心理理疗的作用）。

很多有关萤火虫的励志语句也给人们以上讲的内心力量，比如：“萤火成炬”“萤萤微光，聚而成炬”“散发的光，只为了找一个对的人”“感谢你成为我的光芒，指引我有朝一日，像你一样发出光亮”“你的出现，就像黑暗的夜晚那一丝荧光，足以点亮我的整个世界”“萤火虫就像一个手电筒，温暖如母亲，它总是陪伴着我，照亮了我”“你冲破了黑暗的束缚，你微小但你并不渺小，因为宇宙间的一切光芒都是你的亲人”……

同时，萤火虫更是各类教育领域的经典物种，比如：科普教育（萤火虫深受青少年的喜爱，其发光原理和各类有趣的行为习性和生物学特性等都成为科普教育和研学教育的良好素材）、科学教育（萤火虫研究中很多难度深浅不一且十分有趣的行为习性和生物学特性成为青少年科学教育和科研训练的良好素材）、自然教育（萤火虫是治疗“夜盲症”“野盲症”“自然缺失症”和唤醒人们对自然万物关注、欣赏、珍惜和敬畏的旗舰物种）、环保教育（萤火虫是保护物种、保护环境以及“绿水青山就是金山银山”理念等环保教育的良好素材）、乡村教育（萤火虫是人们寻找乡愁和对青少年进行美丽乡村教育的良好素材）、生命教育（在养殖过程中深刻自然地感悟到生命的神奇和宝贵）、感恩教育（引导学生感恩国家、社会、父母、师长）、社会教育（从萤火虫敢于在黑暗中发光，尽管微弱但能为社会带来温暖和力量的文化中获得直观的社会责任教育）、励志教育（学习囊萤夜读的学习精神）、美学教育（萤火虫绚烂的自然生物之光可以给人们带来极其特殊而经典的视觉和心灵享受）、幼儿教育（可以缓解儿童在幼儿园因陌生环境而引起的焦虑情绪）。

第六节　萤火虫的园林文化

诗人咏萤于园，似乎总是和“寂寞”“凄楚”“冷凉”的宫苑分不开，这也无怪，冷宫中遍生腐草，自然萤飞。但细数园林萤火，宫苑放萤的君王成为了后世警醒；仙庄飞萤氤氲了仙境之气；庭院观萤，凡人烟火，倒是多有深意。

宫苑放萤：园林萤火最著名的要数隋炀帝“于景华宫征求萤火，得数斛，夜出游山，放之，光遍岩谷”。《隋唐演义》记载了江都放萤一事：隋炀帝在江都芜城中，建造了一座富丽堂皇的宫苑，营建有迷楼、月观、九曲池诸景。时初七八里，隋炀帝携众宫妃夜游，亭台秀美，丝竹声声，可惜月光有限，良景不辨。隋炀帝愁道“月已沈没，灯又厌上，如何是好？”李夫人遂进言说狄夫人做了一种“萤凤灯”，可以不举火而有余光。此萤凤灯以蝉壳做凤之形状，凤口衔一空珠，抓来萤火虫注入，似小灯，光映于外，戴在头上，两翅可不动自摇。众人皆以为奇，炀帝拍手大笑道：“奇哉，萤虫之光今宵大是有功，何不叫人多取些流萤，放入苑中，虽不能如月之明，亦可光分四野”。于是炀帝便传旨：“凡有营人内监，收得一囊萤火者，赏绢一匹”。不一时那宫人内监以及百姓人等，收了六七十囊萤。炀帝叫人赏了他们绢匹，就叫他们亭前亭后，山间林间，放将起来。一霎时望去，恍如万点明星，烂然碧落，光照四围。宫苑放萤影响深远，唐太宗谓之“小事尚尔，况其大乎”。李商隐感叹前朝亡国，专门提到隋宫再无萤火：“于今腐草无萤火，终古垂扬有暮鸦”，杜牧也有名句“秋风放萤苑，春草斗鸡台”。感叹国破家败时，诗词常用萤火承托，可能与此有所关联了。

仙庄飞萤：《西游记》第二十一回“护法设庄留大圣 须弥灵吉定风魔”中，孙悟空被风魔吹伤双眼，与猪八戒寻眼科与住处，日渐黄昏，远观山下有一庄园，可见隐约灯火。行至门前，但见：“紫芝翳翳，白石苍苍。紫芝翳翳多青草，白石苍苍半绿苔。数点小萤光灼灼，一林野树密排排。香兰馥郁，嫩竹新栽。清泉流曲涧，古柏倚深崖。地僻更无游客到，门前惟有野花开”，一派仙境缭绕之感。兄弟二人敲门说明情况，蒙园主搭救，安心住下，翌日醒来，孙悟空眼疾大好，昨日入住的庄园却不见踪影，二人只躺树下草上，唯见一纸条书“庄居非是俗人居，护法伽蓝点化庐。妙药与君医眼痛，尽心降怪莫踌躇”。原来园主人并非凡人，是奉菩萨法旨暗保唐僧师徒西天取经的护法。因为不能现身显明，所以点化仙庄在此，暗助孙悟空降魔。白石青苔，还有萤火绕灵芝，似为仙庄增加不少仙气。

庭院观萤：沈复和妻子曾居苏州沧浪亭畔，七月望是民间俗称的鬼节，妻子备小酌，打算和沈复一起邀月畅饮。正饮酒间，忽然阴云蔽月，妻子愀然曰：“妾能与君白头偕老，月轮当出。”沈复听罢也觉索然，“但见隔岸萤光，明灭万点，梳织于柳堤蓼渚间”。此时在庭院同观萤火，似是见证二人深情：岁月无状，恐难共白头。

萤火虫的人工繁育

第五章　萤火虫的保育和复育

萤火虫的“保育”是指萤火虫的保护繁育，即某地发现萤火虫后，对当地萤火虫进行保护，同时利用人工干预技术，繁育更多的萤火虫，提高该地萤火虫种群数量；而“复育”是在以前曾经出现萤火虫的地方，营造适合萤火虫的生活环境，引进相应的萤火虫种虫，通过人工干预技术，让萤火虫再次在该地生长繁育。

因此，萤火虫的保育与复育不同，保育指对已有萤火虫的进一步保护繁育，使原有的萤火虫更多；复育是重新繁育，从无到有，相当于“迎萤回家”“把萤火虫请回家”；后面章节提及的“繁育”则更多的是指在本来就没有萤火虫的地方（甚至是室内大规模）人工繁育出萤火虫。三者的技术难度一般来说是逐步增大。

第一节　萤火虫消失的原因

近二三十年来，中国大陆萤火虫的种类和种群数量在明显下降，尤其是在发达地区和城市周边几乎绝迹。调查显示，北方和东部省份的农村也很难看到萤火虫，其消亡速度和程度基本与当地城市化进程和发达程度相吻合，很多“90后”“00后”的孩子基本就没见过萤火虫，人们对萤火虫也越来越陌生、越来越渴望。值得庆幸的是，在西南地区甚至包括部分北方和东部省份的偏远农村，尤其是生态环境基本没被破坏、人为干扰很少的山林里，目前还能找到较多的野生萤火虫资源，这些萤火虫资源成为中国萤火虫资源保护的“最后一根稻草”。但与此同时让人担忧的是，在上述萤火虫资源尚佳的区域，有些人在大肆捕捉售卖萤火虫，当地百姓和政府也不知晓这些资源及其价值，更不会保护，甚至还有因进一步开发建设等因素导致萤火虫消亡的危险。

造成萤火虫日渐消亡的原因很多，主要有以下几点。

（1）环境污染和栖息地破坏是最主要的原因。农药、化肥、除草剂的大量使用，是农村萤火虫消失的最主要、最直接的原因。随着城市化进程的加快，很多池塘、湿地、荒地、树林等萤火虫及其食物的栖息环境遭到破坏，生活污水、养殖废水和工厂废水排入溪沟、池塘、沼泽等地，直接影响水生和半水生萤火虫的生存，也间接影响陆生萤火虫的生存。河流、沟渠等河床的水泥化整治，使水生萤火虫无法上岸化蛹，雌虫无法找到合适的地方产卵。同时，水泥化后河岸两边的植被、河水中的微小环境也都产生很大的改变，这也影响萤火虫的幼虫活动和螺贝类的生存。不科学的垃圾处理所造成的土壤污染、空气污染也会影响到萤火虫的生存。

（2）灯光污染。很多研究表明，夜间人工照明也是萤火虫数量减少的主要原因。日益繁多的路灯等人工光源造成的光污染严重干扰了萤火虫靠荧光识别异性而进行的交配繁衍，从而造成萤火虫数量减少。夜间捕食蜗牛的扁萤属幼虫倾向于避开人工光源，在受到突然的光照时会保持不动。人工光源会降低萤火虫 *Lampyris noctiluca* 的交配成功率。若在25℃恒温下饲养，不同的光周期会影响胸窗萤 *Pyrocoelia pectoralis* 幼虫的发育速度和捕食效率。

（3）旅游业对萤火虫的影响。旅游业可能在相关基础设施的建设过程中直接破坏或退化萤火虫栖息地，也可能通过土壤压实和侵蚀、落叶层堆积、水污染或光污染而间接导致栖息地退化，游客的踩踏会导致土壤压实、轻度破碎和侵蚀，进而影响萤火虫的生长发育。旅游业带来的各类光污染甚至手机和相机闪光灯之类的便携式灯光会干扰和破坏萤火虫的求偶信号。除了可能捕捉萤火虫之外，游客的踩踏还可能直接导致萤火虫卵和幼虫甚至蛹和成虫（尤其是那些无法飞行的种类）的死亡，此外，大量人流会破坏栖息在低矮植被上的成虫配对，以及导致雌虫在地面产卵时被无意踩踏，从而降低萤火虫的繁殖成功率。2020年，新冠疫情大流行提供了一个自然的实验（尽管没有重复），由于大多数旅游景点关闭，来自墨西哥和其他自然保护区的证据表明，在繁殖季节没有游客的情况下，萤火虫活动会增加，深刻地反映了游客对萤火虫和生物多样性保护的影响。

（4）对萤火虫了解不够。中国的萤火虫研究尤其是科普力量太薄弱，绝大多数民众不了解萤火虫，没有保护意识和能力，政府官员也不知晓萤火虫的重要性和常识，导致很多本来拥有大量萤火虫的区域都被城市建设等淹没，对萤火虫的保护措施和相关违法事件的处罚不到位，也加剧了萤火虫的消亡。

（5）生物入侵的影响。福寿螺、非洲大蜗牛等外来生物入侵使萤火虫喜欢吃的本地蜗牛的栖息地被侵占，桉树等外来植物大面积种植、森林的砍伐及林相变更等会造成局部环境的改变，使陆生萤火虫及其食物蜗牛赖以生存的环境受到影响。

（6）其他原因。有些农作物栽培制度的改变、水资源的枯竭、干旱和多雨等极端天气会影响到萤火虫的生存，商业利益导致的人为滥捕也会导致萤火虫大量减少。

综上所述可以得知，人类才是萤火虫的最大“天敌”，萤火虫的消亡多数都是因为人为因素导致的。当然，上述致使萤火业消亡的原因也要客观、辩证和全面地看待和分析。比如，水生萤火虫由于栖息在水田和水渠中，所以，施用在水田的农药会直接导致萤火虫死亡，这一点，通过休耕农田或者不施用农药以及限制农药的地方成虫繁殖率高这一事实得到反映。不过，有些萤火虫的成虫繁殖期比较长，即使在某一时期洒了农药，土壤里等待羽化的个体残存下来再次出现也是有可能的。通过规划农药施用剂量和时机，实现稻田种植和萤火虫的共存也不是不可能，在幼虫上岸后洒下最少所需量的农药也不失为一种方法。另外，在水流较快的水渠或者河流，且水量很多的情况下，少量农药也有可能被稀释，或者被冲走，并不一定会带来萤火虫灭亡的严重影响。有些时候，农药施用即使给中下游的萤火虫造成致命影响，也有可能通过上游的补给源恢复萤火虫族群。但是，农药流入会给作为饵料的淡水螺带来致命的影响，这是很严重的问题。另一方面，生活排污水对水生萤存活的影响则可能会比想象更大，尤其是各种洗涤剂会抑制幼虫以及淡水螺的繁殖。排泄物污水会在河底形成腐殖质，极易污染水质，给萤火虫和淡水螺带来恶劣的影响，比如养猪场的排水直接排入的河流，下游几乎看不到萤火虫生存的痕迹；但是，当水系的水量比生活排污水水量多得多的时候，生活排污水会被稀释、净化，淡水螺反而繁殖得更好，萤火虫也会大量繁殖。另外，水流交汇的河流，根据稀释效果会产生各种各样的水质区域，所以经常有大量水生萤繁殖。陆生萤火虫幼虫生活在地表和地下，所以没有直接的影响，但是窗萤的幼虫会捕食在地面活动的蜗牛，所以易受农药的影响，尤其是田地和住宅周围为了驱除害虫施用农药，会导致萤火虫和蜗牛的数量急剧减少，甚至导致萤火虫族群消失。由于喷施农药的过程中，农田以外的绿地也会受影响，所以即使外表看起来良好的环境，也会出现萤火虫少有栖息的情况。但对于像姬萤的幼虫一样在地下生存的萤火虫，其饵料也生存在地下，所以比起窗萤类，它受农药的影响较小。

已有的记载证实，萤火虫栖息的环境对于人类来说也是一个良好的环境，当然，前提是萤火虫自然繁殖的环境必须得到保护。因此，不能仅仅保护萤火虫，还要尽可能保护与萤火虫共存的生物以及这些生物的生活环境。萤火虫特有的神秘的魅力吸引着无数的人，也许是这种吸引力太过强大，有人认为萤火虫增殖越多环境就会越优越。因此，建设者经常会做出一些不太恰当的保护再生方法。例如，忽视栖息地的自然背景和容量而增殖萤火虫反而会给该地区带来损害，另外，从萤火虫栖息环境的持续性来看，超过自然承载量的大量萤火虫幼虫以及淡水螺的放养也是不可取的，也就是说，当有人对萤火虫增殖热心投入时，萤火虫就会大量繁殖，而当停止投入后则有可能导致萤火虫锐减。

如果在萤火虫栖息地再生和保护的过渡阶段进行适当的放养，就会起到很好的效果。建设者必须充分考虑的是，不能陷入“只增殖萤火虫就好了”这样的想法当中。最近研究显示，即使是同一种类的萤火虫，每一个地区的发光模式和生态特性也会有所差异，存在着多样性。如果轻易地向一个固定的萤火虫栖息地投入从其他地区来的淡水螺和萤火虫的话，有可能会破坏当地固有的萤火虫和淡水螺群体，所以需要十分注意。

萤火虫对生活环境的要求较高，如果其生活环境中存在有毒、有害的物质，如杀虫剂、除草剂、洗衣粉、洗手液等各种化工物品，萤火虫则无法生存，甚至环境太干燥、隐藏物不足、光照太强等都会导致萤火虫数量骤减甚至种群灭绝。但是，通过作者多年的观察、研究发现，萤火虫与其他生物一样，同样具有对环境的适应能力，只不过萤火虫的适应能力较弱。所以，萤火虫在生态环境较好或恢复比较好、光照污染不严重的地方是可以继续生存的，只不过需要专业的人工干预，否则萤火虫数量不会很多，这也为萤火虫的保育和复育提供了可能。

萤火虫也不是全然只能生存在完全无光害、完全无污染的环境里，只要光线不是直接照射或是光度较晦暗的环境，或者污染度不严重的情况下，许多个体仍旧是可以继续生存下去的，只是它们的数量不会很多。只要是正确方式的开发建设，仍然可以与萤火虫共同生活，比如悬空的建筑下仍然可以较好地保持萤火虫的生活环境而使其生存。

第二节 萤火虫资源的保护

一、萤火虫的保护现状

近几十年来，世界多国尤其是日本、韩国等少数国家及我国台湾地区的昆虫学家和生态学家努力探索萤火虫的生态保育及人工复育技术，比如修复森林公园、营造萤火虫栖息地，或将野外萤火虫栖息地的保护和景观开发巧妙结合，并成立各种“研究会”或“保育协会/基金会”等，组织民间力量一起保护萤火虫。

中国各地对萤火虫的保护成果参差不齐，这与当地的发达程度和政府意识有关，也与各地所拥有的萤火虫专家有关。湖北省在付新华教授的带领下成立了守望萤火虫研究中心，提出了萤火虫保护“三驾马车”，即萤火虫保护区、萤火虫科学工作站和萤火虫自然学校；四川省在曹成全教授的带领下在多地建立了萤火虫人工繁育和产业化示范基地，探索“用产业促进保护”的新路径，并在多地筹备成立萤火虫“研究中心”“保护基金”或“志愿者协会”；除此之外，多个民间环保组织也积极加入萤火虫保护工作中。中国各地政府也在日益重视萤火虫的保护，如《广东省野生动物保护管理条例》和《北京市野生动物保护管理条例》均于2020年将萤火虫列在保护管理条例的野生动物范围内，开启了地方政府用野生动物保护管理条例保护萤火虫的先例，国家林业和草原局目前正在组织讨论将多种萤火虫列入《国家保护的有益的或者有重要经济、科学研究价值的陆生野生动物名录》。多地国营单位也积极开展了萤火虫保护工作，如四川邛崃的天台山和都江堰的熊猫谷等。

值得一提的是，2023年6月30日，三叶虫萤等11种萤火虫首次被列入国家“三有动物（有重要生态、科学、社会价值的陆生野生动物）”，从而拉开了法律保护萤火虫资源的序幕。但受保护的萤火虫种类的科学性和覆盖范围的有限性，以及各地政府在养殖备案管理过程中的公正性和严谨性，还有就是萤火虫从业者和普通大众的遵纪守法自觉性，都决定了此举对中国萤火虫资源保护的最终实际效果。

二、萤火虫的保护措施

萤火虫的保护不仅是生物多样性和生态保护的需要，也是萤火虫资源化和产业化开发利用的前提和基础。萤火虫的保护工作至少应从以下几个方面展开：

（1）开展萤火虫的物种资源调查。目前我国萤火虫的种类、分布、资源量等都还不清楚，急需摸清家底，为保护提供基础数据。

（2）建立各类萤火虫科普基地和校园。大力开展萤火虫主题科普教育和主题研学游，支持出版科普书籍和印刷品，引导广大民众了解和喜爱萤火虫，掌握保护萤火虫的常识，才能自觉积极地保护萤火虫。

（3）加强立法。对萤火虫捕捉、展览、旅游等进行法律规范，对重要的萤火虫栖息地进行保护，将重要稀有的萤火虫列入物种保护名录等。

（4）科学合理地发展萤火虫产业。让萤火虫栖息地附近居民或单位成为主要利益相关者，让其对保护萤火虫有更大的积极性。

（5）为导游、运输员和酒店从业人员及当地居民等制订培训计划。所有游客都应由训练有素的导游陪同，他们可以提供信息并回答有关萤火虫的基本问题，旅游景点应提供精心设计、准确的解释性标牌和有吸引力的展品，以增加游客对萤火虫的认知和对生物多样性保护的积极态度。

（6）国有景区和私营企业都应该将萤火虫产业收入的一部分资金指定专门用于管理、场地维护、解释性展览和保护萤火虫及其栖息地，或支付基础设施维护以及自然资源保护的费用，并积极引导和鼓励游客捐款保护萤火虫。

（7）建立萤火虫自然保护区和主题博物馆或科普馆，保护各地与萤火虫有关的风俗甚至建立各类萤火虫节日，保护各虫态所需的栖息地，加强萤火虫监测，通过改善生长环境和加强投食等措施，加快本地土著萤火虫的扩繁。

（8）在一些已经景区化的萤火虫生长区加强外部环境的管理，尤其是周边照明设施的科学设置，科学规范游客行为，最大程度地减少对萤火虫种群的影响。比如严格限定游客在规定的步道上、建立凸起的木板路和观景台、用低强度的红灯照明、禁止吸烟等，上述规定应事先通过各种方式告知游客，并在赏萤地入口处展示，还要在游览期间以书面、音频或视频形式进行宣传解释，且由导游严格执行。

第三节　萤火虫资源的保育和复育

一、萤火虫的保育

萤火虫的保育，最简单、最直接的方法就是进行区域保护，避免一切人为活动。对于萤火虫的保育，很多人会片面理解为不能有任何建设和开发，但是实践证明，事实并非如此，在一个已经有萤火虫的环境中，在经过专业评估后可以进行适量的建筑和道路开发，依然可以保留绝大多数族群且 1 ～ 2 年实现族群扩增。研究发现，雌性萤火虫特别容易受到建设的影响，在建设中需要特别的、专业的保护。

（1）慎重考虑开发建设的必要性，若确需开发建设，需要针对萤火虫种群分布进行详细的调查，尽量精简硬件建设。施工时，将施工范围限制在对萤火虫影响较小的预定区域内，施工后的附近环境也尽量保持原貌，尤其是要避免大面积的整地行为，因为在整地过程中，机具及土石的挤压，会造成生活在地面的幼虫死亡，而生活在草丛内的成虫，也会因为无处可栖而面临搬迁的命运；同时施工废水不能排入萤火虫栖息地，千万不要大片整地，因为一旦整地，生活在草丛中的萤火虫必然会因为被覆盖或失去家园而大量死亡。

（2）严禁在保育区内使用化学药剂，如杀虫剂、除草剂、杀菌剂、洗衣液、洗手液等，保育区外如果需要施用药剂，一定要严格控制施用范围，不能让药剂残留进入或靠近萤火虫保育区；尽量减少喷雾施药，尤其是不能使用无人机和喷雾机，施药时注意风向，严格控制药剂飘入萤火虫保育区。

（3）正确引进外来物种。日本萤火虫学者大场信义认为，外来物种在捕食者和被捕食者的关系上都对当地生态造成破坏。在日本曾有新西兰泥螺（*Potamopyrgus antipodarum*）的入侵，该螺一度被作为复育萤火虫景观的饲料引进，结果不仅使当地的萤火虫数量呈下降趋势，还污染了当地水体环境。

（4）减少不必要的照明，严格控制照明灯的数量、范围、照度和颜色等。为了开展萤火虫活动，如果确需一些照明灯，可以采用一些只照亮地面的灯（如地灯）；若真需要路灯，则需加上一个罩子，让灯光控制在一定范围内（图 5-1）；尽可能减少灯的数量，尤其是萤火虫族群密集的地方，尽量不建设照明灯；灯的照度和颜色选择，一定要选择照度低且对萤火虫求偶影响较小的颜色（如红色或橘色）。

图 5-1　澳门大潭山友善萤火虫路灯改善情况（梁志文 摄）

二、萤火虫的复育

需要进行萤火虫复育的地方，往往曾经有萤火虫生存，但随着环境的恶化或人为破坏，萤火虫消失殆尽。若要想再次迎回萤火虫，让萤火虫回到原来的地方定居生活，需要从环境、水质、食物链等多个方面系统地修复。复育相比于保育需要花费更多的时间、人力、物力，难度更大。

萤火虫的复育需要将复育地环境营造到萤火虫适合的状态，还需要对复育地做详细的环境评估（如光污染、温度、湿度等），对萤火虫及其生存环境精心维护。

萤火虫的复育工作可以看作一种新的理念，一种用于解决生态问题与环境利用的新方案。以尊重当地生命为导向，对萤火虫生存环境遭受人为干扰和破坏后，协助生态系统恢复原貌的方法。

一个适合萤火虫栖息或复育的空间需要有多大？一般来讲，越大的空间，它所容纳的生态相可以越复杂，相对的萤火虫的栖息条件也会越好，种群稳定生存的机会越大，但是这不代表小的空间里就不能让萤火虫生存，像台北卫理女中里的萤火虫栖息地，就只在学校操场旁一条不到 20 m 长的小水沟中，类似这样被环境压缩成很小的栖息地的例子，其实不胜枚举。由于栖息的空间较小，相对的它们的种群数量也比较少，灭绝的几率也大。

萤火虫复育成功的关键，除了技术工程和环境评估之外，还需要对复育基地细心地维护。复育再大的人工栖息环境，若没有适当的维护，最后杂草丛生，即使保育了萤火虫，也还是会失去教育的意义。但是，复育基地哪怕较小，投入较好的维护，同样可以产生较大的衍生效果。

萤火虫复育工作与其他生态恢复工作类似，但是复育方法是一种全新的施工理念，目前部分施工单位对其不了解甚至误解，把复育认为是一种将“外观”环境恢复成自然模样的施工方法。萤火虫复育的施工，不仅注重“外观”自然，真正的核心是“内在”生态，是一种“表里如一”的生态恢复工程。

复育基地建好后，需要细心地维护，严禁有毒有害物品的使用，如杀虫剂、除草剂、杀菌剂、洗衣液、洗手液等。复育区外如果需要施用药剂，一定要严格控制施用范围，不能靠近或让药剂残留进入萤火虫保育区；尽量减少喷雾施药，尤其是不能使用无人机和喷雾机；药剂使用时注意风向，严禁药剂飘入萤火虫复育区。

复育基地也要积极发展其教育等衍生功能。为了更好地实现其各种衍生功能，提高萤火虫复育基地的意义，可以规划一些必要的建设、道路和灯光，如安装声控路灯和低矮的红色地灯等。但是，一定要做好详细、合理的规划，严格控制建设的位置、大小和数量，控制照明灯的数量、范围、照度和颜色等。

三、萤火虫的保育和复育技术

不同类型萤火虫保育和复育技术主要有以下几种。

1. 水生萤火虫保育和复育技术

第一步，对当地水生萤火虫栖息地进行调查。

环境调查：针对栖息地的水区域以及相连的陆地区域进行详细的环境调查。白天主要针对植被情况调查，包括地表的苔藓、蕨类和草本，以及灌木、乔木等，根据植被的种类、密度、高度等指标，综合判断该环境与水生萤火虫生存的适合度以及现有环境的萤火虫最大容纳量。晚上则针对栖息地各个方位的光污染情况进行调查。

水质调查：水生萤火虫对水质要求较高，需要携带仪器，实地现场检测电导率、溶解氧、温度、酸碱度等指标，带回水样，到实验室检测各种农药残留、氯残留、总磷、硝酸盐、亚硝酸盐、氨氮、硬度等指标。

萤火虫种群数量和主要食物调查：通过五点采样法或标记重捕法对环境中原有的萤火虫种群数量和分布情况进行调查，并且用同样的方法对水生萤火虫主要食物进行调查。

第二步，人工改造环境以及对萤火虫食物和天敌进行干预。

环境改造：对栖息地的环境改造，主要包括植被的改进、水质的控制以及环境光污染处理。此外，增加防洪、防旱、防逃措施，如稳定的水源、防洪沟的修建以及防逃纱网或绿色屏障，全面对相关环境升级改造。

对萤火虫食物和天敌干预：对栖息地萤火虫的食物和天敌进行人工干预，根据萤火虫种群需求，人为投放相关食物（如各种螺类），减少会捕食萤火虫的动物（如食肉的鱼类、蜘蛛、蛙、蛇等）。

第三步，萤火虫与食物的种群动态监测。

对栖息地的萤火虫和食物种群动态进行长期调查，通过五点采样法或标记重捕法，对环境中的萤火虫和食物种群数量及分布情况进行调查，根据监测数据指导萤火虫管理。

2. 陆生萤火虫的保育和复育技术

第一步，对当地陆生萤火虫栖息地或复育地进行调查。

环境调查：与水生萤火虫保育的环境调查方法一致。

水质调查：陆生萤火虫对水的需求量不高，不需要明水，只要能保持土壤湿润，没有重大水质污染即可，因此，一般不需要对水质进行详细深入的调查。但是，部分陆生萤火虫（如三叶虫萤）需要较湿的环境，甚至是湿地环境，需要较多的水保湿，对水质有一定的要求，通常只要水体中无有毒、有害物质（如各种农药、洗衣液、洗手液等）即可。

萤火虫种群数量和主要食物调查：与水生萤火虫保育的相应调查方法一致。

第二步，人工改造环境以及对萤火虫食物和天敌进行干预。

环境改造：对栖息地的环境改造，主要包括植被的改进、水质的控制以及环境光污染处理。此外，增加防洪、防旱、防逃措施，如稳定的水源、防洪沟的修建以及防逃纱网或绿色屏障，全面对相关环境升级改造。

对萤火虫食物和天敌干预：对栖息地萤火虫的食物和天敌进行人工干预，根据萤火虫种群需要，人工投放相关食物，如各种蜗牛、蛞蝓、蚯蚓等；人工干预减少萤火虫的天敌，如蜘蛛、蛙、蛇等。

第三步，萤火虫及其食物的种群动态监测。

与水生萤火虫保育的相应方法一致。

3. 半水生萤火虫的保育和复育技术

半水生萤火虫的保育可以参考水生萤火虫开展，虽然半水生萤火虫不生活于水中，但其喜欢生活于水边非常潮湿的环境中，容易滋生各种病菌，在保育过程中要注意通风，甚至控制植被的密度和食物的投放，保持养殖环境的整洁、干净。此外，半水生萤火虫食性更广，既可以捕食螺类也可以捕食蜗牛、蚯蚓等食物。保育管理过程中，要充分对环境中的萤火虫和食物种群数量及分布进行监测，根据调查数据指导萤火虫管理。

第六章　萤火虫的人工繁育

第一节　人工繁育的种类

不同种类的萤火虫有着不同的生活习性，相应的养殖方法也不同。理论上，只要掌握了相应的生活习性，就可以人工养殖相应的萤火虫。适合人工规模化繁育的萤火虫应当具有能聚集生活、饵料易得、极少自相残杀等基本特征，比如雷氏萤、穹宇萤、三叶虫萤、大端黑萤、端黑萤、黄宽缘萤、窗萤类、短角窗萤类等。此外，适合宠物化开发的萤火虫既包括上述能人工规模化养殖的种类，还包括形态、习性等比较特殊的萤火虫，如扁萤、凹眼萤等类群。另外，冬季是萤火虫成虫的匮乏期，这个季节起飞的萤火虫称为“冬萤”，主要包括山窗萤 *Pyrocoelia praetexta*、橙萤 *Diaphanes citrinus*、黄缘短角窗萤 *Diaphanes flavilateralis*、扁萤 *Lamprigera* sp.、雪萤 *Diaphanes niveus* 、锯角雪萤 *Diaphanes lampyroides*、神木萤 *Diaphanes nubilus* 等，这些冬萤使得冬天赏萤成为现实，也是值得人工繁育重视的种类。

1. 雷氏萤 *Aquatica leii*

成虫形态：头黑色，无法完全缩进前胸背板。触角黑色，锯齿状。复眼发达。前胸背板橙黄色。鞘翅橙黄色，密布黄色细绒毛。胸部腹面橙黄色，各足基节和股节为黄褐色，其余则为黑色。腹部黑色，雄性有两节发光器，雌性有一节发光器，均为乳白色，带状。

生活习性：幼虫生活在水中，常捕食小型淡水螺类或者食用死亡动物的尸体。末龄幼虫会到水岸边杂草或石块下衔土筑巢后化蛹。成虫会陆续在 4—8 月羽化。雄萤会在夜晚飞行发光求偶，雌、雄萤均发出固定频率的闪光。雌萤会将卵产在水边的植物上，以便卵在约 20 d 后孵化为幼虫进入水中。

2. 穹宇萤 *Pygoluciola qingyu*

成虫形态：头黑色，无法完全缩进前胸背板。触角黑色，丝状。复眼发达。前胸背板为粉红色并且在前部有两个对称的深红色斑点，后缘角尖锐。前翅通体黑色。前胸腹面黄褐色。雄虫有两节发光器，乳白色，第一节为带状，第二节为半圆形；雌虫有一节发光器，乳白色，带状。

生活习性：幼虫半水生，生活在非常潮湿的地方，如河流、小溪、瀑布附近，但不能长时间进入水中。捕食淡水螺类或者食用各种死亡动物尸体。每年7—8月羽化成虫。穹宇萤是为数不多的能够同步发光的萤火虫，发光时观赏效果极佳，雄虫不喜飞翔，常趴附在垂下的藤蔓或树叶上，形成独特的“萤光串”，甚为惊艳。利用此习性可以通过一些技巧让穹宇萤趴落在游客身上，进行互动和表演。雄萤容易被人工光源刺激发光，比如手电快速闪烁一次便能引起雄虫发光。雌萤飞行寻找雄萤，只会交配一次。雌、雄萤发光颜色略有不同，雄性偏黄而雌性偏绿。而且，目前已经掌握了人工刺激穹宇萤雄成虫发光的方法，可以在一定程度控制其发光，展现出更加震撼的发光效果。穹宇萤不会到处飞，也很难捕捉，所以，基本不存在被游客乱捉的情况。

3. 三叶虫萤 *Emeia pseudosauteri*

成虫形态：三叶虫萤因为幼虫时期背面形态非常像三叶虫而得名。成虫雌雄二型性。成虫头黑色，触角黑色，丝状，复眼非常发达，几乎占据了整个头部。前胸背板两侧淡粉红色、半透明。前翅黑色，末端边缘粉红色。雄虫体长约1 cm，有完整的后翅（膜翅），发光器为两节，乳白色，带状；雌虫体长约0.7 cm，后翅（膜翅）退化成一对小翅牙，发光器只有2个乳白色小点。

生活习性：幼虫陆生，但特别喜欢在非常潮湿的环境中生存。食性很复杂，可以捕食小型蜗牛、蚯蚓，会吃动物内脏，甚至疑似会取食柑橘类植物果皮。每年3—4月羽化成虫。雌虫因为后翅（膜翅）退化无法飞行，常在草丛中等待雄性。雄虫飞行不高，发光效果很好。

4. 大端黑萤 *Luciola anceyi* **（图6–1至图6–4）**

成虫形态：成虫头黑色，无法缩进前胸背板，触角黑色，丝状。复眼发达。鞘翅橙黄色，末端有大型黑斑，大端黑萤由此得名。雄萤发光器有两节，乳白色，第一节带状，第二节半圆形。雌萤发光器为一节，乳白色，带状。

生活习性：幼虫陆生，捕食小型昆虫或食用动物尸体，有自相残杀的习性；背面黑色，背部均匀排布黑色凸起，常生活于溪流、湿地、荒废的水田、潮湿的山谷、瀑布及潮湿的岩壁旁边的杂草丛中；多依附石头、砖块、树枝等物体化蛹。每年6—8月成虫羽化，7月中旬最为密集。成虫喜欢在树上、玉米叶上、竹林中栖息闪光求偶，形成“萤光圣诞树”的壮观景象，若受到惊扰，则满树的成虫会飞散下来，甚为惊艳。

图 6-1　大端黑萤雌成虫（背面和腹面）

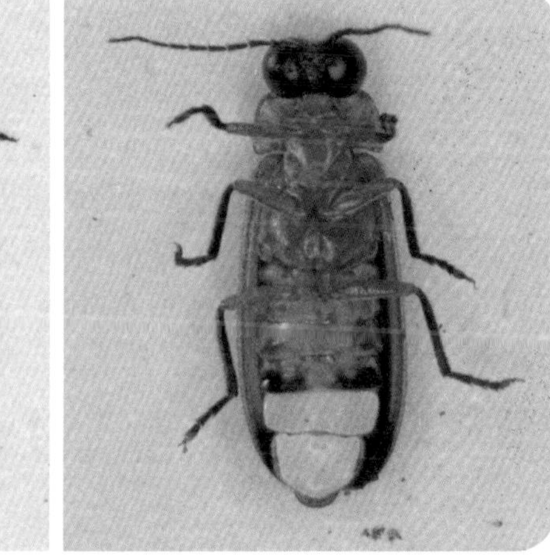

图 6-2　大端黑萤雄成虫（背面和腹面）

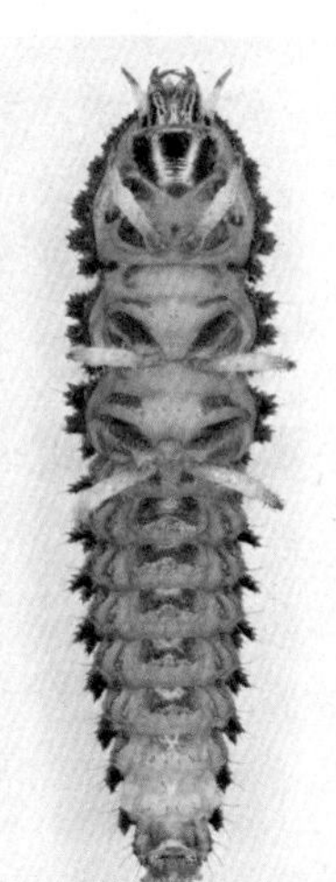

图 6-3　大端黑萤幼虫（背面、腹面和侧面）

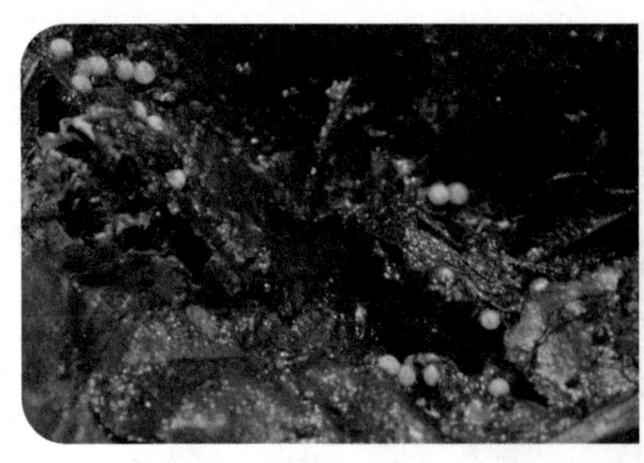
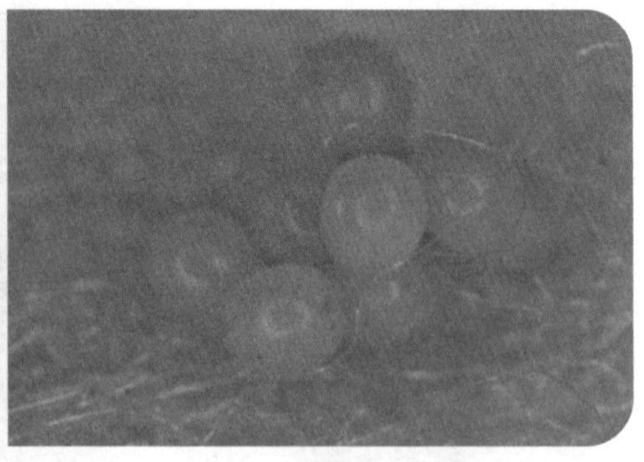

图 6-4　大端黑萤卵

5. 黄缘短角窗萤 *Diaphanes flavilateralis*（**图 6-5 至图 6-8**）

成虫形态：成虫雌雄二型性，头黑褐色，完全缩进前胸背板，触角黑褐色，锯齿状。雄萤触角长，且复眼发达，几乎占据整个头部。雄虫前胸背板黄褐色，半圆形，前方有一对较大的月牙形透明斑，后缘中央区域粉红色。鞘翅黑色，边缘黄褐色。腹部黑色，有发光器两节，分离，乳白色，带状。雌虫无翅，头部在前胸背板下，复眼较小，身体背腹面均基本为粉红色和米黄色，但从头部到尾部，逐渐变黄，有 4 个点状发光器。

生活习性：为陆生萤火虫，幼虫以蚯蚓等为食，常生活在林间、山地、荒废的田野的杂草丛中，可直接在草丛、腐殖质、苔藓下方等松软的地方化蛹。成虫多羽化于 10 月至 11 月，属于秋冬季成虫种类。雌、雄萤均持续发光。白天雄萤有时会钻入土壤中躲藏，成虫寿命可达半个月之久。常产卵于山林、林地中的杂草丛下，一般放置于湿润的环境中便可孵化。

图 6-5　黄缘短角窗萤雄成虫（背面和腹面）

图 6-6　黄缘短角窗萤雌成虫（背面和腹面）

图 6-7　黄缘短角窗萤蛹

图 6-8　黄缘短角窗萤低龄幼虫

6. 窗萤 *Pyrocoelia* sp.（**图 6-9 至图 6-13**）

种类简介：窗萤是窗萤属萤火虫的统称，是分布最广泛、最常见的陆生萤火虫，幼虫发光，成虫多于夏秋季羽化，是赏萤的主要种类之一。窗萤幼虫多体形较长，尤其是山窗萤 *Pyrocoelia praetexta* Olivier，1911，其幼虫有 4 ～ 5 cm 甚至更长，堪称巨无霸，再加上其尺蠖式的行走方式，十分可爱，堪称宠物萤火虫的佳品。

成虫形态：所有的窗萤成虫都是雌雄二型，前胸背板前缘有一对大型月牙形透明斑，形似窗户，因此命名为“窗萤”。雄虫头黑色，完全缩进前胸背板，触角锯齿状。复眼发达，前翅黑色。发光器较小，一节，乳白色，梯形。雌成虫多为橙黄色，翅极度退化，仅有一对黑褐色短小翅芽，4 个点状发光器呈乳白色。

生活习性：幼虫为陆生，捕食蜗牛、蚯蚓等，取食很专一，白天喜栖息在土中，尺蠖式行走，且能发出较为持续性的黄绿光。在土表覆盖物下化蛹。7—10 月均会有成虫羽化。有些种类的窗萤雄成虫白天夜晚均比较活跃，夜晚飞行且发出微弱持续光。常产卵于山林的杂草丛下。

图 6-9　窗萤的雌成虫（背面和腹面）

图 6-10　窗萤的雄成虫

图 6-11　窗萤的蛹

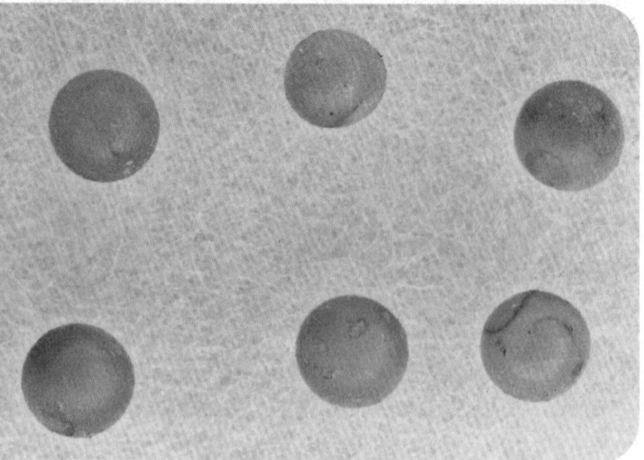
图 6-12　窗萤的卵

图 6-13　窗萤幼虫（左：王义哲 摄；右：徐茂州 摄）

7. 扁萤 *Lampyrigera* sp.（**图 6-14 至图 6-19**）

成虫形态：扁萤是扁萤属萤火虫的统称，是世界上最大的萤火虫之一。雌雄二型性。雄虫头黑色，完全缩进前胸背板，触角黑色，丝状。复眼非常发达，几乎占据整个头部。发光器较小。雌虫体长可以达到 4 cm，没有翅膀，体形与幼虫和蛹基本一致，但是身体多为淡黄色或乳白色，发光器大，位于尾部两侧。

生活习性：幼虫陆生，末龄幼虫体长可达七八厘米，很宽肥，身体扁形（“扁萤”的由来），常取食大型蜗牛、蛞蝓、蚯蚓及其他动物，取食凶猛，口器锋利，甚至可以咬人。扁萤幼虫与雌性成虫发光极亮，并且持续发光。夜晚常见于湿润的岩石周围，白天喜好栖息在阴暗潮湿的岩石下。9 月中下旬或 10 月扁萤便会简单打洞筑巢化蛹羽化成虫。雌成虫在地上偶尔翘起尾部发光器朝天发出持续极亮的光，吸引雄虫前来交配，不久之后就会产下若干较大的卵。

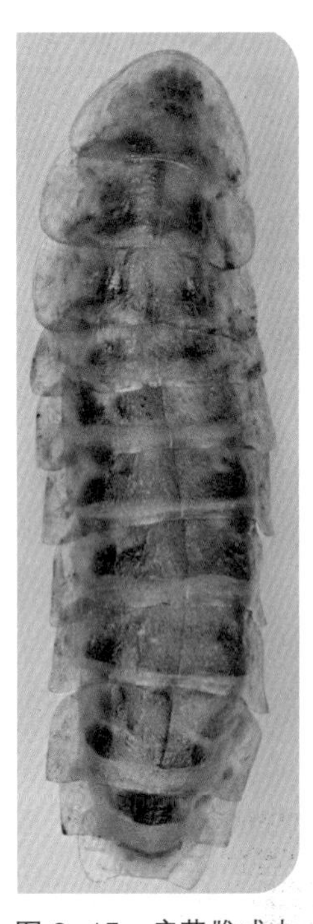

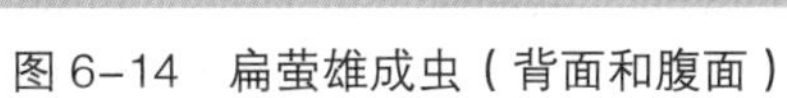

图 6-14　扁萤雄成虫（背面和腹面）

图 6-15　扁萤雌成虫

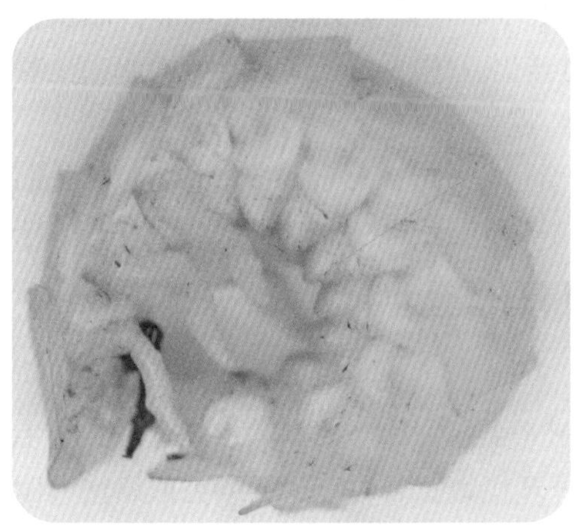

图 6-16　扁萤蛹

图 6-17　扁萤卵

图 6-18　扁萤幼虫

图 6-19　扁萤幼虫筑巢准备化蛹

8. 凹眼萤 *Rhagophthalmide* sp.

种类简介：凹眼萤，又叫雌光萤，属于鞘翅目雌光萤科昆虫，严格说起来不属于萤火虫，但从广义上也属于萤火虫。由于其全身通体多点发光且具有体形硕大的种类，成为萤火虫宠物的极佳类群。凹眼萤科发光虫态仅限于幼虫（雌、雄）和雌成虫，雄成虫基本不发光且常在夜间活动，采集非常困难，以至于刚发现该科类群时以为只有雌性（这就是“雌光萤”名称的来历）。凹眼萤科中还有一个特殊种类叫巨雌光萤 / 巨凹眼萤，是目前中国已知最长的发光萤火虫，雌虫体长 50 ～ 60 mm，身体上的发光点达 30 余个，一到晚上就会变成行走的“电灯泡”，每个体节都有多个发光器官发出绿色亮光，非常醒目，堪称萤火虫宠物之王。

形态特征：雌雄二型性。雄成虫通体发黑，似普通甲虫，头部不隐藏于前胸背板之下，触角丝状，短小。复眼发达，但后缘极度凹陷（这就是“凹眼萤”名称的来历），发光器极度退化。雌成虫幼虫形，完全无翅，纺锤形，淡黄色，就像普通的黄粉虫，具复眼，全身多个发光器，尾部具有大型发光器。幼虫也有发光器，但可通过有无复眼、触角仅 3 节且胸足的跗节未完全发育等特征与雌成虫相区别。

生活习性：幼虫主要取食千足虫（马陆），成虫基本不取食。成虫和幼虫都可以发出一种特殊的味道，用来作为防御物质。雌成虫求偶的时候可以将尾部朝天发出持续的绿光吸引雄虫，雄虫复眼发达，收到光信号后便前来交配。交配后，雌虫就会钻进地下洞中产卵，然后卷曲身体抱卵直到孵化。雌成虫产卵后为了护卵，全身两侧和中间的 30 多个光点都能发光，十分震撼。

相关图片见第一篇第一章第二节。

第二节　人工繁育的类型

根据萤火虫繁育场地建设情况，分为半控制人工繁育和全控制人工繁育，其中半控制人工繁育没有脱离自然环境，主要包括野外环境繁育、温室大棚或类似温室大棚的封闭式人工繁育；全控制人工繁育已经脱离了自然环境，繁育环境全部人工控制，整个繁育过程人工可控，主要包括工厂化、集约式人工繁育。

按照不同的繁育需求，萤火虫的人工繁育又可以分为家庭式人工繁育、宠物式人工繁育、室外人工繁育、室内人工繁育、小型人工繁育、大型人工繁育、北方人工繁育以及南方人工繁育等多种繁育模式。

1. 半控制人工繁育

（1）野外环境人工繁育。萤火虫繁育场所的人工痕迹较少，最多对场地四周进行简单的围合，没有对繁育场地顶部进行封闭的野外环境或者人造生态环境。比如，直接使用或简单改造整理农田、林地、湿地、山谷等开放场地进行的人工繁育。

（2）温室大棚或类似温室大棚中的封闭式人工繁育。利用温室大棚或类似温室大棚的封闭式场地对萤火虫进行人工繁育。比如，利用纱网大棚、塑料薄膜大棚、玻璃温室等各种设施大棚，对其内部环境进行改造后繁育萤火虫。

2. 全控制人工繁育

全控制人工繁育主要使用工厂化、集约式人工繁育基地，由于完全在室内，可以标准化、模块化、流程化繁育，该基地也被称为繁育工厂。利用废弃厂房、房屋建筑、新建繁育房等设施，进行水电系统、繁育设备、环境净化等全面的繁育改造。

3. 不同繁育需求的繁育模式

（1）家庭式人工繁育。利用繁育盒、繁育缸或繁育笼，在家庭、办公区域、公共场所甚至酒店和餐厅等各种室内区域少量繁育萤火虫。

①水生萤火虫家庭式繁育：

繁育环境：首先要有一定坡度，斜坡顶部要略高于水面，以便于末龄幼虫上岸羽化，同时配备循环滤水系统，一方面清理水中杂质，另一方面也可以给水中增加氧气（图 6–20）。

图 6–20　水生萤火虫家庭式繁育

注意事项：在喂食时注意先将食物消毒后再进行投喂，第二天要把食物残渣清理出环境防止腐败，要定期换水防止水霉病的发生。

②半水生萤火虫家庭式繁育：

繁育环境：要非常潮湿，可以先用一层海绵打底保湿，再在上方铺一层泥土作为基质，选择一处以亚克力板隔开作为小水池，同时在环境中铺设大量植物作为萤火虫的庇护所，另外也要有一定的坡度，以供末龄幼虫上岸化蛹（图 6–21）。

图 6-21　半水生萤火虫家庭式繁育

注意事项：在非常潮湿的环境中繁育但还要防止环境发霉，因此，繁育过程中一定要注意通风，同时要经常注意小水池中的水位，及时补水，否则若太干燥就会导致萤火虫的大量死亡。

③陆生萤火虫家庭式繁育：

繁育环境：需要以 3 ～ 5 cm 厚的松软泥土作为基质，泥土表面覆盖有苔藓等覆盖物，且需要较大的石头作为其庇护所（图 6-22）。

图 6-22　陆生萤火虫家庭式繁育

注意事项：繁育的密度不宜过大，避免引起自相残杀；要及时清理食物残渣，避免滋生病菌；若发现有死虫，也要及时清除，避免病菌传染给其他萤火虫。

（2）宠物式人工繁育。将萤火虫当成宠物开发，相比于家庭式人工繁育，其繁育盒更小、更精致，便于携带，主要适于年轻人和青少年学生的养殖。选用适合的繁育盒，布置适合萤火虫生存的生态环境，如加入基质、苔藓、蕨类、蚯蚓、蜗牛等，再根据个人爱好，还可以加入一些假花、假草等各种装饰物。

（3）室外人工繁育（也叫“生态繁育”）。在野外生态环境中，通过人工干预技术改善繁育环境，调整食物和天敌数量来繁育萤火虫。主要包括萤火虫的保育、复育以及野外环境的打造。

（4）室内人工繁育（简称“室内繁育”）。在室内场地中，通过营造繁育环境或构建工厂化繁育场所开展萤火虫繁育，主要是对萤火虫繁育过程中的温度、湿度、光照、水质、空气、各种病原菌等进行严格控制。

（5）小型人工繁育。小型人工繁育是指年繁育规模小于10万只的萤火虫繁育，包括生态繁育和室内繁育，投资较小，风险较小，易于掌控，适合自行繁育后开展赏萤活动，或者作为活体赏玩昆虫开发。

（6）大型人工繁育。大型人工繁育是指年繁育规模超过10万只甚至100万只的萤火虫繁育，投资较大，技术要较为成熟，养殖环境的设置要非常稳定和适宜养殖，最好是工厂化养殖或者生态环境很好的野外生态养殖，适合作为萤火虫种虫繁育基地或开发成大型赏萤基地。

（7）北方人工繁育。我国北方地区也可以繁育萤火虫，但北方冬季温度较低、夏天很干燥、水资源比较缺乏、植被情况不如南方地区、湿度较小，再加上北方土著萤种较少，因此，在北方养殖萤火虫的难度较大，成本较高，养殖种类需要筛选，养殖技术需要做一些调整，最好结合温室大棚进行室内养殖。

北方养殖萤火虫主要技术要点就是温度的控制，包括在夏、秋季节利用种植藤蔓等绿植遮阳、设置多层遮阳网、利用风扇通风、喷水雾、投入冰块甚至加空调等方法降温，实现土壤表面的温度低于35℃。同时，确保冬季温度不低于0℃，如增加暖气甚至空调等方法。此外，北方相对缺水，要准备好备用水源，确保萤火虫养殖区水源充足。

（8）南方人工繁育。我国南方湿度较高，水资源比较丰富，植被茂密，山谷河流较多，生态环境良好，气温较高，萤种丰富，萤火虫食物丰富，因此是养殖萤火虫和发展萤火虫产业的重点区域。南方人工繁育要充分利用优越的自然环境，多发展野外生态养殖，甚至可以实现多代繁育、错茬养殖和冬季起飞萤火虫，降低养殖成本，提高养殖效率。

南方和北方可以互相结合，充分发挥各自的优势，实现合作共赢。比如，北方的萤火虫景区可以在南方投资或合作建立萤火虫繁育基地，较低成本地大量人工繁育萤火虫，然后将萤火虫（包括冬季起飞的萤火虫）转移到北方等地赏萤和产业化，实现“南萤北调”，优势互补。

第三节　人工繁育的场地

1. 半控制人工繁育场地设计

（1）水生萤火虫野外繁育场地。

①基本要求：水生萤火虫雌、雄成虫均具有飞翔能力，野外繁育场地缺少基础设

施，在场地设计上必须格外重视萤火虫逃跑的问题。因此，水生萤火虫的野外繁育场应选择在萤火虫不易逃离的繁育地点，如峡谷、凹地等生态屏障隔离条件较好的地方。

防旱、防洪也是基本要求。水生萤火虫要求繁育场地每天都有干净的水，设计水池或水井等水源，确保繁育区不停水，如果出现水质变坏或停水的问题，极易导致萤火虫大量死亡，甚至全部死亡。除了防旱，还需要较完善的防洪设施，如修建防洪沟、防洪坝，防止洪水流经繁育场地，造成萤火虫的损失；也可以选择顺流区域的较长范围作为繁育基地，配合防洪设施，进一步减少洪水造成的萤火虫损失。

繁育之前检查繁育区域是否能储水，如果繁育区漏水，需要提前处理，如底面压实、铺防水塑料布等；若使用水泥底面，一定要多次浸泡换水，观察较长时间且小规模试养，确定没有问题后，方可大量繁育。

另外，繁育水体中不能有过多藻类（丝藻、水绵等），杜绝一切可能进入繁育场的危害物，如农药、化肥、工业废水、生活污水等。

②水区域要求：整个繁育区的水域设计要有许多弯曲多变、纵横交错的水流，以此增加水岸面积，为化蛹期虫体提供充足的化蛹场地。水流系统首尾要保持一定的高度差，确保水流可以顺畅流动，且水流各个区域都保持有适宜的水位。

整个繁育区水系统要有较好的流动性，各个水流转弯的时候都设计为钝角，避免水流不畅引起的死水、死角，确保水流过程中，可以对各个区域的水进行净化、更新。水流宽度要适宜，通常水体宽度 50 ～ 100 cm，水深 20 ～ 50 cm，均可满足水生萤火虫各龄期幼虫生长发育需要。

③植被要求：整个繁育场地需要在不同层次种植植物。地面部分，在最接近地面区域种植苔藓，其次是高一些的蕨类、杂草，最后是各种乔木、灌木等较高的植物。在水区域，依次种植沉水植物、浮水植物和挺水植物，水边种植苔藓和喜湿草本植物。既可满足水生萤火虫幼虫阶段的遮阳、附着、躲藏，消耗水体中多余的有机物，保持较好的水质，也可以提高繁育基地的生态环境，利用保持良好的环境，提供成虫栖息和生活所需的水分，满足成虫阶段的攀附、交配和产卵需要。

④光照要求：光照对于繁育场的各种植物极其重要。同时，太阳光中的紫外线在一定程度上可以杀灭繁育场的细菌、真菌等有害生物。春、秋、冬季节，光照较弱、温度不高，需要每天保持光照时间持续 5 h 以上，水体温度不低于 0℃，尽量保持在 5℃以上；夏季温度较高，光照较强，可以用遮阳网挡住部分光照，通过遮阳网、喷雾等措施降温，控制水体温度不超过 30℃，尽量保持在 25℃以下，避免繁育场温度过高，导致萤火虫死亡。整个繁育场要减少灯光数量，且控制光的散射，同时通过控制灯光照度、颜色等，避免灯光对萤火虫幼虫活动及成虫交配产生影响。

（2）陆生萤火虫野外繁育场地。绝大多数陆生萤火虫幼虫攀爬能力较强，但是成虫阶段，多数为雄性飞行，雌性翅膀发育不全，无法飞行。因此，陆生萤火虫野外繁育场所，一般要重视幼虫的防逃处理（如挖防逃水沟），或者选择幼虫不易逃离的繁育地点，如峡谷、凹地等生态屏障隔离条件较好的地方。

陆生萤火虫虽然不需要繁育场地有流水，但是需要保持一定的湿度，如果场地干燥，也会导致萤火虫大量死亡，甚至全部死亡。繁育场地中可以准备水井或水池，长期保持有水，作为水源，便于在繁育场干旱的时候保持适当的湿度。

除了防旱，还需要较完善的防洪设施，如修建防洪沟、防洪坝，防止洪水流经繁育场地，造成萤火虫的损失，另外，繁育场地杜绝一切可能进入繁育场的危害物，如农药、化肥、工业废水、生活污水等。

整个繁育场地需要布置不同层次的植物，在最底层种植苔藓，中间层种植蕨类、杂草，中上层种植高的蕨类、灌木等，最高层种植小乔木、高一些的灌木等。既可满足陆生萤火虫幼虫阶段的遮阳、附着、躲藏需要，也可以满足成虫阶段的攀附、休息、交配和产卵需要。

其他参考“水生萤火虫野外繁育场地”建设要求。

（3）半水生萤火虫野外繁育场地。半水生萤火虫是长期生活在水边的萤火虫，幼虫具有一定的水中存活能力，可以越过一定的水域，因此防止幼虫逃跑非常关键；成虫飞行高度较高，且大多数种类雌、雄成虫均可飞行。所以，半水生萤火虫的繁育场所，应该用 1 m 左右高的光滑材料合围，避免幼虫逃跑，四周密植 10 m 高的树木或竹子，尽量挡住成虫；也可以选择萤火虫不易飞跑逃离的繁育地点，如峡谷、凹地等生态屏障隔离条件较好的地方。

半水生萤火虫要求繁育场地保持常年高湿度环境，如湿地、沼泽等；若使用水泥地面防漏，再布置湿润环境，繁育场硬化后一定要多次浸泡换水，观察较长时间且小规模繁育试验没有问题后，方可大量繁育。通常，还需要设计水池或水井等作为备用水源，确保繁育区充足的水源。

繁育区域设计为坑洼地形，加入水后形成许多类似沼泽或湿地的地形，设计较多的水流且弯曲多变，纵横交错，利用高湿度的水岸环境，繁育半水生萤火虫。整个繁育系统水是关键，水太少会导致环境太干，水太多会导致幼虫被淹死。

其他参考“水生萤火虫野外繁育场地”建设要求。

（4）多种萤火虫复合繁育场地。可以在同一片区域中繁育多种萤火虫，实现萤火虫景观叠加，促进土地资源高效利用，提高萤火虫繁育效率，这就对场地设计提出了更高的要求。

按照复合繁育的萤火虫种类，可以分为多种水生萤火虫、多种陆生萤火虫、多种半水生萤火虫分别复合繁育，水生萤火虫与陆生萤火虫复合繁育、水生萤火虫与半水生萤火虫复合繁育、半水生萤火虫与陆生萤火虫复合繁育，以及水生、陆生与半水生三大类萤火虫的复合繁育。

三大类萤火虫繁育场地的基本要求、植被要求以及光照等其他要求，已经在前文中有详细的描述，因此，此处“多种萤火虫复合繁育场地”设计没有涉及各类萤火虫需要的场地设计，只是对萤火虫复合繁育中如何改进繁育场地、满足相应的萤火虫种类复合繁育、提高萤火虫繁育效率等问题进行阐述。

①水生萤火虫与陆生萤火虫复合繁育：水生萤火虫与陆生萤火虫复合繁育场地，要求能同时繁育水生和陆生两类萤火虫，由于水生萤火虫幼虫需要一直生活在水中，陆生萤火虫生活于较干燥的环境，场地设计需要综合考虑。可以在场地中设计水流系统，繁育水生萤火虫；水流设计较深，确保水流以外的陆地区域保持相对恒定且适宜的湿度，水流旁设计较宽的区域用来繁育陆生萤火虫，实现水生萤火虫与陆生萤火虫复合繁育。

②水生萤火虫与半水生萤火虫复合繁育：水生萤火虫与半水生萤火虫复合繁育场地，要求能同时繁育水生和半水生两类萤火虫，由于半水生萤火虫需要生活于较潮湿的环境中，刚好水生萤火虫生活区旁边非常适合。因此，可以在场地中设计较多的水流系统，繁育水生萤火虫；水流设计较浅，使得水流以外的其他区域呈现出类似湿地的环境，繁育半水生萤火虫，实现水生萤火虫与半水生萤火虫复合繁育。

③半水生萤火虫与陆生萤火虫复合繁育：半水生萤火虫与陆生萤火虫复合繁育场地，要求能同时繁育半水生和陆生两类萤火虫，由于半水生萤火虫幼虫需要较高的湿度环境，陆生萤火虫生活于较干燥的环境，场地设计可以参考水生萤火虫与陆生萤火虫复合繁育场地。可以在场地中设计水流系统，控制水位 1 ～ 5 cm，营造湿润的环境，繁育半水生萤火虫；水流设计较深，确保水流以外的陆地区域保持相对恒定且适宜的湿度，水流旁设计较宽的区域用来繁育陆生萤火虫，实现半水生萤火虫与陆生萤火虫复合繁育。

④水生萤火虫、陆生萤火虫与半水生萤火虫复合繁育：水生、半水生和陆生萤火虫复养场地，需要综合考虑三大类萤火虫的生活环境，综合上述 3 种复养模式。可以设计为水流系统、水岸湿地与干燥陆地相结合的综合场地；也可以设计为水区域与小岛搭配的繁育场地，充分利用地形，将三类萤火虫有机结合、复合繁育。

⑤多种水生萤火虫、多种陆生萤火虫、多种半水生萤火虫分别复合繁育，可以直接设计密集的水流系统繁育水生萤火虫，注意水的流向和流速，确保所有的水都能更新，保持水干净；设计大片的陆地繁育陆生萤火虫，注意陆地区域良好的植被覆盖，设置备用水源和喷淋系统，维持繁育区域适宜的湿度；设计大片的湿地区域繁育半水生萤火虫，设计备用水源和多个出水口，维持繁育区域大片的湿地环境，繁育半水生萤火虫。

（5）温室大棚或类似温室大棚的封闭式场地。

①地面场地繁育：温室大棚或类似温室大棚的封闭式场地中的地面繁育，与野外繁育相比具有较好的设施，由于是封闭的场地，不存在萤火虫幼虫、成虫逃跑的问题。该设施场地要求有稳定的水源，确保维持适宜的湿度。选择场地时，考虑被水流冲击的风险。繁育场地杜绝一切可能进入繁育场的危害物，如农药、化肥、工业废水、生活污水等，确保繁育场地防旱、防洪、防逃离、防有害物质。

植被要求和光照要求可参考野外繁育设计。

②养殖架繁育：温室大棚或类似温室大棚的封闭式场地中的养殖架繁育，繁育基本条件和设计参考地面场地繁育。养殖架部分的设计，由于受到水电设施、整个场地结构的限制，不建议设计复杂的立体循环自动化繁育；可以直接建设宽 1 m 左右，高 2 m 左右的养殖架，养殖架分 3 ～ 5 层，层距 40 ～ 70 cm，进行生态立体繁育。各层养殖架，用防水布等材料设计繁育盒，繁育盒内部模拟野外环境，设计成生态自然的繁育环境，主要以基质、苔藓、蕨类、作物以及蚯蚓、蜗牛等构建适合萤火虫生存的生态系统，供萤火虫整个生活史正常生长发育；非养殖架区域，种植各种中高植物，如灌木和小乔木等，供萤火虫成虫栖息、交配产卵。

植被要求和光照要求可参考野外繁育设计。

2. 全控制人工繁育场地设计

（1）养殖架及繁育盒设计。半水生萤火虫在习性上处于水生和陆生之间，与水生、陆生萤火虫均有较多繁育上的共通性，因此选择半水生萤火虫穹宇萤为模型，阐述全控制人工繁育场地中养殖架及繁育盒的设计。根据穹宇萤的生活习性，笔者研发了一套萤火虫循环水繁育器具，实现水系统、消毒系统、充氧系统、灯光系统的自动化，人工控制萤火虫的生长环境，能实现穹宇萤（包括其他萤火虫）的立体高效规模化繁育。

循环水繁育器具的主体包括：四根立柱管、筛网和水槽，筛网固定在四根立柱管的上部形成无底的繁育筐，水槽固定在四根立柱管的下部，与繁育筐配合形成萤火虫繁育空间，繁育筐上设置有喂食窗，繁育筐背面的其中一根立柱管上部外接进水管，下部固定设置有喷水管，喷水管通过该背面的立柱管与进水管连通，繁育筐正面的其中一根立柱管外接排水管，水槽底面连接有出水管，出水管通过该正面的立柱管与排水管连通，且出水管与水槽的连接处设置有过滤网。在繁育筐的底部放上苔藓、砂石等，营造萤火虫的生活环境（图 6–23）。

也可以用简易的养殖架（最好是用铁管拼接而成的，方便拆卸），可以建 5 层左右，每层间距大约 50 cm，前后的横梁有一定的坡度（10° ～ 20°），这样可以使得繁育盒形成坡度而致使盒内一侧能盛水，一侧无水，利于穹宇萤的生活。用普通的塑料盒（尺寸大约为 60 cm×40 cm×15 cm）作为繁育盒，扣放在养殖架上，将位置较低一端距离盒子底部约 5 cm 处钻一个直径约 1 cm 的小孔，实现水的流动，确保水质的新鲜和水中足够的含量。然后在每层架子上连接塑料水管，水管口对准繁育盒的中部，水流不能太急太大，缓慢流向繁育盒，在繁育盒底部形成较浅的积水，营造小溪流的环境，多余的水会通过钻孔流走，最后，所有从钻孔里流出的水汇集到一个出水槽里流走，或继续处理后循环使用。繁育盒上可以扣上有孔的塑料盖或用粘有胶带或有松紧带的布纱网蒙盖，防止萤火虫逃逸。繁育盒要消毒。

繁育盒内的环境布置可以有以下几种方案：

①水＋基质＋苔藓＋小型假山（也可用多孔的红砖代替）＋矮小植物。

②水＋海绵：水少量，几乎都被浸在海绵中，将海绵四面都随意地撕一些小缺口，方便萤火虫的钻入栖息。

盒内的水要保持流动，有 1/3 ～ 1/2 的积水即可，植物等要加强管理，及时处理死掉的植物，维持繁育盒干净的环境。

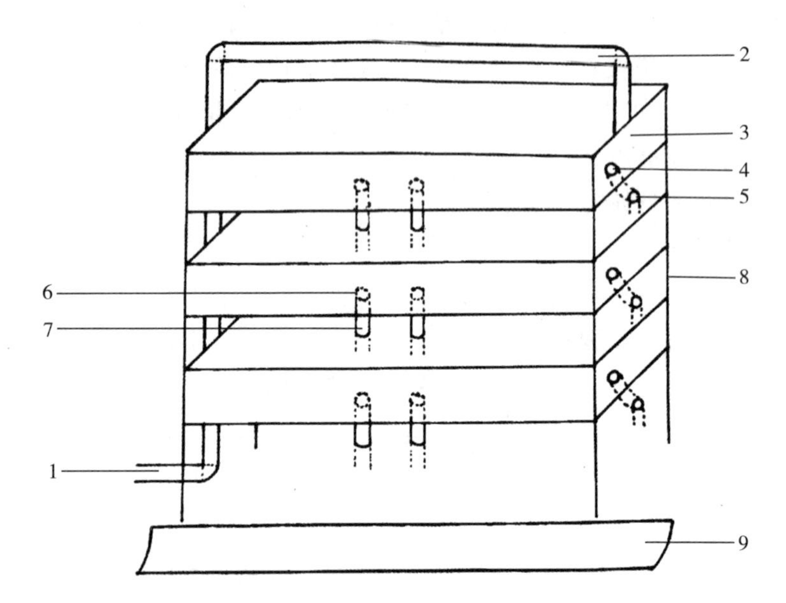

图 6-23　半水生萤火虫循环水繁育器具

（2）水生萤火虫全控制人工繁育场地。水生萤火虫整个幼虫期都在水中，对水源、水质要求很高，因此，繁育室必须具有持续干净的水源，如晾晒后的自来水。化蛹期的萤火虫会爬到潮湿的水边筑巢化蛹，此时极易受到真菌、细菌等病原微生物的侵染，且温度过高、过低都会影响萤火虫正常生活，所以，繁育室需具备通风、消毒杀菌、散热和保暖功能。

繁育场所按照不同虫态环境差异分为 3 个区域，分别为幼虫繁育区、化蛹羽化区、交配产卵区。每个繁育区均由多层养殖架组成，每层养殖架具有多个繁育盒，形成由繁育盒组成的立体繁育体系，配合采用循环水设计和智能控制，实现立体、循环、自动化繁育体系。本设计不需要土壤和植物的使用，能极大程度减少病菌的滋生，且自动化的设计极大减少了人工成本。

（3）陆生萤火虫全控制人工繁育场地。陆生萤火虫整个生命周期对水量的要求不太高，只需要维持一定的湿度，同时也需要确保水质干净，有稳定的水源应对干旱，因此，繁育室必须具有持续干净的水源，如自来水。陆生萤火虫整个生命期，都易受到真菌、细菌等病原微生物的侵染，温度过高、过低都会影响萤火虫正常生活，所以，繁育室需具备通风、消毒杀菌、散热和保暖功能。

根据繁育相关设施的配置和要求，利用水沟将繁育室划分为多个繁育区域，每个繁育区域修建长 1 ～ 2 m，宽 0.6 ～ 1 m，高 0.5 m 的水泥池，将多个繁育盒分层放置于水泥池中，并把每个繁育盒和水泥池设计为适合陆生萤火虫生活的湿润杂草环境。在繁育盒两侧上方安装射灯，确保繁育盒中杂草存活。利用喷淋设备将繁育房储水池中的水喷淋到繁育盒中，每个繁育盒 1 ～ 2 组喷淋头，控制喷淋时间，确保繁育盒适合的湿度。该立体自动化繁育体系，可以实现水系统、光照系统的自动化，同时解决了繁育盒通风与部分萤火虫逃跑的问题。

（4）半水生萤火虫全控制人工繁育场地。半水生萤火虫需要长期维持非常潮湿的生活环境，同时对水质也有较高的要求，因此，繁育室必须具有持续干净的水源，如自来水。半水生萤火虫整个生命周期都易受到真菌、细菌等病原微生物的侵染，温度过高、过低都会影响萤火虫正常生活，所以，繁育室需具备通风、消毒杀菌、散热和保暖功能。

在繁育室内的至少一侧设计一个池子，并在池子中种植萤火虫原产地植物；在繁育室内划分多个繁育区域，用水沟间隔，每个繁育区域内设置多个养殖架，养殖架上设计繁育盒，并把每个繁育盒设计成适合萤火虫生活的溪流环境，模拟溪流环境高效繁育半水生萤火虫。

（5）多种萤火虫复合场地。多种萤火虫复合繁育一般是指多个萤火虫种类，甚至多个类别萤火虫在同一环境中繁育，具体操作中至少需要同时繁育两种萤火虫于一个生活环境中。室内人工繁育场所条件下，陆生萤火虫与水生萤火虫、陆生萤火虫与半水生对湿度要求差异较大，又因为在湿度较大的环境中陆生萤火虫容易发病，不适合繁育，因此，室内人工繁育场所只能实现水生和半水生萤火虫的复合繁育，以及多种水生萤火虫、多种陆生萤火虫、多种半水生萤火虫分别复合繁育。

水生和半水生萤火虫复合繁育场地的繁育房设计和养殖架排布与水生萤火虫的设计和排布几乎相同，其中繁育盒设计为半高半低或高低起伏。加入适量的水后，低的地方具有 5 ～ 10 cm 深的水，高的地方由于繁育介质的虹吸作用，也会保持较高湿度的环境，在水中繁育水生萤火虫幼虫，未被淹没的地方繁育半水生萤火虫，实现水生和半水生萤火虫幼虫的复合繁育。此外，多种水生萤火虫、多种陆生萤火虫、多种半水生萤火虫分别复合繁育，可以直接用对应的繁育环境，选择适合的多个种类复合繁育。

第四节　人工繁育的器具

1. 水生萤火虫人工繁育的器具

（1）卵孵化器具（图 6–24）。生态繁育中，水生萤火虫通常将卵产在水面的植物上，以便卵顺利孵化，以及初孵化及时找到水环境，提高幼虫存活率。因此，水生萤火虫的卵孵化器具是一个可以存水的盒子，盒子中间设计一个网格，网格可以选用不锈钢、尼龙等材质，孔径 1 cm 左右。网格上方放如海绵、棉布等的产卵床，网格下方放一些石头，便于隔离幼虫，整个孵化器具加水至网格处，便于给产卵床保湿。

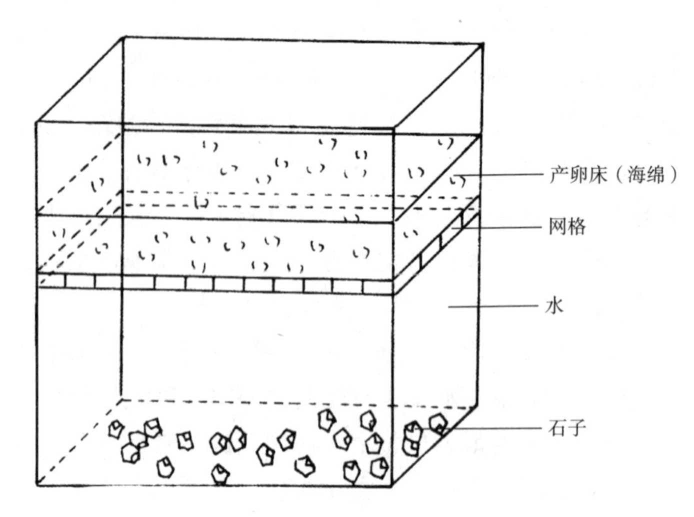

图 6–24 水生萤火虫卵孵化器具

（2）低龄幼虫繁育器具（图 6–25）。低龄幼虫通常指 1 ～ 3 龄的幼虫，其繁育也是整个幼虫繁育中技术难度最大最关键的阶段。低龄幼虫相对中高龄幼虫对水质变化更敏感，且低龄幼虫取食能力较弱，对水流的抵抗能力不强。因此，低龄幼虫一般不采用循环流水，而是采用静水繁育，设计为具有独立进水口和出水口的繁育盒，且出水口要防止幼虫随水流逃走；繁育盒顶部设计补光灯，保障繁育器具中植物的适宜光照。繁育盒底部水中设计加热设施，维持繁育环境稳定的温度，便于萤火虫生长。繁育盒中设计萤火虫取食笼和食物袋，其中取食笼具有不同的孔径，便于不同大小萤火虫分别找到食物，避免体形较小的萤火虫吃不到食物。

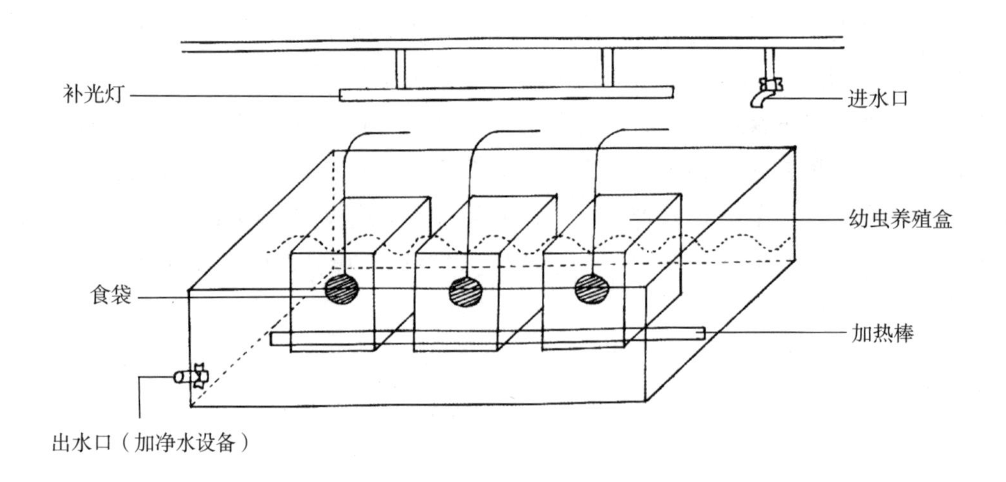

图 6–25 低龄幼虫繁育器具

（3）中高龄幼虫繁育器具。中高龄幼虫通常指 4 龄以上的萤火虫幼虫，中高龄幼虫体形明显变大，取食量较大，趴附能力较强，普通水体流动对幼虫趴附影响不大。因此，可采用自动循环流水繁育，主体包括养殖架和繁育盒，此外还有水流系统、充氧系统、消毒系统、光照系统，共同提高萤火虫的繁育效率。养殖架采用结实、不生锈的材料搭建，高度为 1.5 ～ 2.5 m，分为多层，通常每层 40 ～ 50 cm。繁育盒的大小不宜太大，一般长 70 cm、宽 40 cm、高 15 cm 左右，盒子内部按照不同种类萤火虫的实际需求布置相应环境。设计进水管、排水管、出水孔和排水槽等构成水流系统，设计蓄水池和繁育盒充氧，确保充足的氧气。消毒系统主要包括三重消毒，首先是安装新风系统、设置消毒间，对进入繁育房的物品消毒，包括空气、水、食物、人员、各种繁育器具等；其次是养殖架区域消毒，包括紫外灯等；最后是繁育盒内部消毒，包括在繁育盒水域中加入药剂等。光照系统可以直接选用防水的照明灯。

（4）蛹期的繁育器具（图 6–26，图 6–27）。水生萤火虫幼虫化蛹时，会爬上水岸，在岸边筑巢，之后在巢中化蛹，因此，化蛹前必须对繁育场所进行改进，设计适合蛹期的器具。选择新的繁育盒，将盒内四周或中间设计为化蛹环境，即最底层铺放活性炭，上面铺上岩石和土壤；化蛹区以外的区域设计为幼虫生活区，保持有 3 ～ 5 cm 的干净水，铺放一些砂砾，以便化蛹前幼虫短时间生活。繁育量较大时，还可以设计化蛹、羽化架，用于水生萤火虫批量化蛹，化蛹羽化架中设计化蛹平台，可以根据需要设计平台的层数；平台最上方设计滤网，便于收集成虫，同时防止羽化的成虫逃走；下方设计雾化加湿器，利用加湿器给化蛹平台加湿、保湿。

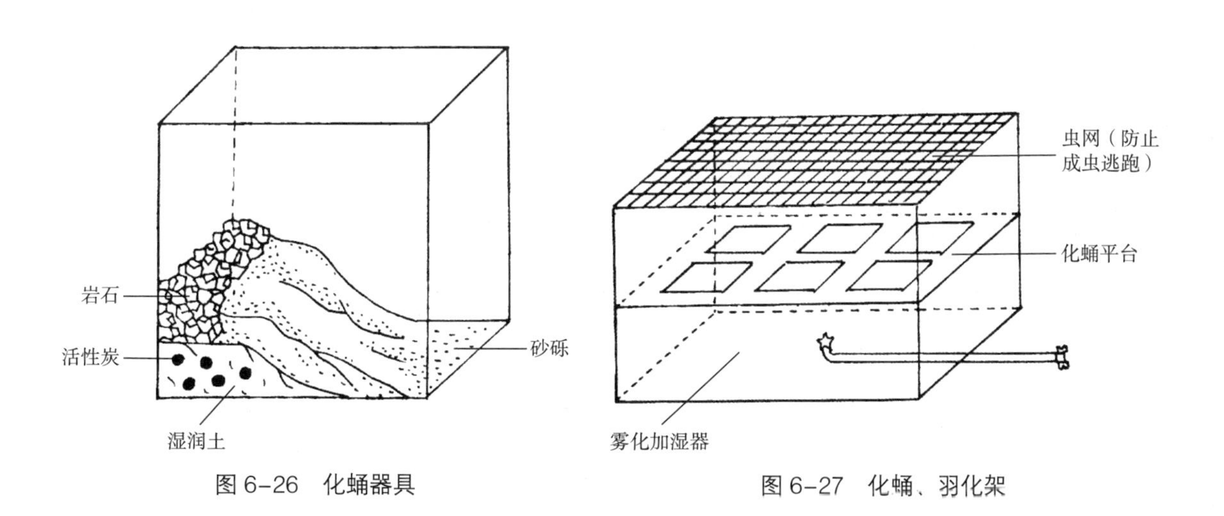

图 6–26　化蛹器具

图 6–27　化蛹、羽化架

（5）成虫繁育及交配产卵器具（图 6–28）。蛹在羽化架上一段时间后开始羽化为成虫，待成虫完成鞣化，将成虫转移至成虫繁育、交配产卵器具中。该器具设计为顶部开口的塑料盒或纱网笼子，器具底部放一块约 1 cm 厚的湿润海绵，顶部用纱布或纱网等透气材料封口。器具中可放一些枝叶，供萤火虫栖息，放一些5%的蔗糖水浸湿的棉花球，为成虫补充营养。

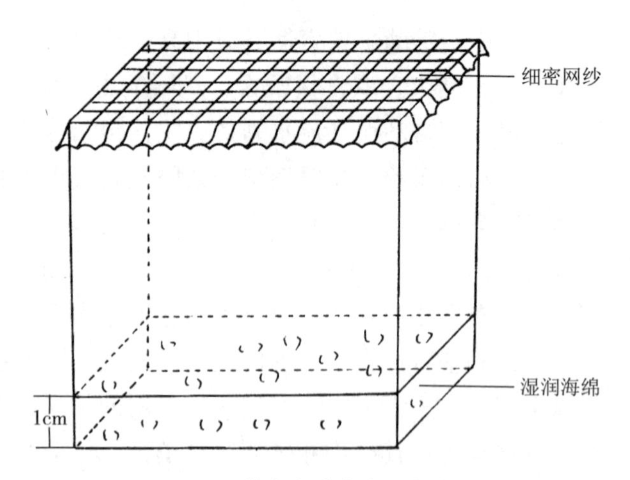

图 6-28 萤火虫成虫交配产卵器具

2. 陆生萤火虫人工繁育的器具

（1）卵孵化器具（图 6-29）。卵的孵化器具设计为顶面开口的硬质盒，盒子底面铺放 3 ～ 5 cm 的消毒土，土壤上方铺放苔藓，顶部用细密网布封口。整个孵化器具可以设计为 15 cm 左右高，孵化前期可以不盖网布，但需要在幼虫出现前盖好。设置器具中温度 20℃左右，环境湿度 60% 左右，孵化完成后，将幼虫转移至低龄幼虫繁育器具。

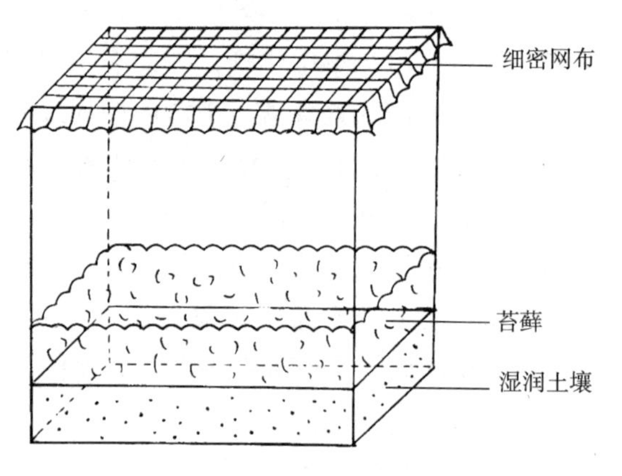

图 6-29 孵化器具

（2）低龄幼虫繁育器具（图 6-30）。将中大龄繁育盒分隔为 9 个或 12 个小格，幼虫生活于小格中，分别设计取食区和栖息区，设计照明灯，观察萤火虫生长情况。

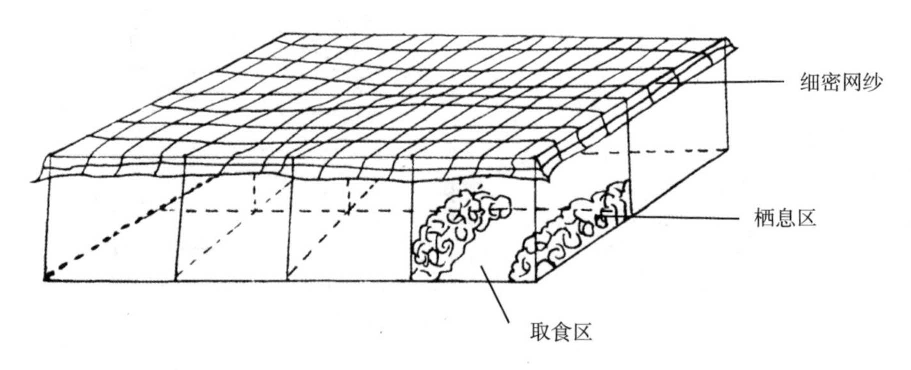

图 6-30 低龄幼虫繁育器具

（3）中大龄幼虫繁育器具（图 6-31）。陆生萤火虫大龄幼虫体形较大，捕食能力较强，攀附能力也较强。可以选择五面密闭、顶面开口的盒子，繁育盒底部依次铺放湿润土壤、苔藓、低矮植物，顶部用细密纱网封口。底部土壤需要提前消毒，铺

3～5 cm 厚，土壤上方的植物要经常检查，及时清理死掉的植物。

（4）蛹的繁育器具。陆生萤火虫幼虫至蛹的发育不需要更换环境，可以直接在幼虫生长发育的环境中化蛹，因此，化蛹器具可以参考中大龄幼虫繁育盒。幼虫化蛹时，身体对病菌的抵抗力较低，器具中的化蛹介质需要充分消毒，器具四周可以多设计透气孔，注意通风透气。

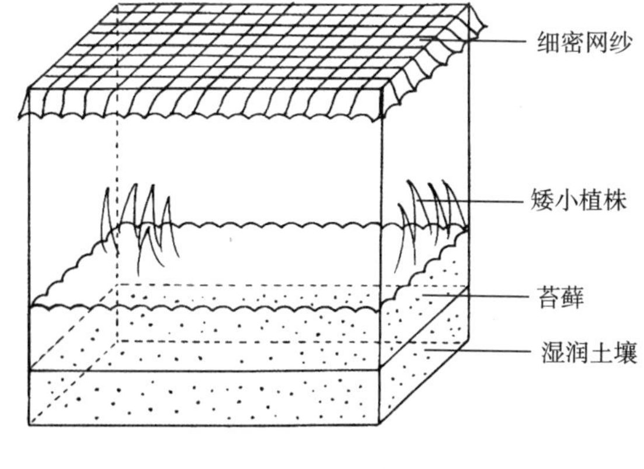

图 6–31　中大龄幼虫繁育器具

（5）成虫交配产卵器具（图 6–32）。萤火虫羽化为成虫后，经过几个小时的鞣化，便可以转移至交配产卵器具中。成虫交配产卵与水生萤火虫类似，只不过陆生萤火虫需要相对较低的湿度。器具总体上为一个顶面开口的塑料盒，盒子底部放置一块 1 cm 左右的致密海绵，顶面用细密纱布封口，防止成虫逃跑。器具中可放一些枝叶，供萤火虫栖息，放一些 5% 的蔗糖水浸湿的棉花球，为成虫补充营养。

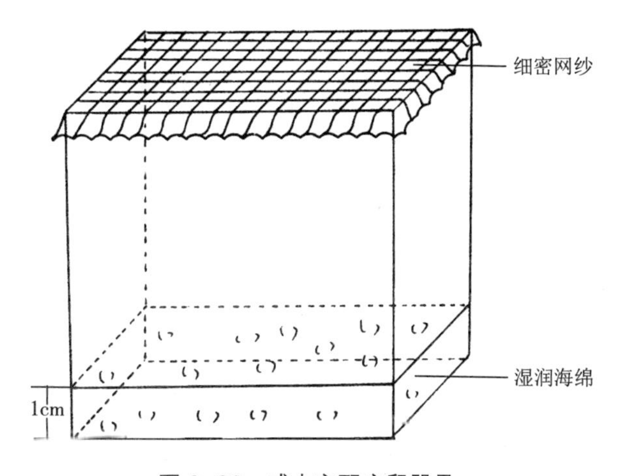

图 6–32　成虫交配产卵器具

3. 半水生萤火虫人工繁育的器具

（1）卵孵化器具。半水生萤火虫卵孵化器具与陆生萤火虫孵化器具几乎一样，都是采用硬质材料的透明盒，盒子底面铺放 3～5 cm 的消毒土，土壤上方铺放苔藓，顶部用细密网布封口，但是半水生萤火虫需要相对陆生萤火虫更高的湿度。设计孵化器具内部温度为 25～30°C，环境湿度为 80%～90%，光照周期为 12∶12 的条件下进行孵化，孵化完成后，将幼虫转移至幼虫繁育器具内。

（2）幼虫繁育器具（图 6–33）。半水生萤火虫幼虫的繁育包括低龄（1～3 龄）幼虫的繁育和中高龄（4 龄及之后龄期）幼虫的繁育，低龄幼虫与中高龄幼虫主要体现在繁育管理上的差异。繁育器具主体为一个顶部开口的硬质盒，繁育盒一侧用石块堆叠，且露出水面；另一侧散放一些岩石和细沙，种植一些喜水或喜湿植物；繁育盒顶部或侧上方安装过滤装置，实现繁育盒内水体净化和循环。

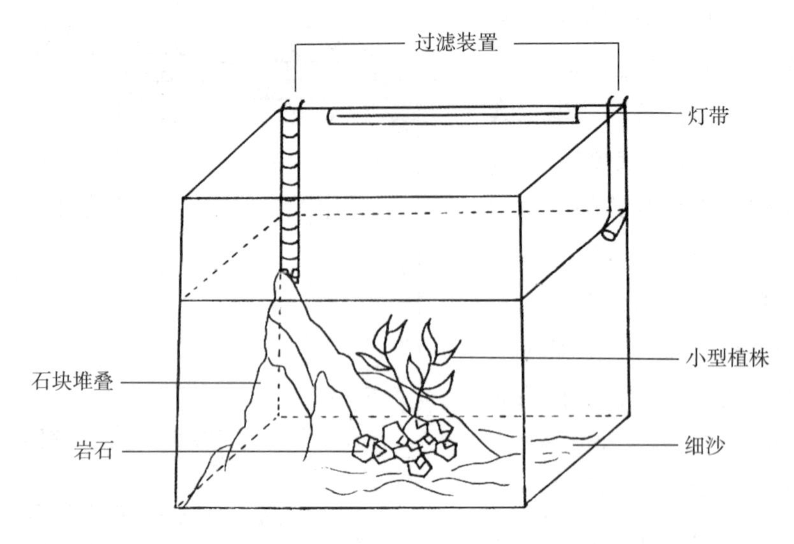

图 6–33　幼虫繁育器具

（3）蛹的繁育器具。半水生萤火虫通常在水边潮湿的地方化蛹，化蛹时喜欢依附于石头、繁育盒壁等硬的物体，因此，蛹的繁育器具设计为半水半陆地的环境，总体上与水生萤火虫化蛹器具类似。选择顶面开口的硬质盒子，在繁育盒一侧设置土壤层、沙层，沙层上方加一些黏性土壤，在土壤上放置用于化蛹的石块。

（4）成虫交配产卵器具。半水生萤火虫交配产卵器具可以参考水生萤火虫，萤火虫羽化为成虫后，经过几个小时的鞣化，便可以转移至交配产卵器具中。器具总体上为一个顶面开口的塑料盒，盒子底部放置一块 1 cm 左右的致密海绵，顶面用细密纱布封口，防止成虫逃跑。器具中可放一些枝叶，供萤火虫栖息，放一些 5% 的蔗糖水浸湿的棉花球，为成虫补充营养。

第五节　人工繁育的技术

理想状态的人工繁育技术是指全人工控制的、自动化、智能化的工厂化繁育，通过多品种繁育实现错茬繁育，通过繁育条件的控制实现反季节繁育，通过繁育关键期的特殊管理，实现高成活率和化蛹率。

1. 人工繁育的技术要点

（1）水生萤火虫繁育技术。卵的孵化：水生萤火虫卵可以在水中或水面孵化，在孵化器具中加入蒸馏水，将卵表面消毒后，直接放入水中，或将带卵的海绵、纱布消毒后放置于水中漂浮；又或者将卵放置于海绵、纱布等高吸水材料上，将放置了卵的海绵、纱布放于水表面，与水接触。孵化过程中，每天关注卵的孵化情况，初孵化的幼虫会爬行到孵化器底部，发现卵孵化后，及时将幼虫转移至低龄幼虫繁育器具繁育。

数天之后，孵化完成，对孵化器清洗、消毒后备用。

低龄幼虫的繁育：即 1 ～ 3 龄幼虫的繁育，低龄幼虫取食量小，剩余残渣较多，且低龄幼虫在水中趴附能力较弱，稍有水流动，就会导致幼虫在水中漂起。繁育时，采用静水繁育，及时更换食物。喂食物时，将食物洗净、消毒，剪切成适当大小后放入繁育盒中，每 1 ～ 2 d 喂食 1 次。低龄幼虫可以用初孵田螺或者两周龄以内的田螺喂养，繁育过程中可以准备多个繁育盒，及时将较大的幼虫转移到新的繁育器具中。

中高龄幼虫的繁育：即 3 龄到末龄幼虫的繁育，中高龄幼虫体形明显变大，取食量较大，趴附能力较强，普通水体流动对幼虫趴附影响不大。因此，可采用自动循环流水繁育，喂食时，将食物洗净、消毒，剪切成适当大小后放入繁育盒中，一般为每 1 ～ 3 d 喂食 1 次，具体喂食量和喂食频率视幼虫取食后的食物残留量而定。

蛹期的管理：水生萤火虫幼虫化蛹时，会爬上水岸，在岸边筑巢，之后在巢中化蛹，因此，化蛹前必须对繁育场所进行改进。在繁育盒内四周或中间设置化蛹环境，一般可用土作为基质设置化蛹台，也可用插花的花泥作为介质供幼虫筑巢化蛹。筑巢化蛹期间，注意病害的防控，及时转移蛹至羽化架，换上新的化蛹平台，供幼虫筑巢化蛹，直至所有末龄幼虫全部化蛹。

成虫期的交配产卵：蛹在羽化架上一段时间后开始羽化成虫，成虫 1 ～ 2d 后，将成虫转移至纱网笼子内，笼子内放置成虫栖息物、食物及打湿的海绵，产卵完成后，及时取出卵，清理死亡的成虫。

（2）陆生萤火虫繁育技术。卵的孵化：在孵化器中铺放 2 ～ 5 cm 的消毒土，将带有卵的介质放置于土壤表面，再在介质上铺放浸湿的卫生纸和纱布，将其放置于温度 20℃左右、环境湿度 60% 左右的透风环境中孵化，孵化完成后，将幼虫转移至繁育盒。

初孵幼虫及低龄幼虫的繁育：将繁育盒分隔为 9 个或 12 个小格，幼虫养殖于繁育盒小格中，将食物剁碎，多点放置喂养。喂食量随幼虫取食后残渣量调整，及时清理残渣保持环境干净。

中大龄幼虫的养殖：在繁育盒底部铺 3 ～ 5 cm 消过毒的土壤，在土壤上铺一层鲜活的苔藓，将幼虫放入繁育盒中苔藓上面。每天保持射灯照射苔藓 10 h 以上，利用喷淋保持繁育盒土壤潮湿，每周喂食两次左右，及时清除残渣。

蛹期的管理：利用消毒土营造便于萤火虫化蛹的环境，保持土壤潮湿，注意通风透气，不要投喂食物。化蛹前期观察繁育盒，50% 左右萤火虫筑巢后，尽量不要打扰，化蛹后用纱网封住繁育盒。

成虫期的管理及交配产卵：萤火虫羽化成成虫后 1 ～ 2d，将成虫转移至塑料盒中。盒子中放置成虫栖息物和产卵介质，盒子中放置成虫食物，食物每天更换，成虫产卵完成后，清理死亡成虫。

（3）半水生萤火虫繁育技术。卵的孵化：在孵化器具中放入消过毒的土壤，将卵分散放置于土壤表面，再在土壤上铺盖浸湿的卫生纸或消毒的湿纱布，然后在温度、湿度和光照适宜的条件下进行孵化，孵化完成后，将幼虫转移至繁育盒内。若将卵随意地产在繁育棚里，则适当保持底部的植物和土壤湿润，让卵自由孵化即可，为不让卵被破坏，不要对棚内泥土、植物进行随意大范围地翻动和铲除；若卵产在繁育盒或繁育筐里，可以让卵在容器底部的纱布上自然孵化，也可将卵从纱布上轻轻地取下（也可连纱布一起剪下），置于底部铺有无菌湿润纱布的培养皿里，放在自然状态下或光照培养箱里精心孵化，每个培养皿放 20 粒左右的卵，同时要注意遮光。卵的孵化过程中，第一要素是湿度，要保持在 80% 以上，每天喷水保持湿润但不可积水，再就是温度要适宜。刚孵化出的 1 龄幼虫用毛笔轻轻挑出，放在繁育盒或繁育筐内。

幼虫的繁育：包括 1 ～ 3 龄幼虫的繁育和 4 龄到末龄期幼虫的繁育。1 ～ 3 龄幼虫的繁育方法为：初孵幼虫每隔 2 ～ 3 d 喂食小蜗牛等小型食物，也可喂一些用动物内脏加营养液做成的人工饲料，对于稍大的幼虫可以将食物剁碎后放入繁育盒内进行定点喂食，喂食量和喂食频率视幼虫食后的食物残留量而定，喂食后清理食物残渣。4 龄到末龄期幼虫的繁育方法为：将食物洗净后粗略剪切或直接整体丢入繁育盒中让幼虫寻食，喂食时间在傍晚时分，喂食次数为每 1 ～ 3 d 喂食 1 次，喂食后的第二天清理食物残渣。

蛹期的管理：在繁育盒内幼虫栖息物体之外的区域建造化蛹场所，将厚度为 2 ～ 4 cm 的消毒后的黏性土壤铺设在盒底，并加水将黏性土壤调成 20% ～ 40% 的含水量，最后在土壤上放置用于化蛹的石块，当幼虫成长到化蛹阶段时，自行爬到土壤上并借助石块化蛹。在此期间，尽量不要干扰。待全部化蛹成功后，也不要频繁翻动石块，更不能让蚂蚁和蜘蛛等天敌进入繁育场所，否则会对蛹造成巨大的损失。

成虫期的管理及交配产卵：待化蛹羽化为成虫 1 ～ 2 d 后，将成虫转移至纱网笼子内，笼子内放置成虫栖息物及产卵介质，产卵介质保持 10% ～ 20% 含水量。成虫不取食，隔 1 ～ 2 d 喷洒蜂蜜水让其补充少许能量即可。可以让交配后的雌虫在繁育棚中自由产卵，也可将其放入繁育盒或繁育筐内定位产卵，只是，此时的繁育盒或繁育筐的底部要铺上一层无菌纱布，再放上点枯叶和矮小植物，每天喷洒一些清水，保持植物表面和纱布的湿润，但不可积水。产卵完成后，及时清理死亡的成虫，以防腐烂发臭。

2. 萤火虫的错茬人工繁育

野外自然条件下，全国绝大多数的地方 1—2 月基本没有萤火虫成虫的出现，使得春节（前后）赏萤基本无法实现。为了使全年无间断地可以赏萤和从事萤火虫产业，萤火虫的错茬人工繁育技术显得尤为必要。

所谓萤火虫的错茬人工繁育，是指通过改变外部环境条件，加快或延缓萤火虫的生长速度，使萤火虫在野外正常成虫发生期以外的其他时间起飞大量成虫的人工繁育方法。萤火虫的错茬人工繁育技术，使得人为地控制萤火虫成虫起飞和赏萤时间、实现单一萤种 1 年中数月甚至全年起飞萤火虫成虫成为可能（表 6–1），能极大地促进萤火虫产业发展。

之所以可以实现萤火虫的错茬人工繁育，主要依据是昆虫的有效积温法则，也就是说，对于很多萤火虫来说，只要在某个阶段适当加温就可以缩短成虫所需的时间，提前上市；相反，若在某个阶段适当降温，就可以延缓成虫的羽化时间，推迟上市时间。作者团队已经通过调控温度等措施实现了将三叶虫萤提前两个月羽化成虫，实现了在阴历春节期间就可以赏萤，只是这样的工作基本都需要在养殖室内或温室大棚内实现。

有效积温是指昆虫完成某一发育阶段所需要的发育起点以上的温度的累加值，用来分析昆虫发育速度与温度的关系。有效积温法则是：昆虫完成某一虫态或一个世代的发育所需要的有效温度积累值是一个常数，单位以日度表示。

当然了，除了萤火虫的错茬人工繁育，只要巧妙安排搭配好某个景区所养殖的萤火虫种类，也可以通过“排班”的方式实现该景区 3—12 月（在四川等相似气候的省份）不间断地起飞萤火虫和赏萤。

表 6–1　各月份野外自然条件下萤火虫起飞种类（以四川省为例）

成虫月份	萤火虫种类
3	三叶虫萤
4	三叶虫萤、黄缘窗萤、黄缘萤、巨窗萤、雷氏萤
5	黄缘萤、边褐端黑萤、雷氏萤、三节熠萤、黄脉翅萤
6	黄缘萤、边褐端黑萤、雷氏萤、大端黑萤、三节熠萤、黄脉翅萤
7	黄缘萤、雷氏萤、大端黑萤、端黑萤、穹宇萤、三节熠萤、黄脉翅萤
8	黄缘萤、雷氏萤、大端黑萤、端黑萤、穹宇萤、黄脉翅萤
9	黄脉翅萤
10	扁萤、胸窗萤、山窗萤、黄缘短角窗萤
11	扁萤、山窗萤、黄缘短角窗萤
12	山窗萤、黄缘短角窗萤

3. 三大类萤火虫繁育技术要点

（1）水生萤火虫（如雷氏萤）人工繁育。幼虫期保持繁育环境持续有水，保持水体流动或每天加 1 h 氧气（每平方米 1 个充气头），每隔 1 周检测水体的水质（包括 pH 值、氨氮、亚硝酸盐、溶解氧）。

投喂螺类（提前将螺肉取出，清洗干净），每隔 1 d 投食 1 次，晚 20:00 投食，翌日 8:00 清理。每周投喂药剂食物 1 ～ 2 次（夏天两次）。化蛹时，提前对化蛹地方药剂消毒，化蛹期间每隔 10 d 对化蛹场所消毒。成虫羽化后直接将成虫按照雌雄 1∶2 比例配对，放入提前准备好的交配产卵繁育盒。取出卵，放入孵化器具中孵化。孵化过程中，每天更换水，每周用药剂药浴两次，每次 12 h。初孵幼虫及时取出，在幼苗培养盒中繁育 30 d，每天换充好氧气的水，每天投食换食物，幼苗繁育盒中不充氧，之后投放到室内人工繁育盒。水生萤火虫 1 ～ 2 龄幼虫，通常吃刚孵化出来的小螺，且随着幼虫龄期增加，逐渐增加螺的大小；幼虫 1 cm 左右的时候就可以开始投喂中螺，但是也需要人工取出螺肉，洗净、切小后投喂。水生萤火虫繁育过程中换水、处理食物残渣时，一定要慢慢挑选出萤火虫，避免萤火虫流失。待长至 2 ～ 3 龄的时候，也可以投放到生态繁育区养殖。

（2）陆生萤火虫（如三叶虫萤）人工繁育。幼虫期保持繁育环境持续湿润，繁育区植物茂盛，尽量多投放活体饵料。每隔 1 天投食 1 次，20:00 投食，投食 1 cm^2 左右的薄片，每 2 m^2 投食 1 片。每 15 d 对繁育场所消毒，化蛹期间每隔 10 d 对化蛹场所消毒。成虫羽化后直接将成虫按照雌雄 1∶2 比例配对，放入提前准备好的交配产卵繁育盒。取出卵，放入孵化器具中孵化。孵化过程中，每周用药剂消毒 2 次。初孵幼虫及时取出，在幼苗培养盒中繁育 30 d，每天更换食物，保持繁育盒的卫生。按照前文所述的陆生萤火虫幼虫繁育器具设计繁育盒，18:00—19:30 定时投食，2 ～ 3 d 喂食 1 次，将清洗干净的鲜活蚯蚓剪为 1 ～ 2 cm 一段（尽量一刀剪短，不要血肉黏糊），每隔半个月左右，将蚯蚓、蛞蝓、蜗牛等与蚯蚓交替喂养。三叶虫萤在生长过程中，若遇到有水淹没的时候，其幼虫可以顺着植物往上爬而不被淹死。

（3）半水生萤火虫（如穹宇萤）人工繁育。半水生萤火虫繁育与陆生萤火虫相似，只是繁育环境湿度更高，即肉眼可见湿漉漉的状态。半水生萤火虫繁育时，若无合适河流、小溪，可以采用喷雾 / 喷淋保湿，减少成本。穹宇萤具有在水中短暂生活的能力，因此，繁育时不怕被水短时间淹没。

综合来说，萤火虫的人工繁育一般需要注意如下问题：

萤火虫多喜欢阴暗潮湿的环境，但不同的萤火虫对湿度的要求并不相同，要因种类而设置不同湿度的环境。若湿度太大了，还容易得病死亡；若太干燥了也会干死。

萤火虫幼虫多需要一定的遮蔽物作为自己的“庇护所”。陆生萤火虫的遮蔽物多为树叶、岩石、苔藓等，或干脆钻入土中；半水生萤火虫与陆生相似，多躲藏在水岸的石缝、落叶等下方；水生萤火虫同样需要水下的岩石以及一些水草的遮蔽，或者干脆钻入水下泥沙中。

萤火虫的繁育环境需要通风，这样可以减少萤火虫发病的概率，否则一旦得病就会迅速传染甚至导致全军覆没。

要经常清理环境，尤其是食物残渣等，若不及时清理，可能会滋生病菌。特别是水生萤火虫，如果不能及时清理食物残渣，腐败后引起的水霉病会使萤火虫大量死亡。

水生萤火虫繁育过程中特别需要注意保持充足的氧气，缺氧是水生萤火虫死亡的重要原因之一。

虽然萤火虫喜欢阴暗环境，但仍需要偶尔晒晒太阳，这样可以有效减少环境中的病菌，增加萤火虫的活力，尤其是陆生萤火虫，更是需要。

不同萤火虫取食的食物不一样，要精准喂食，且须注意食物的清洁和及时清理食物残渣。

萤火虫的繁育要注意密度不能太大，尤其是那些具有自相残杀习性的类群。

第六节　人工繁育的疾病

1. 萤火虫疾病的类型及防控

昆虫人工养殖较少，自然环境中的昆虫密度较低，多数昆虫体形较小且生活环境隐蔽，很少有人在野外观察到昆虫生病，因此也就鲜有人关注或了解昆虫疾病。萤火虫疾病目前已知主要包括水霉病、白僵菌、绿僵菌等，发病快、传染性强，已经是萤火虫人工养殖的主要限制性因素，给萤火虫的人工养殖造成了严重损失，在一定程度上阻碍了萤火虫产业发展。因此，萤火虫的疾病防控对人工养殖至关重要，是萤火虫产业健康发展的重要保障。

（1）绿僵菌。绿僵菌是昆虫病原真菌的主要类群之一，寄主范围广，致病力强，对人、畜、作物无毒害，易在害虫种群间自然流行。绿僵菌的分生孢子卵圆形，该菌侵入虫体后形成豆荚形短菌丝，使虫体血液变浊，镜检临死前的病虫血液即可见短菌丝。病虫腹侧面或背面时有较大的、黑褐色的不规则圆形、椭圆形或云纹状的轮纹斑，斑外围色深、中央色淡，凡出现病斑的虫体最终必死无疑。虫体感染绿僵菌，死后头胸常前伸，体柔软，乳白色，继而由软变硬，但体色不变。随后尸体上长出短而细密的菌丝层及鲜绿色孢子层（图 6–34）。

绿僵菌孢子发芽需 12 ～ 24 h，侵染后潜伏期长于白僵病，病程 7 ～ 10 d。一般萤火虫 1 龄感病，3 龄显病症。绿僵菌种类丰富，由于存在一定的寄主专化性，不同地理来源、不同寄主来源的绿僵菌菌株在菌落形态及生长速率、产孢等生物学特性以及致病力等方面都存在很大差异。

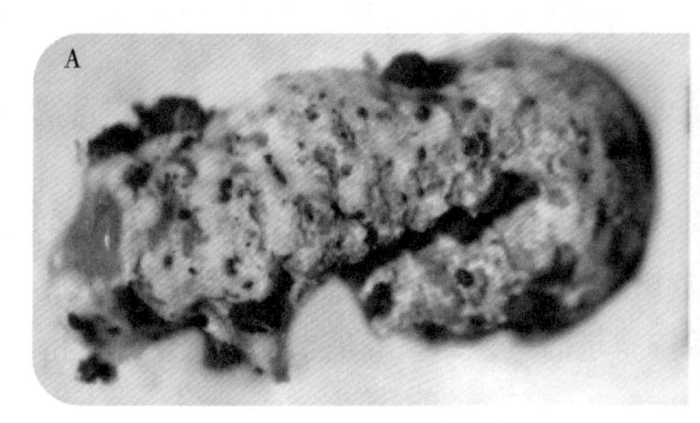

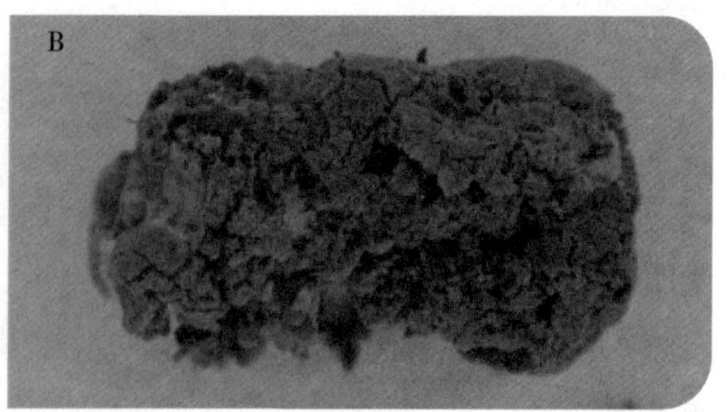

图 6-34　感染绿僵菌的虫体

（2）白僵菌。白僵菌是当前世界上研究和应用最多的虫生真菌之一，是一种广谱虫生菌。白僵菌侵染初期在虫体上产生白色菌丝，至后期呈淡黄色，有的很快形成粉层状孢子，有的继续保持絮状（图 6-35）。

温度影响白僵菌孢子发芽和菌丝生长的速度及致病率的高低，白僵菌对温度的适应范围较广。湿度对于白僵菌分生孢子的萌发和菌丝的生长较为重要，分生孢子的形成要求空气相对湿度 75% 或更高，在 90% 以上利于分生孢子萌发，但侵入昆虫和引起疾病发生的相对湿度范围则较宽。此外，在潮湿的条件下，感病虫尸体内的菌丝才能穿出虫体体壁，长成气生菌丝，形成分生孢子，随风飞散传播。

光照对白僵菌孢子的萌发、菌丝生长、孢子产生均有一定的影响，在黑暗条件下，孢子萌发时间缩短，菌丝生长速度稍慢，但菌落显著增厚，该种菌落再经过一段时间的光照就可以形成大量的孢子。在一定的光照强度范围内，孢子数量随光照的强度增加而增加。长时间紫外光照射具有杀死白僵菌分生孢子的作用、影响孢子的发芽和菌丝的生长，也能抑制虫尸上白僵菌气生菌丝形成分生孢子，但不同菌株对紫外光的忍耐力是不同的。

白僵菌是好气性寄生真菌。氧对分生孢子萌发、菌丝生长均有促进作用，但对孢子产生未显示不利作用，在供氧不足或通气不良的情况下，孢子产生数量反比供氧充足情况下多。

白僵菌对酸碱度有广泛的适应性，白僵菌孢子在 pH 值 3.0 ～ 9.4 均能萌发，但其孢子萌发和菌丝生长均以微酸性为最适。

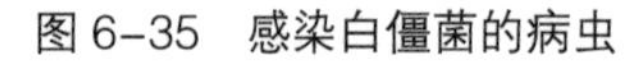
图 6-35　感染白僵菌的病虫

（3）水霉病。水霉病是淡水养殖水生萤火虫、鱼类、两栖类动物最常见的疾病，全年都可发生，尤其是在初春和晚冬，水温低时最容易引起水霉病大暴发。该病最早报道在虹鳟鱼中流行，随后在全世界范围内迅速流行成为危害淡水水产养殖的重要疾病，尤其在淡水养殖孵化过程危害严重，已成为影响全世界淡水养殖业发展的一个瓶颈。水霉病在水生萤火虫卵、幼虫阶段皆易发生，尤其在卵孵化、低龄幼虫生长发育时期尤其严重。

目前已发现的致病性水霉菌种已有10多种，但是对养殖业危害较大的常见种类不多，主要有多子水霉（*Saprolegnia ferax*）、同丝水霉（*Saprolegnia monoica*）、异枝水霉（*Saprolegnia diclina*）、寄生水霉（*Saprolegnia parasitica*）、澳大利亚水霉（*Saprolegnia australis*）和绵霉（*Achlya* sp.）等。

水霉菌可以感染几乎所有的水生萤火虫种类，常感染虫体表受伤组织及死卵，形成灰白色如棉絮状的覆盖物，所以，水霉病也叫肤霉病或白毛病。由于水霉菌适应力强，水霉病常年发生，尤其在冬春两季，水温频繁骤变、虫体免疫力低下、水霉孢子大量增殖造成水霉病暴发频繁，水霉病在我国主要在12月至翌年4月暴发频繁。目前水霉病的研究主要集中在鱼类。

水生萤火虫在养殖过程中容易受到水霉病侵染，尤其是卵和低龄幼虫阶段，部分腐坏的卵、死亡的幼虫以及剩余的食物残渣，都是引起水霉病发生的原因。

2. 萤火虫疾病的防控

萤火虫疾病的防治，目前只能靠消毒预防。所以，要掌握相关疾病的发生规律，坚持“预防为主，综合防治”的基本原则，把萤火虫防病工作作为一项综合技术实施，才能有效控制虫病的为害，提高萤火虫养殖稳定性和养殖效率。

（1）人工繁育过程中疾病的总体防控。全面消毒，消除大量病原：认真消毒、杀灭病原，是萤火虫疾病综合防控技术的中心，必须把消毒工作贯穿于生产的全过程。认真抓好养虫前、虫期和虫期结束后的消毒。消毒工作务求全面彻底，并把消灭死角当作重点来抓，避免由于死角的存在使病原反复扩散传播而造成“消毒季季消，疾病期期有”的被动局面。

加强管理，减缓病原发展：加强管理，提高虫体抗病力，尽管经过了消毒，但养虫环境中仍然会存在着微量病原或弱毒病原，正常情况下不会使虫体感染发病，不良环境条件下则会使虫体的体质虚弱，导致虫体感染发病。这种情况下，虫体的体质对控制昆虫疾病的发生起着决定性作用，而虫体抗病能力的强弱，既受遗传基因的支配，又受养虫环境条件的影响。因此，应从选用抗病品种和加强饲养管理、改善饲养条件等方面，来提高虫体自身的抗病机能，达到预防虫病发生的目的。

合理布局，阻碍病原繁殖：根据饲养萤火虫种类的具体情况，对全年的养虫布局作全面的安排。布局上要注意尽量避免不良气候条件的影响，检查各种饵料的生长情况，做到食物充足，合理搭配喂食。施用杀毒剂或农药，会污染食物，易造成虫体中毒死亡。生产中要留有适当的时间进行虫室、虫具消毒。尽量避免虫期重叠，形成比较合理的、适合当地情况的养虫布局，也是预防疾病的有效措施。

选用良种，增加抵抗能力：选用抗病力、抗逆性强，优质、高产的虫源品种或健壮活泼的野生个体，是养殖成功的基础。要根据气候特点和养虫水平等，选用适合当地养殖的品种。

科学饲养，精细化控全程：要根据虫体不同发育阶段的生理特点进行养殖。从防病角度看，小虫的抗病力弱，一旦虫群内有少数虫体染病，就会容易酿成疾病的大发生。因此，养好小虫，对稳产、高产起着决定性作用。

保障食物，强抗病减病原：食物是虫体营养的唯一来源，只有从数量和质量上满足虫体的要求，才能使虫体发育正常，增强抗病力。高温干燥季节，可以增加食物的湿度或保持养殖环境适宜的湿度，确保有充足干净的水源。

经常检查，早发现控源头：发生疾病时的应急措施。养虫过程中，要仔细观察虫体的生长发育状况，以便及时发现疾病征兆，作出正确的诊断，查明发病原因，采取相应的措施，控制昆虫疾病的流行。

（2）萤火虫人工繁育过程中疾病的针对性防控。通常萤火虫疾病在少量、低密度养殖中发生较轻，为害不明显，但在规模化大量养殖时，萤火虫疾病经常发生，且有时造成整盒萤火虫大量死亡，为害严重。

水生萤火虫幼虫养殖阶段易发生水霉病，化蛹阶段易发生白僵病和绿僵病。

水生萤火虫养殖要选择通风透气、水源良好的场地；对种虫和卵进行消毒；养殖过程中严格管理，控制病原菌的浓度；发病虫体及时集中消毒处理。

水生萤火虫卵在水中人工孵化时，极易感染水霉病，降低孵化率。人工孵化中的虫卵，可能会有一部分卵死亡或受伤；孵化过程中，死卵和伤卵为游动水霉孢子提供了大量的营养，大量增殖，导致水霉孢子浓度达到易侵染浓度，造成水霉病暴发，导致大量卵发生水霉病，极大降低孵化率。虫卵发生水霉病后，菌丝侵入卵膜内，卵膜外丛生大量外菌丝，且外菌丝呈放射状。

水生萤火虫幼虫在生长发育过程中也容易感染水霉病，尤其是萤火虫取食过程中产生较多且不易清理的食物残渣，水霉孢子极易通过残渣滋生，侵染虫体。

目前，化学药物防治仍是最有效的防治水霉病的方法。化学药物主要有福尔马林、食盐、过氧化氢等，中草药有五倍子和黄连等。综合防控措施主要包括：（a）定期水体过滤或消毒，如利用紫外光照或臭氧对养殖水体进行消毒杀菌，减少水霉孢子数量；（b）水生萤火虫卵孵化过程中，及时挑拣出死卵或受损伤的卵；（c）提高水生萤火虫免疫力，减少虫体损伤或应激；（d）尽量采取措施减少细菌、寄生虫疾病，防止继发性水霉感染；（e）人工养殖过程中合理投食，加强清理，减少食物残渣；（f）建立水霉孢子定量检测方法，定期检测水霉孢子浓度，控制水霉孢子在较低的浓度。

水生萤火虫多在化蛹期间容易感染白僵菌，引起白僵病的病原体是球孢白僵菌。

发病后期变白，镜检可见血液中有大量圆筒形短菌丝。发病初期无特别症状，但反应迟钝、呆滞，随后部分虫体出现分散的黑褐色针状或油渍状病斑；死后尸体逐渐由软变硬，尸体上逐渐长出白色菌丝，覆盖整个虫体，然后菌丝上长出一层白色丝状孢子。

白僵菌的发病潜伏期随着龄期增加而变长，一般为 2 ～ 6 d，侵染时，悬浮于空气中的分生孢子散落到蛹或成虫的体壁表面，在常温、多湿条件下经 8 ～ 24 h 发芽侵入昆虫体内，在体内大量繁殖夺取虫体营养并分泌菌毒素引起死亡。水生萤火虫上岸筑巢、化蛹时易感染，通常温度 25 ～ 28℃、湿度 90% 以上有利于白僵菌孢子发芽。

防治方法：（a）饲养前和饲养过程中严格对养殖室、养殖器具消毒；（b）用防病一号、蚕座净、漂白粉、石灰、防僵粉等消毒粉剂，对虫体消毒，也可用防僵灵 2 号、抗菌剂 402 浸泡养殖器具，养殖室用硫黄熏烟消毒；（c）及时发现并除去病、死虫体，减少虫体间传染，同时每天施用防僵药消毒，直到不见发病虫体出现为止；（d）对发病虫体集中烧毁或处理，对受污染的养殖器具、食物，要及时消毒处理，严防病原扩散；（e）水生萤火虫养殖区严禁施用白僵菌粉等真菌农药防治森林或大田害虫。

水生萤火虫在化蛹期间同样容易感染绿僵菌，病虫腹侧面或背面时有黑褐色的较大不规则圆形、椭圆形或云纹状的轮纹斑，斑外围色深，中央色淡，凡出现病斑的虫体最终必死无疑。虫体感染绿僵菌，死后头胸常前伸，体柔软，乳白色，继而由软变硬，但体色不变。随后尸体上长出短而细密的菌丝层及鲜绿色孢子层。绿僵菌孢子发芽需 12 ～ 24 h，侵染后潜伏期长于白僵病，病程 7 ～ 10 d。其防治方法参照白僵病。

陆生萤火虫和半水生萤火虫主要疾病是真菌病（如白僵病、绿僵病等），防治方法参考水生萤火虫。

第七节　人工繁育的食物

1. 萤火虫的主要食物

除了卵期和蛹期真正的不吃不喝之外，萤火虫的幼虫和成虫都会取食，但以幼虫取食为主，因此，通常所说的萤火虫取食基本都是指幼虫的取食，通常所说的萤火虫的食物基本是指幼虫的食物。

不同生态型和不同种类的萤火虫幼虫取食习性各不相同。陆生幼虫在野外环境中，主要以蜗牛、蛞蝓、蚯蚓或其他小型动物和部分动物尸体为食，部分种类的幼虫同时会攻击其他种类的幼虫，甚至有取食同类者；半水生幼虫的食性与陆生幼虫类似，在野外环境中主要捕食水边的蜗牛和螺类以及取食一些小型动物的尸体等；水生幼虫在野外环境中主要捕食水中的多种螺类，同时也可以取食水蚯蚓、摇蚊幼虫等。即便都是陆生幼虫，不同种类的萤火虫食物也不同。

需要说明的是，上述 3 类萤火虫在人工繁育条件下大多可以取食螺肉、猪肉、鱼肉、虾肉、蚯蚓肉等。总体来说，萤火虫幼虫都是肉食性。当然，部分萤火虫幼虫也会取食一些水果，但目前研究结果显示，萤火虫这种行为可能是偏向于取食水果中的水分。

不同龄期的萤火虫，对食物的大小需求也不同。如水生萤火虫 1 ～ 2 龄幼虫，适合用刚孵化的小田螺喂养，3 ～ 4 龄幼虫可以用中螺喂养，5 龄和末龄幼虫可以用大螺喂养。

目前，萤火虫的食物主要是用活体饵料，因此，要想大规模繁育萤火虫，首先要大规模繁育萤火虫的相关食物。

2. 萤火虫的天然食物繁育

（1）蜗牛养殖。

①养殖场地：按照不同养殖场地，可分为野外养殖、室内养殖和大棚养殖 3 种养殖模式。野外养殖一般指利用农田、林地、山地等室外场地进行养殖，养殖前将土整细、翻耕，养殖场内间种植物遮阳，植物可选择阔叶树、灌木、草丛 3 层套种或利用藤蔓植物搭建遮阳架，为蜗牛营造良好的环境，场地四周用纱网或不锈钢网拦住，防止蜗牛逃走。

室内养殖包括室内地面养殖和立体养殖，地面养殖时可在室内用砖砌成高 25 cm、面积 2 ～ 4 m^2 的方格，方格中铺放 10 ～ 15 cm 的松土。立体养殖指在室内制作养殖架和养殖箱，将蜗牛养殖于养殖箱，放置于养殖架立体养殖。养殖箱一般为木制，长 100 cm、宽 60 cm、高 25 cm 左右，在养殖箱中铺放 10 ～ 15 cm 松土，叠放在养殖架上，养殖箱与养殖架都应在上面盖上透气的网，防止蜗牛逃走。

塑料大棚养殖包括原有大棚和新建大棚养殖，养殖前先对棚内土地进行翻耕、整平、整细，棚内植物可参考野外养殖种植。

②饲养介质和饵料准备：饲养介质通常有饲养土和海绵等，饲养土配制时，可选择没有污染的土壤 30%、沙土 30%、黄沙 20%、煤渣灰 15%、石粉 5%，混合粉碎，铺成 3 ～ 5 厘米厚，利用太阳暴晒 3 ～ 5 d 消毒、杀虫后，筛除大块杂质，备用。使用时，加水使湿度在 40% 左右，即一捏成团，一击就散时使用。使用海绵作为介质时，直接在养殖区域底部铺 1 层 5 cm 左右的海绵，加水，使海绵保持 4 倍于本身重量的水分。

饵料以鲜嫩菜叶、精饲料为主。

③种苗投放和管理：直接将蜗牛种苗或卵投放于养殖场地中，投放密度为 200 ～ 400 只 /m^2，随个体增大而降低。养殖过程中要注意控制温度在 20 ～ 30℃，控制饲养土的土表湿度 25%～ 35%，空气相对湿度 85%～ 90%，天旱时应及时洒水，保持土壤湿润，雨水多时要及时排水。经常通风换气，保持空气清新；喂量应根据温度及蜗牛的摄食情况灵活掌握，可每日或隔日投喂 1 次，每天清理残食，每 3 天清理 1 次粪便，保持土壤的清洁与室内卫生。

此外，平时注意观察蜗牛的活动情况，尤其要检查其是否有发病或有天敌（如鼠、蛇、犬、猫等）侵袭，以便及时采取防控措施。

④繁殖和采收：人工养殖时只要控制好温度、湿度，一年四季均可繁殖。幼蜗生长至性成熟后，便可交配，蜗牛喜欢将卵产在洞穴、土缝、腐殖质下方和苔藓下方。卵为椭圆形或圆形，有乳白色石灰质外壳，白玉蜗牛卵比绿豆稍大，灰巴蜗牛卵稍小。卵产出后可收集放入盆内或木箱内孵化，卵上面的黏液、粪便等不用擦洗。卵孵化时，可在盆中铺饲养土，然后在土上铺湿棉布或海绵，把卵均匀排放上面，盖上湿布，然后用塑料薄膜封住盆口，保持温度 20 ～ 30℃，湿度 80%～ 90%，通常 8 ～ 15 d 便可孵出幼蜗。

幼蜗养殖 5 ～ 6 个月后，逐渐长大，即可采收用于萤火虫养殖。

⑤其他注意事项：蜗牛怕强光刺激，有明显的趋暗习性，但也需要一定的光照刺激其性腺发育，因此蜗牛饲养时应有一定量的散射光。蜗牛很少生病，但也要多预防，保持通风换气，维持适宜的湿度。

（2）蚯蚓养殖。

①养殖场地：蚯蚓对养殖场地的要求不太高，通常废弃房屋、空闲厂房、日光温室、地下室等各种室内空间，竹林、果林、桑树林等各种林木下方，以及茶园、菜园、大棚等各种农业场地都可以用来养殖蚯蚓。

室外养殖时，可以选择向阳、潮湿、能灌排水的场地，养殖前分箱，箱宽 120 cm 左右，相邻箱间设计水沟，沟宽 40 cm、深 40 cm 左右，箱表面平整稍微压实。室内养殖时，可以直接用木箱、纸箱、桶等进行蚓茧的孵化、早期幼蚓的培育以及成蚓的养殖，也可以制作长 100 cm、宽 60 cm、高 40 cm 左右的养殖盒，放于养殖架立体养殖。

②养殖饵料：蚯蚓食性较广，可以取食几乎所有的植物残体、腐殖质、腐烂动物和生活垃圾，养殖中可以选用牛粪、猪粪、鸡粪等各种畜禽粪便，腐烂水果、蔬菜下脚料等各种农业废弃物作为蚯蚓养殖的饵料。

蚯蚓的饵料应尽可能多样化，避免单一。饵料使用前先除去杂质，将秸秆、杂草、甘蔗渣等饵料切碎，然后加上猪、牛、鸡等粪便，堆成圆锥形堆，用草或塑料薄膜覆盖发酵。经过 5 d 左右，料温一般升到 70℃左右，倒翻 1 次，经过 3 周左右饵料发酵完毕。理想的发酵饵料应是黑褐色、无恶臭、松散、不粘手，使用前，先用少量蚯蚓试喂，如无不良反应，可全部饲喂。

③种苗投放和管理：种蚯蚓放养的数量应控制在每平方米 10 000 ～ 15 000 条，也就是 2 ～ 2.5 kg/m^2。先在箱中央填上 100 cm 左右宽，20 cm 后的发酵饵料，再放含有种蚯蚓的饲料，使总厚度达到 23 cm 左右，最后用稻草或麦秆覆盖。

及时喂给蚯蚓充足的饲料，以保证蚯蚓的快速生长。可采用均匀投喂法，一般夏季每 10 d 左右投喂 1 次，厚度 3 ～ 4 cm，春、秋季也是 10 d 左右投喂 1 次，厚度 5 ～ 6 cm，如果以培育大蚯蚓为主，则必须采用堆块法投喂，厚度为 10 cm 左右，不要将床面盖满，不求平整，目的是将大蚯蚓集中，以便及时采收大蚯蚓。蚯蚓所用的饲料湿度应保持在60%左右，一般采用喷水法保湿，夏季早晚各喷1次，这样除能保湿外，还能降低基料温度，有利于蚯蚓生长。春、秋两季采取1～2 d喷水1次的方法，以保湿为主。当基料温度低于5℃时，就要采取冬季保温越冬措施，一般要上15 cm左右的基料，再加塑料布覆盖即可，达到保温、保湿的目的。

气温达到15℃以上时开始养殖，若气温降至10℃，转入室内保种；同时管理过程中注意保持湿度，在大雨天要遮雨，且注意防止洪水。

④繁殖和采收：每平方米可孵蚯蚓蚓茧5万～6万个，蚓茧经18～21 d孵化，孵化基每月用铁叉松动1～2次，以利通气与幼蚓成活。幼蚓生长60 d左右性成熟，成虫交配5～8 d开始产蚓茧，之后每隔1天产1个蚓茧。头3个蚓茧每茧孵化1～3条蚯蚓，之后的蚓茧每茧孵化4～7条蚯蚓。蚯蚓生长到100 d后生长减慢，因此，在蚯蚓生长到90～100 d时收获效益最高。

蚯蚓生长前期体重增加缓慢，在性成熟期前后1个月内，蚯蚓的生长速度最快。在饲养过程中，种蚓不断产出蚓茧和孵出幼蚓，其密度就逐渐增大。当密度过大时，蚯蚓就会外逃或死亡，需要适时收取成蚓。一般情况下每投3次饵料收集蚯蚓1次，每次每平方米可收集鲜蚯蚓1 kg以上。收取成蚯蚓的方法有光照下驱法、甜食诱捕法、红光夜捕法等。主要采用光照下驱法，即利用蚯蚓的避光特性，在阳光或灯光的照射下，用刮板逐层刮料，驱使蚯蚓钻到养殖床下部，最后将成团的蚯蚓采收起来即可。

⑤其他注意事项：加强日常管理，包括检查温度、湿度、产卵及孵化、取食情况，及时发现和排除敌害侵扰及异常现象等。蚯蚓将粪便排在饵料的表层，在投喂食物时，可先把表面蚓粪轻轻除去，然后将剩下的饵料和蚯蚓集中在一侧，重新添上1层新饵料，将旧饵料覆盖在上面。定时翻料，养殖1周左右，将上下层料对翻1次，有利通气，提高下层料利用率。

（3）田螺养殖

①养殖场地：田螺作为我国本土螺类，分布较广，喜栖息于冬暖夏凉、底质松软、饵料丰富、水质清新的水域中，农户可以利用小水面或稻田养殖田螺。田螺养殖场地要选择水源充足，水质好，有微流水且交通方便的地方。养殖池建造，养殖池规格一般宽1.5～1.6 m，长度10～15 m，也可根据地形实际情况调整。池子四周埂高50 cm左右，池水两头开设进水口和出水口，四周安装拦网，防止田螺逃跑。同时，在池中间栽种茭白等水生植物，既可提高土地产出率，又为田螺生长创造了良好的生态环境。

②养殖饵料：田螺为杂食性，主要取食繁殖于水底的动植物和腐败的有机物以及水中的有机物等，田螺通常夜间活动，夜间取食旺盛，取食时将微生物或腐败物连同泥土一并进食。

饵料主要包括藻类及青苔等天然饵料，以及青菜、米糠、鱼内脏、豆饼或菜饼等。投饵时，可将鱼类的废弃物及青菜一起混合切细，连同麸饼糠搅拌均匀后投喂。

③种苗投放和管理：田螺种苗投放时间一般在3月，每平方米投放100～120个，同时，每平方米套养夏花鲢鳙鱼种5尾左右。

养殖池先投施些粪便，具体施用量根据养殖池肥瘦而定，以培养浮游生物为田螺提供饵料。田螺放入池后，投喂养殖饵料。投喂量一般为田螺总量的1%～3%，具体视田螺摄食情况而定，通常每天上午投喂，每隔1天投喂1次，投饵的位置不必固定。当养殖池温度低于15℃或高于30℃时，不需投饵料。

进入冬季，水温下降至8～9℃时，田螺进入冬眠。此时，田螺不取食，但养殖池仍需保持水10～15 cm，通常每3～4 d换水1次，以保持适当的含氧量。

④繁殖和采收：种螺投放后，在天然状态下，当年能长至6～8 g，养殖条件下可达12～15 g，生长过程中，最初3～4个月生长速度最快，之后生长速度逐渐缓慢，1～2年后则不生长。因此，在养殖田螺期间要抓紧快速生长时机，给予充足的饵料，使田螺在短期内快速生长。

田螺经过1年饲养长成后，一般个体可达到10 g以上，可以进行捕捞。捕获方法为人工蹲于池塘中持网捕获，手持网直径40 cm，网目2.8 cm。捕捞时要选择个体大的田螺作为种螺培育，为翌年繁殖仔螺作准备，同时可将小型螺留于池中继续养殖。

⑤其他注意事项：田螺养殖池要经常注入新水，以调节水质，特别是繁殖季节，最好保持池水流动。尤其是高温季节，采取流水养殖效果更好，即使在春、秋季节，以微流水养殖效果也会更好，螺池水深通常保持在30 cm左右。对养殖池水的酸碱度进行监测和调节，当池水pH值偏低时，可以施用生石灰，每隔10～15 d撒1次，使池水pH值保持在7～8。

3. 萤火虫的人工饲料

萤火虫人工饲料的使用，可以极大地促进萤火虫室内人工规模化养殖，也是萤火虫推广到千家万户的基础。但是，目前萤火虫人工饲料的研究比较薄弱，多是以生鲜的天然食物作为基础饵料开展研究，目前针对雷氏萤、三叶虫萤、穹宇萤等食性较广的萤火虫已经开发了部分人工饲料。该人工饲料以荧火虫喜好性较高的天然饵料为原料，加入各种辅料，促进萤火虫取食，增加了萤火虫体重和体形大小。但目前该饲料还处于实验阶段，若要进一步实践应用，还得解决长期保存、提高萤火虫生殖能力、增强萤火虫免疫力等诸多问题。此外，还要根据不同种萤火虫的习性，试验不同剂型的饲料，如开发方便携带运输的"果冻状""火腿肠状""牙膏状"萤火虫人工饲料。

编者团队目前正在研发一种适用于"水生萤火虫－浅水金鱼"共养系统的人工饲料，该人工饲料投放水中，沉入水底供水生萤火虫幼虫取食，8～10 h后，由于幼虫的取食作用，食物分散且全部漂浮到水面，此时漂浮食物全部被金鱼取食。整个食物在不同阶段不同状态下被水生萤火虫幼虫和金鱼分别取食，极大减少了食物浪费和食物残渣产生。

萤火虫的产业应用

第七章　萤火虫的开发利用价值

萤火虫的全面产业化利用建立在对其产业价值的充分挖掘和认知的基础上。萤火虫最让人熟知的是其独特的荧光在旅游观赏中的普遍应用，但萤火虫的产业价值和应用领域远不止于此。随着人类对其发光机制、发光行为、生物学、行为学、生理学、生态学等方面的深入研究，萤火虫潜在的产业应用价值也逐渐被开发出来，主要表现在以下几个方面。

1. 萤火虫在旅游系列产业中的应用

萤火虫各种闪烁的炫美荧光带给人们极好的视觉享受和心灵震撼，成为旅游尤其是夜间旅游、乡村旅游、森林旅游、主题露营等业态中的极佳素材，这也是萤火虫最普遍的、最主流的产业和应用价值。除了野外生态型（森林、乡村、公园等）的赏萤活动，还可以发展萤火虫溶洞和各类室内人工干预或人工的萤火虫景观，甚至可以调整萤火虫的生活节律推出“白日赏萤”活动，还可以研发出萤火虫微景观成为新型宠物。

萤火虫主题旅游最主要的客户对象是年轻人（尤其是情侣）和少儿（与父母一起），因此，萤火虫主题旅游的主要业态是情侣游和亲子游，另外，萤火虫具有明星物种效应且多数人对萤火虫的不熟悉，因此适合发展各类萤火虫科普和研学游等活动，适合举办萤火虫音乐节、爱情节、亲子节、文化节、诗词节、露营节等各类旅游活动。

需要强调的是：萤火虫在旅游欣赏、露营民宿、餐厅酒吧等旅游相关产业链中都可以得到融合应用，产业链极长，从而为传统的住宿（酒店、民宿、露营等）和餐饮娱乐（酒吧、餐厅等）业态赋能，提高产值和上座率；萤火虫最大的特征和作用就是作为“吸客利器”吸引客人，带来很大的人流量，而且是夜间旅游，巨大的人流量加上夜间消费，使得萤火虫旅游的产业威力很大；类似请明星代言，被誉为“昆虫界的大熊猫”的萤火虫具有明星和品牌效益，某个业态或项目或产品一旦与萤火虫巧妙结合就会借力使力地“沾萤火虫的光”，很容易成为网红或打出名气，从而为业主节约大量的营销宣传费，取得良好的营销宣传效果；萤火虫具有“画龙点睛”“点石成金”“赋能”等作用，一旦有了萤火虫，普通的民宿、露营、饮食、夜游、农业等立即就有了新的生命力。

2. 萤火虫在乡村振兴中的特殊作用

萤火虫能巧妙地促进乡村振兴的五大振兴："萤火虫农业"促进传统农业产业升级和集体经济发展（一产）、萤火虫农产品的加工及药用开发（二产）、萤火虫助力旅游（尤其是夜间经济和乡村经济）、教育、文化、康养、环保等第三产业，从而全面助力产业振兴；萤火虫能代言和监测优质生态环境，只要有野生萤火虫的地方就能证明是优质生态环境，发展萤火虫产业，直接推动生态振兴；结合萤火虫产业建立萤火虫科普馆和大量萤火虫科普教育，提升村民文化素质，结合萤火虫的生态监测特征，大力加强村民生态文明素养，举办各类萤火虫文化节，大力提升村民的文艺修养，推动婚恋交友，从而促进文化振兴；萤火虫产业会培养大量的各类养殖等新型产业技术人员和营销文创人才，促进人才振兴；将萤火虫精神融入党建和基层党组织建设，创建"萤火党建"，创建"党组织 + 村集体经济组织 + 企业 + 技术专家"联合体促进乡村振兴的新模式，推动农村专业合作经济组织、社会组织和村民自治组织建设，从而促进组织振兴（图 7–1）。

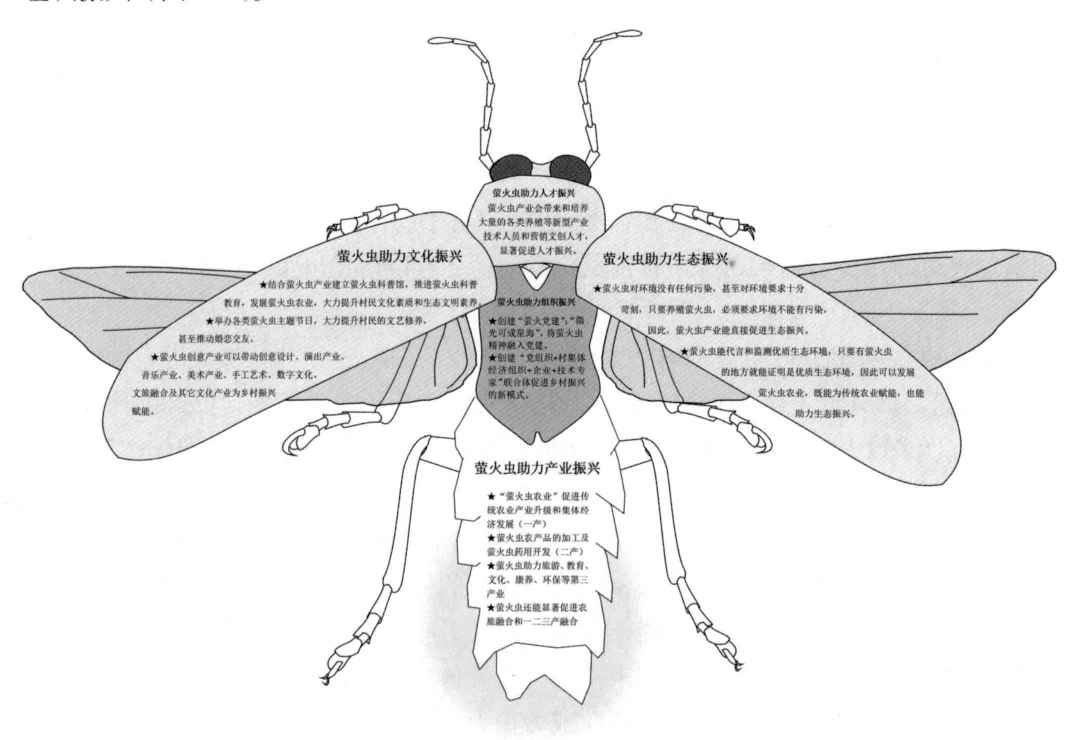

图 7–1　萤火虫促进乡村振兴五大振兴

3. 萤火虫在农业有害动物和卫生害虫防控上的应用

蜗牛、蛞蝓等软体动物是很多农作物、中药材（尤其是石斛）、烟田、园林等的重要有害生物，而且非常难以防治，陆生萤火虫幼虫却是防治上述有害生物的被很多人所忽略的特殊天敌。水生萤火虫幼虫可以取食水生植物、作物生产过程中的螺类。有些地区还在蚕室内悬挂萤火虫来驱鼠。很多水生萤火虫幼虫可以捕食钉螺，而钉螺是血吸虫的唯一中间寄主，利用萤火虫控制钉螺来控制血吸虫的发生为害，不仅会节省大量的药物防治成本，而且对于控制血吸虫的蔓延也会起到有力的作用。

4. 萤火虫对环境的监测和对心理的理疗作用

凡是萤火虫种群分布的地区，都是生态环境保护得比较好的地方。相反，喷洒农药、水质污染、植被破坏等都会严重影响萤火虫种群的生存和繁殖，因此，萤火虫可以作为生态环境的指示物种。

水生萤火虫对水质环境的改变十分敏感，可作为水质环境的指示物，评价水质指数。萤火虫有“环境指示灯”的美誉，对化学药剂非常敏感，稍有污染就会让它们灭亡。它们就像一张张“生态名片”，有它们聚集的地方，就代表这里是生态最好、环境最优美的地方，因此，可以发展“萤火虫房产”，用萤火虫代言房产周围的优质环境。

萤火虫是洁净自然环境的象征，它对空气、土壤、水质、光线等各类污染非常敏感，如果哪里有萤火虫大量生存，就说明这里的环境是非常清洁、无污染的，说明这里的土壤里种出来的农产品也是真正绿色无害的，因此可以发展“萤火虫农业”，甚至研发“萤火虫酒”，用萤火虫代言酒的原材料生产地的极好生态。

萤火虫还是生态修复（水污染治理和森林环境治理等）的良好证明和搭档，更是“绿水青山”变成“金山银山”的良好媒介，能把生态优势变为经济优势和产业优势，也是“绿水青山就是金山银山”的良好注脚。

日本专家的研究表明，欣赏萤火虫还可以缓解人的焦虑和压力，具有舒缓心情、心理理疗的“养心”作用，再加上萤火虫农业所带来的生态或有机农产品，若再让游客置身于生态环境很好的“养身”场所，必将形成一种“养身且养心”的新型高质量的“养生”产业——萤火虫康养。

5. 萤火虫的教育功能

萤火虫以其神奇的发光行为、炫酷的荧光、短暂的成虫期、发光求偶行为以及对优质环境的代言，成为生物教育、美学教育、生命教育、爱情教育尤其是环保教育的良好素材，又由于广大民众尤其是青少年和情侣对萤火虫天生的极大喜爱，不仅能观赏、体验，还能动手饲养、观察，使得萤火虫成为研学游和亲子游的最佳吸引点，甚至还可以在此基础上发展萤火虫科普教育产品和宠物产业。由此可以衍生出萤火虫主题研学游、科普等产业，甚至打造萤火虫校园，将萤火虫放在校园里养殖并进行各类科普。

我国台湾各地还有许多萤火虫馆供游人参观，如“阳明山国家公园”生态展示厅、台中自然博物馆萤火虫厅、埔里木生昆虫博物馆等，除标本外，还有放大照片和生态模型等展示；一些小学和中学，也建有萤火虫馆，饲养并展示萤火虫从卵到成虫活生生的各个虫态，培养学生热爱大自然，热爱萤火虫的心境及观察、饲养的能力。

6. 萤火虫的文化价值

萤火虫具有多重、深厚、悠久的文化历史，在诸多方面都有开发利用价值。萤火虫承载了几十年前乡村的记忆，成为很多人乡愁的绝佳载体；萤火虫成虫因为求偶而发光且极具浪漫色彩，因此是美好浪漫爱情的象征，可以发展萤火虫婚礼、求婚、派对等产业业态；萤火虫的其他文化元素也使其成为诸多文化作品中的优秀素材，是人类文学和艺术创作灵感来源，可以打造萤火虫主题电影、舞台剧、文化节、绘本。因此，萤火虫除了具有以本身为商品的“商品价值”，还有能提供休闲旅游的娱乐价值、文学和艺术创作灵感来源的美学价值，以及与传统生活和当地习俗相关的文化价值。

7. 萤火虫荧光素酶的应用

萤火虫独特的发光原理及体内两种发光物质（荧光素酶和荧光素）已广泛应用于临床医学（包括药物高通量筛选）、环境监测（环境污染物的快速检测）、生物发光成像、制备光谱酶联免疫检测试剂和作为遗传标记的首选来检测基因表达等，还可以利用萤火虫的荧光素酶产生的荧光检查食物中细菌的含量。

8. 萤火虫在医药上的应用

除了上述荧光素酶和荧光素在医疗上的应用以及水生萤火虫取食钉螺而防治血吸虫病，萤火虫的成虫还具有多种药用价值。另外，萤火虫幼虫的某些毒素也有一定的药用价值，幼虫取食过程中分泌的具有麻醉功效的物质也有应用价值，目前都在研究当中。

9. 萤火虫的仿生应用

萤火虫的发光特性尤其是其生物冷光被人们广泛地“仿生”应用。在 20 世纪 60 年代人们模拟萤火虫发光的原理创造出了荧火灯。美国的生物化学家根据萤火虫的发光原理和机制，提出了电子转移反应原理，以解释腐蚀现象、光合作用等，并催生了激光器的开发和利用。目前冷光已经广泛应用于临床医学、矿井作业、室内装饰、航天、航空、航海、探险、捕鱼和野营等方面，如飞机的照明系统发生故障，冷光灯可作为呼救信号灯。

萤火虫算法（Firefly Algorithm）是一种启发式算法，灵感来自萤火虫闪烁的行为。萤火虫算法已被应用到几乎所有科学和工程领域，如数字图像压缩和图像处理、特征值优化、特征提取和故障检测、天线设计、工程结构设计、调度和旅行商问题、语义组成、化学相平衡、聚类、动态问题、刚性图像配准问题、参数选择、蛋白质折叠问题等。

目前，大多数化学发光反应都是“闪光”型光发射，发光在短时间内完成，限制了在冷光源、分析化学和生物成像等方面的应用。高强度和长时间的“辉光”型化学发光一直是科学家追求的目标。我国学者模拟萤火虫生物发光，成功制备出一种可高强度和长时间化学发光的水凝胶，其发光在黑暗中肉眼可见，持续时间达 150 h 以上。

萤火虫的发光器也有微结构，然而，研究人员发现这些微结构是不对称的，其中一边倾斜的角度不同，他们还发现其他会发光的昆虫都有相似的结构。鉴于此，他们决定在 LED 表面尝试创建类似的不对称结构，通过仿制萤火虫的发光结构提高了 LED 的发光效率。

受到萤火虫幼虫取食蜗牛的过程产生毒素这一现象的启发，美国生物学家从萤火虫体内提取出一种麻醉物质，供潜水员使用，以对付海里鲨鱼的袭击。

20 世纪 80 年代中期，科研人员第一次成功地把萤火虫体内的一种基因移植到烟草中；2010 年，美国科学家培育了一种能够自己发光的烟草；同年，在英格兰，科学家培育出了一种会发光的细菌，它发出的光亮足以供人阅读或是用作应急标志。

洛桑联邦理工学院生物有机化学和分子成像实验室的化学家 Elena Goun 受萤火虫发光的启发，发明了一种新的成像技术，能够实时监测量化糖代谢，能够帮助了解肿瘤代谢的最新情况和开发有效的癌症治疗方法。Goun 和她的团队从萤火虫发光的方式中找到了灵感，将其与“点击化学”结合起来。Goun 设计两种点击分子，一种是糖分子，另一种是“笼状”荧光素分子，这种发光化合物在萤火虫体内很常见，一旦被标记的糖分子被肿瘤“吃掉”，它就会通过“点击”反应与 这种“笼状”荧光素发生相互作用，产生与进入细胞的能量成比例的生物荧光。她将萤火虫成像技术命名为 BiGluc，即“生物发光葡萄糖”的缩写。

10. 其他产业价值和利用途径

除了上述主要的用途，萤火虫还在世界各地和不同时期被应用于捕鱼、装饰、照明甚至战争、预测天气、标示基因等方面，充分显示了萤火虫应用的多元性。

当然了，任何一类物种的综合产业价值和产业应用都不易简单划分，萤火虫这类明星物种更是如此，只要打开思维，以“昆虫创意产业”理论为指导，可以研发出很多灵活的融合性产品。比如，“萤火虫香水”的打造思路，更多的是借用萤火虫对环境的指代作用和效果，因为萤火虫代表了生态自然，所以融合了自然清新原料和香味再加上水源来自萤火虫繁育区的香水即可被定义为“萤火虫香水”；抑或借用萤火虫的浪漫和爱情代言性与香水固有的浪漫和爱情属性之间的一致性，再加上“仿生”性地研发出可以像萤火虫那样闪烁的酷炫香水瓶，就可以研发出另一款的“萤火虫香水”；再比如，可以开发出极像萤光闪烁的萤火虫呼吸灯，或者将冬季活体萤火虫装瓶后，悬挂在圣诞树或户外松树上，打造两款不同类型的“萤光圣诞树”。

认知决定思路，思路决定出路。要想充分地发挥萤火虫的产业能量，取得最大的产业价值，必须加强科学普及等工作，让广大民众，尤其是企业家和政府部门了解萤火虫在旅游、农业、环保、教育、人文、医药、仿生等多个领域的综合利用价值，让他们知晓萤火虫是一类可以融入一、二、三产业、多产业多样化发展的新兴综合产业载体，值得深度挖掘和利用，而不只是用来观赏和旅游。

第八章　萤火虫创意产业链的打造

作为一种著名的发光昆虫，萤火虫被世界各地的人们熟知，具有广泛和良好的民众情感基础，稀有性、特殊性、文化性等属性使其成为知名的观赏旅游昆虫和破解诸多社会热点问题的有力工具，可以在夜间旅游、农业赋能、生物科普、生态康养、浪漫爱情、童年记忆、乡愁情愫等领域发挥独特魅力，尤其是成为夜游经济和差异化旅游的绝佳题材，被誉为“夜游神器”“吸客利器”，在多地成为旅游热点，若能发展冬季养殖和观赏萤火虫等活动，还能有助于打破很多景区的淡季困局。由于萤火虫各虫态都不会产生任何污染，甚至由于对环境的苛刻要求而成为优质环境的代言者，同时，萤火虫产业能直接拉动一、二、三产，产生显著的经济效益，所以，是“绿水青山”转化为“金山银山”的有效载体，是“绿水青山就是金山银山”理论的绝好注脚和演绎，特别适合生态环境好的贫困山区的精准扶贫。萤火虫产业不仅可以促进乡村产业振兴，还能促进生态振兴和文化振兴，间接促进人才振兴和组织振兴，是一个昆虫产业促进乡村五大振兴的经典案例和特殊路径。不仅成虫能发光，卵、幼虫、蛹都能发光，展示时间其实很长，若干预措施得当，白天也能发光（白日赏萤）；结合室内人工养殖、增加品种，可以实现一年四季每个月都有萤火虫成虫起飞，旅游观赏时间加长，形成一个稳定的长期产业。萤火虫没有异味，没有噪声，不会咬人，对人没有毒性，对游客没有任何的危害，是一种综合得分很高的旅游昆虫。由于萤火虫是明星旗舰物种，被誉为“昆虫界的大熊猫”，且具有深厚和悠久的文化历史，是光明、希望、绿色、环保、科技、安宁等美好事物的象征，因此，也成为城市或企业的形象代言和名片。

萤火虫是非常特殊的一类昆虫，萤火虫产业也不同于传统的普通昆虫产业。因此，中国萤火虫产业发展必须立足自身国情，以昆虫创意产业思想为指导，不断加入创意思维，融合一、二、三产，深入挖掘和延伸产业链，打造“萤火虫创意产业群”，最大化延长其产业链，最大化彰显其产业价值。从这个角度来说，萤火虫产业可以做得无限大，没有天花板，与传统的旅游资源和行业不一样，“小萤火，大产业”一点都不是虚词，很多人做萤火虫没有收到很大的产业回报甚至铩羽而归，多数是因为养殖基础没打牢、产业思路没打开。

萤火虫系列创意产业的打造思路为：

首先，萤火虫可以融入第一产业，发展“萤火虫农业”或“萤光六产农业”。由于陆生萤火虫幼虫可以取食蜗牛、蛞蝓等有害软体动物，水生萤火虫幼虫取食田螺等有害软体动物，因此，可以作为天敌昆虫应用于生物防治，发展生态农业。在水稻田里养殖水生萤火虫发展“稻萤共生”，在茶园里养殖陆生萤火虫发展“萤光茶园”，依此类推，可以在诸多传统农作物中植入萤火虫，让对环境要求苛刻的萤火虫监测和代言农产品的安全性和高品质，打造一种崭新的农产品“虫检”技术和方式，发展“萤光六产农业”新农业产业业态，从而提升传统农产品的市场竞争力和高附加值，还能破解有机农业的信任难题，与此同时，养殖出的萤火虫还能吸引游客前来观赏和促进农产品销售，从而巧妙地为传统农业赋能，促进农旅融合和一、二、三产深度融合。

其次，萤火虫还可以适度融入第二产业。可以推出“萤火虫”品牌的系列特色农产品，包括萤光稻、萤光米粉、萤光茶、萤里酒等；荧光素可以在医药上有诸多的用途;《本草纲目》中有记载，萤火虫的成虫可以医治多种疾病；有些萤火虫可以产生一种具有强心剂作用的毒素，可以用来治疗心脏病，萤火虫毒素是一种还没有被开发的生物活性物质，具有很大的产业价值。

最后，萤火虫最大的开发利用潜力是在旅游、教育、文化、康养等第三产业领域。作为公认的旅游“吸客利器”，萤火虫可以显著促进包括传统景区旅游和乡村旅游的夜间经济，拉动住宿（包括民宿、露营、房车等）、美食（萤火虫主题餐厅、膳食等）、购物等诸多产业。打造“萤火虫主题校园”“萤火虫自然学堂”“萤火虫科普馆”，推出“萤火虫主题研学游”，研发线上线下教育资源包，深度挖掘萤火虫教育和科普产业。深度挖掘萤火虫深厚的文化底蕴，推出系列萤火虫文创产品、文化活动（音乐会、影视、展览等），甚至打造世界级的 IP 产业。由于赏萤具有缓解焦虑、释放压力等功能，还可以推出萤火虫“养心”特色康养业态。

除了上述横向综合开发萤火虫的不同业态之外，还要纵向深度开发各类萤火虫产品。不仅利用好成虫，还要挖掘利用好幼虫甚至蛹和卵等虫态的产业价值；不仅要利用好成虫的发光价值，还要挖掘成虫的荧光素及成虫死后的标本和医用等价值。除此之外，还要高度重视创意性运作萤火虫产业，推出诸如“禅意萤光”“人间萤河”“萤飞蝶舞”“大熊猫 · 小萤火”等特色主题萤火虫项目；注重萤火虫的“养心”功能和文化元素，逐步把萤火虫旅游从“观萤”上升到“赏萤”进而升华到“拜萤”；萤火虫文化产品的开发，不能只停留在表象，还要结合萤火虫文化和精神，深度开发出有灵魂、有内涵的文创产品和影视作品。

目前，萤火虫在一、二、三产领域的产值占比分别为：20%、10%、70%，当然，这个数字也是随着技术的进步和产业的发展而不断变化的。比如，随着萤火虫农业的大规模推广，萤火虫一产的比例会提升，随着萤火虫医药价值的开发，萤火虫二产的比例也会上升。

总而言之，萤火虫好似一棵大树，只要树基稳固，不知道能发多少树枝，不知道能长多高。只要打好了基础，萤火虫产业能挣多少钱，能做多大的产业，无人知晓。萤火虫是个翘板，可以撬动很多产业（包括地产、教育等）；萤火虫是个黏合剂，可以把很多产业黏合在一起，比如一、二、三产的融合，以及萤火虫众多文创产业，萤火虫基本是“无孔不入”，可以与很多很多的产业相融合而诞生创新性的产业，正所谓“萤火虫 +”“+ 萤火虫”，而且，“萤火虫 +”的思路不应该是简单的“1+1=2”，而是要有“1+1>2”的效果甚至乘积效应。

难能可贵的是，在新冠疫情肆虐全球导致很多产业（尤其是旅游产业）遭受重大损伤、很多景区和酒店举步维艰甚至纷纷倒闭或的情况下，笔者指导的若干萤火虫景区和民宿酒店等却不仅没有遭受损失，反倒因为萤火虫而奇迹般地逆袭而上，获利颇丰，彰显了“萤火虫创意产业”和“昆虫创意产业”的威力，与此同时，笔者还探索出了萤火虫创意产业群助推乡村振兴“五大振兴”的独特道路，更体悟到萤火虫产业是生态修复（水治理和森林环境治理等）的优质搭档，是“绿水青山”转变为“金山银山”和生态优势变为经济优势的绝好载体。

综上所述，萤火虫产业链结合了“传统农业”“有机农业”“乡村旅游”“夜间旅游”“农旅结合”“三产融合”“乡村振兴”“养心康养”等诸多产业，也是“绿水青山就是金山银山”的绝好注脚，是能取得显著的生态效益、社会效益、经济效益和文化效益并值得深入探索的一条新路径。

第一节　萤火虫第三产业

由于萤火虫的发光习性和旅游属性及其深厚的文化底蕴，目前及今后相当长的一段时间内，萤火虫的主要产业价值体现在第三产业领域，尤其是在旅游、食宿、文化、教育、康养、宠物及其他相关产业。当然了，萤火虫在上述这些产业中的应用也不是孤立的，很多时候是相互融合和交叉且不好清晰分割的。

一、旅游

截至 2021 年，全世界已经有二十多个国家和地区发展了萤火虫生态旅游，方兴未艾，蓬勃发展，尤其是在后新冠疫情时代的特殊背景下，萤火虫主题旅游呈现出井喷式的发展趋势，其主要目标人群包括亲子家庭、浪漫情侣、青少年学生、怀旧长者等。

1. 萤火虫旅游景观

（1）设计原则。

功能性：萤火虫旅游景观设计，首先要给萤火虫提供良好的生活环境，以满足萤火虫的生存需求为前提，尽量不破坏原有生态环境，或科学地改善；其次，赏萤路线、设施等都要围绕满足游客游览需求而进行。总之，景观设计首先要满足“虫”和“人”的功能需求。

安全性：首先，由于“赏萤”是夜间旅游，较白天安全隐患陡增，赏萤线路周边要杜绝一切自然安全隐患，路线要畅通、游客量要能控制，确保人流有序，不能出现踩踏等安全事故，还要注意蛇等夜间具有安全隐患的动物甚至植物；其次，还要注意不能在景区随意引进外来种类萤火虫，杜绝生物入侵安全隐患。

生态性：萤火虫最需要生态自然的生活环境，赏萤景区最大的特色就是自然生态。因此，萤火虫景观要最大程度地体现生态性。多利用闲置空间，采用生态设计手法，采用本土材料，少用人工铺装，减少暴雨负担，降低建设活动对雨水自循环的破坏，少用草坪等耗水量多的设计元素，尽量采用多年生植物替代一年生花卉。尽量少硬化道路，采用生态性的建筑材料，建筑体四周尽量垫脚悬空以保护萤火虫的生态环境，少用灯光，原则上不喷洒农药。

乡土性：最有效地利用现有资源，包括土地、森林、农田、湿地等原生地貌条件，保留原始乡土场地。原有场地植物少移植、多运用本土树种，既符合植物生长的习性，又能够节约城市园林绿化景观设计与造景的成本，同时也能够提升植物景观的生存率或者成活率，有效地减少与植物相关的病虫害发生。可以更好地体现地方特色，维持原有乡土特色风貌，避免“千城一面”的情况发生。

文化性：每个城市有其特殊的历史文化，萤火虫自身又极富文化底蕴。在萤火虫景观落地设计时，要保留场地记忆，重视对城市文化与历史的了解与挖掘，以景观为载体，延续城市文化，同时结合萤火虫文化进行设计，将城市文化底蕴和萤火虫文化结合并融入景观的设计中，增强景观设计的文化内涵。借此能彰显场地精神，展现萤火虫文化，科普萤火虫知识，体现萤火虫景观的魅力。

经济性：萤火虫景观的设计要和萤火虫业态布点结合起来，充分考虑其经济性，要能承载尽量多的业态，增加景区收入。同时，设计时也要考虑促进项目所在区域经济的良性发展，萤火虫景观可以成为都市闹中取静和夜生活的特殊旅游场所，也要伴随游客需求的提升而设置相应的景观空间。

（2）景观类型。

根据人工干预程度可以分为：

①自然景观：本身就具有很多萤火虫的自然萤景；

②复育景观：有些原本具有较多萤火虫的地方，经过多年生态改良和环境保护后，恢复与再造萤火虫的栖息地环境，萤火虫逐渐增多而形成的萤景；

③人造景观：在本无萤火虫资源的场所新建的各类景观。

根据空间开放程度可以分为：

①敞开式的生态型景观，或纯野外景观：这种情况又分为山区萤景（如四川的天

台山、峨眉山等）和田园萤景（如各类萤火虫农场或农村中的萤景）；

②野外封闭景观，或可控的半生态型景观：如某些萤火虫溶洞或萤火虫网棚景观等；

③全封闭景观，或纯室内景观：如各类人造的室内萤火虫景观或室内萤火虫展览等。

根据改造程度可以分为：

①原创性景观：可又分为两种情况，即在原景区改造时原创（比如有些景区的室内海洋馆等），或者“无中生有”地原创，直接在某处建设一个萤火虫景观；

②提升改造景观：是指将原来就有萤火虫的基地在萤火虫资源量和景区质量等方面进行提升改造。

根据特色和功能定位可以分为：科普型（侧重萤火虫研学游和科普等）、浪漫型（侧重大众对萤火虫浪漫特性的感受）、神秘型（设计萤火虫的故事，加入其他神秘旅游元素，如萤火虫鬼神文化主题旅游），以及上述几种类型的混合等。

根据景区的素材单一性和复合性可以分为：单纯的萤火虫景区，即该景区基本只是赏萤和围绕萤火虫打造的业态，比较单一和纯粹。叠加性复合型萤火虫景区，即该景区不仅有萤火虫元素，还有其他元素，比如，萤火虫与蝴蝶结合可以打造“萤飞蝶舞”景区，萤火虫与大熊猫结合可以打造“人熊猫·小萤火”景区；比如，萤火虫与溶洞景区结合打造“萤光溶洞”，萤火虫与动物园结合打造“夜间动物园”的赏萤项目。

（3）表现形式。

第一类：野外生态景观

野外萤火虫生态景观主要出现在森林和溪谷，多为自发形成：陆生萤火虫喜遮蔽性强的空间，在自然环境保护较好地区或人迹罕至山林环境下形成“萤火之森”的萤火虫野外生态景观，常见于自然保护区；水生或者半水生萤火虫喜溪谷、水域周边，形成“荧光照水”的野外萤火虫景观。

萤火虫最佳的观赏场所是野外，因此，萤火虫野外生态景观是萤火虫景观的主要产业形态。当然了，野外生态萤火虫景观不仅包含了那些原本就有萤火虫而形成的自然萤景，还包括了人工干预而形成的萤景，也就是说，只要该萤景是在野外观赏，就可以划归为此类型。大概包含以下景区类型。

①萤光森林：自然生态环境好的森林里很适合多种陆生萤火虫的生长，一旦有大量的萤火虫起飞，就会形成梦幻的“萤光森林”景观——“萤火之森”。这基本是国内外最常见最普遍的野外萤火虫景观形式，对很多森林旅游景区、城市植物园、大型园林，甚至竹林竹海景观的提升改造都有启发。

除了萤火虫的自然之光，还可以加入各类灯光秀或荧光秀或全息技术，打造有文化、有主题、有故事、有参与的“光秀主题”，作为萤火虫景观的补充。只是要注意：灯光只能布置在森林外缘，不能影响萤火虫；不能做成简单的灯光秀，要全面升级改造。

②萤火虫谷：“萤火虫谷”类型的萤火虫野外生态景观基本与萤光森林联系在一起

的，是少数较为优质的萤景形式之一。萤火虫最喜欢"山谷"的生态环境，不仅因为山谷适于萤火虫生存，还因为山谷能使得萤火虫相对固定在谷中，不会乱飞，适于欣赏，所以，原则上，山谷两侧的山体越高、环境越好、湿润度越高，萤火虫越好养殖，赏萤效果越好。尤其是世界罕见的能同步发光的珍稀物种穹宇萤，基本只喜欢在山谷溪沟边的崖壁上生活，也就是说，要想在中国欣赏到穹宇萤的同步发光景区，基本只能去各类萤火虫谷才有可能看到。

"萤火虫谷"其实是一种较为宽泛的概念，不一定是真正的山谷，只要景区有山体或其他屏障即可，甚至可以人为地制作"人工萤火虫谷"。

③萤火虫乡村景观：很多偏远山区或生态保护得较好的农村里，也会有大量的萤火虫起飞，形成具有乡村味道的田园萤景。

这种类型的萤火虫景观，比起上述两种类型景观，可能交通设施和安全性要好一些，但也有一些弊端：如很容易受到农村灯光的干扰而影响赏萤；萤火虫景观碎片化，很少有大规模的萤景；周边环境不甚美观，影响观瞻。但这样的萤景，只要当地行政管理部门着力打造，改善上述问题，很少的投入就可以实现较好的赏萤效果，形成特殊的乡村旅游景观，带动当地经济发展，促进乡村振兴。同时，由于乡村里飞舞的萤火虫可以代言和监测优质生态环境，间接证明该村的农产品是生态绿色食品，从而为传统农业赋能，发展"萤火虫农业"，带动农民增收；若能在农田里养殖萤火虫，推出"萤光茶""萤光稻"等特色农产品，则更能促进农业提质升级。

④萤火虫湿地：湿地较为适合 3 月就能成虫起飞的三叶虫萤和同步发光的穹宇萤，因此，可以在湿地养殖上述几种特殊的萤火虫，成虫在湿地的芦苇等植物上闪烁，也是一种别致的萤景。

湿地附近一般都有水塘甚至稻田，只要水质优良，就能养殖水生萤火虫。起飞的萤火虫在水面或荷叶及其他水生植物上发光，不同于上述几种萤景。

因此，一些原始湿地或改造的湿地公园及水塘甚至稻田、藕田等都可以考虑结合半水生和水生萤火虫的养殖，打造更为特殊的萤火虫景观。

⑤萤光岛或萤光湖：多面环水的区域若有较多的萤火虫，此区可以称之为"萤光岛"；若一条较大的江河或湖泊两侧有较多萤火虫，此区可以称之为"萤光湖"。这两种情况下的萤景都与水有关，甚至可以发展"乘船赏萤"，有与上述几种不同的特殊体验。

对于萤光岛，根据具体情况，游客可以在岛上步行赏萤，也可以乘船绕岛赏萤。而对于有较宽水域的萤光湖，完全可以发展"乘船赏萤"，带给游客不一样的赏萤体验。

第二类：室内人工景观

野外萤火虫景观，会感觉很生态和自然，观赏效果很好，但却有易受天气影响、不好布置造型、不易控制萤火虫、需要较大萤火虫规模等弊端；而室内萤火虫景观，尽管有室内的略显压抑和些许的人工痕迹甚至会影响成虫的寿命而导致成本增高，却有诸多的优势，比如，不受天气影响、显著延长营业时间、游客可以随时来赏萤甚至能实现冬季、春节赏萤，可以技术性地实现白天赏萤，可以人为布置呈现各类造型，可以较容易地控制萤火虫活动和效果。

由于野外萤景很受客观条件限制，不好人为把控，因此，随着萤火虫产业的蓬勃发展，越来越多的各类室内人工萤景应运而生，大概包含以下景区类型：

①萤火虫溶洞：尽管溶洞是天然形成，属于自然资源，但由于萤火虫溶洞是把萤火虫人为投放到洞中，使游客在洞内赏萤，因此，严格意义上，萤火虫溶洞也算作室内人工萤景。同时，不仅是传统的各类溶洞，其他各类自然或人工隧道、地下室或景观，甚至各类废弃矿井内形成的“萤光隧道 / 矿井”景观也算作此种类型。

由于溶洞具有天然的封闭性，且白天也可以呈现出黑暗环境，而且具有特殊的洞顶赏萤效果，因此，萤火虫与溶洞联合打造“萤火虫溶洞”具有很大的吸引力，且突破了千篇一律用灯光打造溶洞的做法，若再加上洞内许愿等活动，会让溶洞景区具有明显的差异性和文化性。

依据溶洞的情况可以打造不同的萤火虫景观和不同的运营策划：若是洞内有水，可以发展“乘船洞内赏萤”，但需要考虑好水洞内放飞萤火虫的技术性问题，同时可以在水中安装模拟水生萤火虫发光的呼吸灯，打造独一无二的“水中萤光”景观；若是旱洞，则可以依据洞形因地制宜，利用投影灯、呼吸灯、蜡烛灯、镜面膜等器具和技术，营造最佳的萤景和营销氛围，可以设计萤光许愿等体验互动性的文化活动，甚至可以举办溶洞婚礼、告白和求婚仪式，拍溶洞婚纱、亲子照片，结合溶洞内微量元素与矿物质丰富推出萤火虫溶洞有机餐厅和健康饮食。

萤火虫溶洞（尤其是对旱洞而言），不能仅仅放入萤火虫后赏萤，还应该精心设计，打造萤火虫文化主题微景区：洞口要设计成网红点，吸引游客进入参观；洞内要结合当地文化打造独特性的文化主题；要精巧设计赏萤路线，有序引导，控制时间；要设计好多个关口，控制好光线，让游客的眼睛逐步适应核心区的黑暗环境；洞内要因地制宜地规划成若干区域和小主题，尽量有隔离区域，有多样化的萤景，让游客移步换景，不能一眼看完；在溶洞内营造星星、月亮甚至下雪等人造场景和采取适当喷雾等技术处理，打造一个“洞内虚拟梦幻世界”；洞内要有适当的拍照、互动、体验甚至购物活动或元素。

溶洞萤景需要注意和解决若干个特殊的技术问题：溶洞内一般都不太适宜萤火虫的生长，基本都是在洞外人工养殖萤火虫，然后投放到洞内欣赏。因此，萤火虫溶洞必须要有人工养殖萤火虫作为支撑；溶洞内一般温度较低，不太适宜萤火虫的起飞，控制适合萤火虫起飞的温度、环境，使其生活时间尽量长久，都需要技术处理；若是水洞，要注意不要让萤火虫飞落到水面造成伤亡；溶洞内赏萤多数都是白天进行，这就需要对萤火虫进行技术处理，调整其生物钟发光；若洞内种植了植物，还要技术性补光以让植物生长良好；利用萤火虫呼吸灯、网罩、镜面膜等器具，使得溶洞内的萤景更炫美且降低运营成本，也需要一定的技术。除此之外，就是要考虑在溶洞有限的空间，如何有序地设计赏萤路线和组织游览，如何借用技术手段控制游客的赏萤时间，如何有效融入科普，如何结合当地的文化特征开发出更有特色的萤火虫景观和文化活动等都需要考虑。

②萤光馆：各类将萤火虫放入馆室内展示的产业形态可以统称为“萤光馆”，包括在海洋馆、博物馆、动物园、研学馆中加入萤火虫展示点，或者直接建设萤火虫科普馆或博物馆并带有赏萤景观。

这类馆多兼有科普性质或功能，所以，要在保证赏萤效果的同时，特别注意科普元素的加入，而且要保证科普内容和科普讲解的权威性和专业性；由于是在室内，所以，要多注重设计，多加入技术手段，营造更多人为的技术性景观（萤火虫镜面屋、萤光隧道、暗室赏萤、萤光树等），增加赏萤效果和商业元素；若场馆较大，还可以在馆内营造萤火虫生长环境，呈现室内养萤和四季赏萤；加入可供游客体验、互动、参与、消费的环节和内容，而不单单是个赏萤或科普的馆舍。

③萤火虫星空艺术馆：萤火虫星空艺术馆是在传统星空艺术馆的基础上，融入萤火虫元素（包括活体萤火虫和萤火虫呼吸灯及其他文创产品等）而形成的一种升级版产品。结合镜面反射和灯光艺术等打造绚烂的集灯光和萤光一体的城市室内艺术馆，不仅要有震撼的光影视觉冲击，还要有动态的活体萤景，不仅要有娱乐和体验，还要有文化和科普，不仅有观赏，还有文创产品，延长产业链和消费场景。

④萤光城堡：在一些古镇、古城墙的特殊空间里，借助“城堡”式的建筑外形，还可以打造“萤光城堡”。

“萤光城堡”的打造要因地制宜，尤其是要结合城堡的造型和空间特征，再就是结合当地文化和业态等综合打造，但一般来说，主要包括以下几个环节或程序：外围灯光秀→净心仪式→萤光神树→许愿放飞→萤光玻璃隧道→萤火镜面屋→萤火家族→萤火文创→萤光环绕。

萤光城堡灯光秀整体设计：沿着城墙的形状安装荧光灯带，游客登上城楼，由四周围绕的荧光灯带营造出萤火环绕的氛围；通过城楼围栏、城楼屋顶、树木作为支撑，搭设不同间距的荧光灯网，荧光灯模拟萤火虫忽明忽暗的效果，夜幕降临，荧光灯亮起，连接灯的线路隐藏在黑夜中，达到荧光灯悬空发光，明暗交替，似萤火虫环绕城堡飞舞的壮观景象；为了扩大萤光城堡的宣传范围，城楼四面正中各安装 1 个可自动变换照射角度的镭射灯，城楼正门悬挂带荧光灯的“萤光城堡”牌匾。

净心仪式：在“城堡”入口处设立一个净心仪式，安装水雾装置，水雾在一定间隔时间内缓缓喷出，作为简单的净身、净心的仪式，做好与心灵对话的准备，有助于全身心地体验萤火虫的生活世界，算是“萤光祭”的开头。

萤光神树、许愿放飞：城堡场地正中央为萤光神树，从面向神树的右边开始游览。在神树周围设立一个放飞台，每位游客领取装有萤火虫的许愿瓶，在许愿瓶上签字标记成为专属的许愿瓶，合影留念。在放飞台许愿后，打开瓶子放飞萤火虫，萤火虫飞往神树，放飞台周围设计几条与神树相连的悬挂萤火虫玻璃瓶的连接绳，每位许愿放飞的游客均可体验敲击萤火绳或者依次触摸萤火绳上的玻璃瓶，触发萤光依次亮起传递到神树的场景效果。神树的灯光效果也可以采用可控、可变化的灯带，可以配合游客敲击萤火绳，将美好的愿望传递到神树顶端的幸运星的效果，增强许愿放飞的仪式感，萤火与灯光营造出将美好愿望传递出去的具象化效果。

萤光玻璃隧道、萤火镜面屋：行走在玻璃隧道时，配上虫鸣声、蛙声和微闪的荧光灯，隧道两旁悬挂萤火虫玻璃瓶造景，活体萤火虫展示晶莹剔透、如梦如幻的景象。通过萤火隧道的人工荧光引导，沿路的活体玻璃瓶展示真实的萤火效果，给予游客一定的心理预期。当游客到达镜面屋后，眼前所见场景大为震撼。

萤火家族、萤火文创：心灵对话之旅到此区域即将接近尾声，引导人们回到现实世界，了解这些陪伴游客心灵旅程的可爱生物，进入萤火家族科普区。通过展板、玻璃瓶中卵、幼虫、蛹、成虫活体实物，对萤火虫知识进行简单科普（包含萤火虫种类、生活习性、发光原理等）。该区域可以放置1个巨大的萤火虫成虫模型，增加科普趣味性与吸引力。最后一站为萤火虫文创品区，设置在出口处。

萤光环绕：出口敲钟仪式，宣告与心灵的对话结束，登高望远升华，体验萤光环绕。也可以利用荧光灯带做出各类文化主题拍照点，让游客与“萤光城堡”牌匾下的城楼合影。

⑤临时性萤展：在科技馆或商场等打造临时性的萤火虫科普和观赏微景区，主要是借助科技馆的科普氛围和这些场所极大的客流量，且多数都是临时性、流动性的展览或科普，这就要求既要保证赏萤效果，又不能过大投入，且要考虑客流量和销售的产品，仔细计算投入产出比，而且这类产业形态还要求展览活动考虑萤火虫来源的合法性、赏萤效果的保证、科普和文化知识的宣传、参与互动性、文创产品的开发等。

当然了，从业者也可以与商场甚至科技馆等场所长期合作，直接打造“萤光馆”或“萤小乖”“萤光探秘”等品牌的固定场馆，那就要长远谋划和设计，并结合所依附场所的地段、客户群体、人流量等因素估测市场的长期性和稳定性。

第三类：主题微景观

萤火虫主题的微景观主要是指适合家庭宠物、科普和研学产品、文创产品等业态或嵌入其他产业所需的小型或微型养萤和赏萤景观，这类景观的用途和形态特殊，就无所谓野外还是室内了，可以独立作为一个类型。

萤火虫主题微景观的载体是各类萤火虫养殖箱、生态缸、小型器具等。这些器具不仅适于家庭和学生科普、研学，还能运用到酒店、动物园、公园等特定场景，做装饰、展示、科普之用。

值得注意的是，还有一些其他类型的较为精致的萤火虫主题微景观，可以嵌入到各类产业或商务活动中。比如：萤光大道、萤光假山、萤火虫墙壁、萤火虫万花筒、网红萤光小品、萤火虫拼图、萤火虫镜面屋、萤火虫主题厕所 / 酒店 / 餐厅 / 酒吧 / 咖啡厅、萤火虫文化造型、萤火虫形状的建筑等。

第四类：叠加复合景观

还有一些“不伦不类”的萤火虫景观类型可以称之为“叠加复合景观”，即萤火虫与其他旅游元素结合而产生的复合型景观，既包括旅游对象的结合，也包括旅游文化的结合，还包括与相关旅游业态的结合。

比如，萤火虫与蝴蝶联合打造“萤飞蝶舞”景观，专业打造浪漫、亲子、科普特色的景观；萤火虫与大熊猫联合打造“大熊猫 · 小萤火”景观，打造明星物种的联合景观；与桃花联合打造“三生三世，十里桃花，一生点亮，万千萤火”景观，与油菜花联合推出“白日看花，夜晚赏萤”旅游活动；与寺庙和禅修文化结合推出“禅意萤光”旅游项目，等。

比如，某些景区推出夜晚看山峰（这些山峰在夜色下形似人或物，然后讲述相关文化故事）项目，可以与赏萤活动相结合；可以与很多的灯光秀景区联合推出“光 · 秀”文化体验项目，推出电子之“光”和生物之“光”联袂呈现；与“暗夜公园”联合推出“观星 · 赏萤”特色活动。

2. 萤火虫景区的规划要点

（1）科学保护是前提。萤火虫夜游的主角和要素是萤火虫。一种较难养殖的珍稀物种，若不加强保护，萤火虫资源会受到很大影响，萤火虫旅游就无从谈起。因此，科学地保护甚至人工复育和繁育萤火虫资源是萤火虫夜游的基础。

当地萤火虫资源的保护主要从以下几个方面入手：萤火虫所在的区域禁止喷洒农药和大幅度的人工绿化，尽量不破坏原生态环境；采用围栏等措施将游客隔离在萤火虫生存区域之外，不踩踏，不干扰；尽量采用暗红地灯照明，禁止大规模的亮化工程；所有的旅游设施尽量采用木质材料，且最好悬空，将对萤火虫的干扰降到最低；做好游客的科普工作，让游客了解萤火虫知识，配合保护工作，不抽烟，不喷香水和驱蚊剂，不开强光源（包括手机灯），不捕捉萤火虫，不踩踏萤火虫区域。

（2）合理规划是重点。合理的旅游规划对当地生态环境和旅游业具有重要影响，是旅游景区发展的关键。一般情况下，萤火虫旅游区域分为 4 个功能分区：核心观赏区、自然科普区、文娱美食区、静养住宿区。

核心观赏区要较为宽敞，视野开阔，植被丰富，环境较好，光线较暗，安全系数高，观赏效果好，足够容纳较多的游客，观赏路线最好是单向的，不至于出现交通拥堵；自然科普区则是借用村史馆或其他馆舍改造而成，或者借用赏萤区附近的简易设施，改造成萤火虫科普区，最好加入一些极具体验感的互动设施，加强对萤火虫科学知识、文化传统等的普及，既让游客学到萤火虫的科学知识，延长游览时间，还能促进萤火虫系列文创产品的售卖；文娱美食区是最具动感、最喧闹、业态最丰富的区域，一般是远离赏萤区，主要是供游客饮食、各类娱乐活动和购物等，是主要的消费和收入区，要重点打造，留住游客，产生消费；静养住宿区主要是游客休闲静养、晚间住宿的区域，要安静，设施要到位，让游客度过一个美好的夜晚，完成景区最后一个项目和体验。

除了景区功能区合理划分之外，还要注意交通等因素。在赏萤区附近设置较大的停车场，并提供观光车，让游客有序地进出景区；通过观光车路线将各个游览口连通，在栈道沿途打造休息亭，便于停留，供游客拍照休息；还要加强景区工作人员的安全培训，制定完善的值班制度和巡逻班组，认真做好安全监控工作，预防安全事故的发生；最好有一些科普志愿者，加强对游客的科普和各类不文明赏萤行为的制止及交通疏导等。

（3）文化内涵是底蕴。旅游项目规划要想突出特色，离不开文化内涵挖掘。在夜游项目同质性严重的当下，夜游模式也是如此，故在萤火虫夜游项目规划中，应该极大程度地挖掘中国萤火虫传统文化底蕴，延展至世界萤火虫文化，同时也要注意要将萤火虫文化与当地特色文化巧妙结合。

萤火虫景区中的赏萤区的萤光小品和科普讲解中可以添加萤火虫文化元素，营造与腐草化萤、金阁流萤、放萤苑等传统文化相关的主题景点，充分运用传统萤火虫意象，强调夜游区域文化内涵；科普区主要承载萤火虫传统文化知识普及，安静地带还可新建萤火虫主题图书馆——流萤书吧，收藏各种昆虫知识类、文学类、艺术类等的书籍，科普萤火虫文化；文娱区要注意不能为文娱而文娱，其中的活动尽量都要与萤火虫文化相结合，比如，音乐会中呈现的尽量是与萤火虫有关的音乐歌曲，可以举办萤火虫主题诗词大赛，借用“点亮为你”的萤火虫发光文化举办萤火虫爱情活动或相亲活动，“囊萤夜读”雕塑合影、文创产品开发、相关文化活动等；住宿区也可以结合萤火虫的文化，具体策划见“食宿”部分。另外，民宿植景规划充分种植与传统萤火虫生态环境相关的植物，如竹、苔藓类、蕨类植物、兰科植物、菊科植物等，合理配置水、石，营造具备萤火虫文化的民宿配套景观空间，室内设计则融入萤火虫的典故、诗词，打造具备传统美韵又具备文化内涵的特色房间。

（4）创意营销是关键。萤火虫景区要想取得最大化的经济效益，全过程的创意性营销显得十分关键。

可以采用网上预约制度，只接待网上提前预约的游客，这样就能极大避免人流量过大而导致拥堵，解决游客量大小不均匀问题；停车场和电瓶车可以适当收费或沿途有文创产品售卖，可以结合赏萤售卖或租赁赏萤专用电筒、防蛇靴、防蚊衣等，结合萤火虫自然科普馆发展主题研学游，有偿科普讲解和售卖各类研学产品；设计萤火虫放飞许愿、与萤火虫合影等收费项目，举办萤火虫歌曲和诗词等比赛活动。以原有休闲娱乐地区、民宿为依托，打造萤火虫主题营地。建立集游览、购物、居住、娱乐、美食于一体的萤火虫主题休闲娱乐区。营地举办各种萤火虫主题游赏项目，流萤七夕盛宴、端午遇萤之旅、萤火传统文化盛会等。打造萤火虫主题集市，售卖以萤火虫为主题的相关文创产品、当地特色小吃等各种物品，同时设立活体萤火虫售卖点、游戏区。结合萤火虫微光音乐会打造萤火虫主题音乐会场——流萤音乐剧场。

（5）硬件设施是保障。作为一种夜间旅游，赏萤活动对安全保障和硬件设施要求很苛刻。比如，赏萤区附近要有便利的交通和宽敞的停车场，辅加一定数量的游览车，让游客能便捷地出行；赏萤区要有结实、完善的护栏和平台，道路宽敞、平整且是单行道，地面有微光照明并辅助以手电筒照明，绝不能出现坍塌和踩踏事故；要提前驱蛇，建立防蛇措施，谨防游客被蛇咬。

除了保障安全的设施之外，还要注意一些网红建筑体的打造。借助地形，建造卵形小品造型，且外表夜晚能发荧光，从远处看，好像是一颗萤火虫的卵在发光，既有科普价值，又是网红建筑；里面一层全部贴满镜面（膜）的"萤火虫梦幻镜面屋"，能白日赏萤且因镜面反射带来放大版的萤光梦幻效果；科普馆外墙或房顶上还可以趴伏一个巨大萤火虫造型，尾部"发光器"夜间发光，定是网红打卡点；树上挂满隐形萤火虫灯，成为"火树萤花"网红奇观。

3. 萤火虫旅游主题

萤火虫文化的多样性决定了其旅游主题和业态的多元性，至少有如下几种旅游主题或形式，当然了，实际产业中不会严格分类，更多的业态是若干种主题的融合交叉。萤火虫主题旅游不同于其他的旅游业态，它具有显著的综合性，会涉及和延伸出多种产业，所以，萤火虫创意产业要把诸多的文化及其业态融合在一起，综合性地开发，才能释放最大的市场威力。实际项目和产业中，基本没有单一的产业和业态，而是一事一议型的综合融合复合性开发。

（1）夜间游。夜间旅游在环境以及空间美感方面能够为人们带来不同的体验，更注重休闲与娱乐，能够使游客从日间繁忙的工作中解脱出来，得到身心上的放松，成为吸引人流的新爆点。然而，目前的夜间旅游形式相对来说较为单一，以灯光为主题居多，难免会产生审美的疲劳。夜间旅游产品大肆运用灯光的渲染，同质化严重，甚至有光污染之忧。人们的旅游诉求和作息规律不断变化，对于夜间旅游有了新的需求，夜间旅游市场广阔，同时也对夜间旅游景观提出了创新要求。

萤火虫是天然光源、自然夜明，夜间经济与萤火虫最佳观赏时段相结合，能打造出独一无二的夜间旅游业态。萤火虫非常适合用于打造夜间旅游，萤火虫夜游就成为一个全新的模式，是夜间业态难得的新突破口。

萤火虫主题夜游活动，区别于传统夜间旅游单纯的光景欣赏或观看表演或饮酒美食等喧闹夜景，是一种错位发展的"静美夜景"，是一种可以全方位感受夜光美景与自然生灵的旅游景观体验。

只要能提供良好的服务和充实的业态，吸引游客留下来住一晚、吃几顿、购点儿物、参加点附属活动，其收益就远超门票了，萤火虫夜游的附加值和产业延伸性也就体现出来了。何况，尤其是对于夏天炎热天气（恰也是萤火虫的盛期），白天的旅游受到极大限制，到了夜晚，天气凉爽，游客更愿意夜间活动，因此，此时段发展萤火虫夜游项目，恰逢其时。

萤火虫夜游经济的业态非常丰富，要全面尽量拓展，包括夜游、夜宴、夜欢、夜遇、夜浴、夜眠等业态，包括住宿、美食、娱乐、研学 / 科普、许愿、农业、购物、摄影、康养、赏萤、耍萤、养萤甚至“萤光夜漂（流）”等项目。

（2）亲子游。萤火虫对孩童的诱惑力是巨大的，由于他们年龄小，在赏萤时需要父母亲人的照顾和陪同，再加上多数成年人也是很喜欢萤火虫的，在与子女共同赏萤或养萤的过程中，还会极大地加强亲子之间的沟通交流，增进感情，因此，萤火虫主题的亲子游近些年大受欢迎。

独特的生物学特性和文化内涵决定了萤火虫是亲子游的良好素材：萤火虫不仅深受父母和孩子的共同喜欢，还具有能缓解焦虑、压力等“养身养心”功能；由于多是在夜间和野外进行，还能有效避免“父母耍手机，孩子玩游戏”似的“伪亲子”旅游；萤火虫丰富的科普知识和文化底蕴能让孩子甚至父母都能学到很多知识，受到多方面的熏陶；将萤火虫的“光亮”和“温暖”文化象征迁移至父母身上，让儿童感受到家庭的温暖，进行感恩教育，促进家庭关系和谐。现代社会中的很多孩童由于父母工作环境与工作压力等原因，通常较早就被送往托儿所或幼儿园，提前接受教育，直接将孩童置于陌生的环境、人群之中，容易引起孩童的焦虑、害怕、拒绝、自闭等情绪；而赏萤等亲近自然的活动，尤其是萤火虫的特殊灵性会带给孩子安全感、亲切感，会让孩子打开心扉，疗愈心理。因此，陪伴孩子一起赏萤，不仅可以增加亲子关系，还能促进孩子的身心健康。

亲子游课程和活动的设计非常关键，具体流程大概可以参考如下：孩子与父母一起进入养殖基地，探索萤火虫的奥秘，同步解说，植入自然教育课程，嗅花草树木的清香，观看触摸萤火虫等昆虫，了解萤火虫等昆虫的外形结构，培养幼儿感知和观察能力。先在科普馆里对孩子和父母进行生动有趣的萤火虫科普知识讲解或观看萤火虫科普电影等，让全家人都参与进来，互动问答，甚至掺杂一些萤火虫主题诗词、歌曲等的比赛或提问，活跃气氛，调动积极性。让父母陪同孩子一起制作萤火虫采集器具、养殖器具以及“寻萤灯”等器具，在制作和体验过程中增加亲子感情，也增加成就感，为后面的赏萤、采萤、养萤做好准备。天黑之前，可以让父母陪同孩子一起去萤火虫养殖基地或赏萤点认识萤火虫的生活环境，采集蜗牛等萤火虫的饵料等体验和科普活动。在就餐环节，可以在食物设计、就餐程序、亲子元素加入等方面下功夫，使得晚餐也成为一个经典的科普、互动、体验、教育、亲子、感恩的过程。饭后，为游客免费或租赁或有偿提供一个仿造萤火虫发光器、仿萤火虫服饰，最好有萤火虫主题家庭套装，既能增强亲子氛围，还能提升活动品质。准备好之后，全家人带着自制的“寻萤灯”及其他器具，出发去寻萤、赏萤。在赏萤过程中，讲解人员科普萤火虫的相关知识，增加感性认识，加深对萤火虫的了解，同时穿插环保教育、生命教育等，其间，还可以加入与萤火虫合影等活动，也是为亲子活动留下美好的纪念和回忆。在赏萤活动的最后，在合适的氛围或环境中，将萤火虫的发光行为和文化引申到父母之爱上来，然后配合音乐和说词，举行仪式感很强的“萤光感恩”活动，让孩子理解感知父母之爱，与父母拥抱，感恩父母，让亲子活动达到高潮。最后，全家人一起面对手中的萤火虫许愿，然后放飞萤火虫，亲子赏萤活动圆满结束。

赏萤结束后即是入住睡眠时间，这也是亲子活动的延续和重要环节，因为孩子与父母一起睡觉的时间是宝贵的亲子时间段。不管是在酒店民宿，还是露营帐篷，父母都要抓住这个机会继续与孩子沟通感情，互动交流，巩固亲子游的成果。

次日返程后，游客可以购买活体萤火虫幼虫或成虫，放入生态养殖盒，带回家养殖，这是科普、赏萤、亲子等元素的延续。

回到家后，孩子可以在父母的指导下口头讲述或文字描述与父母同游后的感受，甚至可以鼓励孩子绘画自己所看到的萤火虫等，在锻炼孩子口头表达能力和文字表述能力、想象力和绘画能力的基础上，还能继续巩固亲子成果，家长也可以通过孩子的心境表达而深入了解孩子的内心，并做适当的干预。

（3）情侣游。萤火虫成虫的发光主要是为了求偶，再加上萤火虫光亮的浪漫性，使得萤火虫成为情侣浪漫爱情旅游的不二之选。

要发展萤火虫的情侣游，首先，要推出“一生只为你点亮”或“点亮为你”或“为爱发光”等主题；其次，要推出各类与浪漫爱情有关的产品，比如，萤光浪漫套餐（萤光晚宴＋萤光浴＋萤火虫套房等）、情侣亲密小屋，还可以按照下述营销术语出售萤火虫“装20只，表示爱你；装55只，表示我爱你；装99只，表示天长地久；装199只，表示海枯石烂”，举办“浪漫萤光，情定终身”主题情人节、七夕节、“5·20”等节日以及订婚、蜜月、结婚纪念日等系列活动，还可举办萤火虫求婚、婚礼等；再次，还要结合当地文化，推出更有文化融合性的旅游思路或模式。

（4）科普游。人们都很喜欢萤火虫，但熟悉萤火虫科学知识的游客却非常少，因此，绝大多数游客想在赏萤的同时了解萤火虫的科普知识和相关文化，尤其是在青少年学生酷爱萤火虫和全国大力开展研学游的背景下，萤火虫的科普主题旅游市场需求很大，方兴未艾。

萤火虫具有科普教育、环境教育、乡土教育、励志教育、美学教育、传统文化教育、生命意识教育等若干种教育功能，是良好的科普游和研学游的素材，在发展萤火虫旅游产业的过程中，要充分挖掘上述功能和萤火虫的各种文化因子。

需要强调的是：萤火虫科普游（也包括研学游）不一定非得是独立的旅游业态，也可以将科普研学元素渗透到普通的赏萤旅游过程中，也就是说，要注重赏萤过程中渗透式的萤火虫科普讲解工作，寓教于乐，文旅融合；另外，萤火虫科普游要和研学科普文创产品的销售以及情感教育、励志教育、生命教育等结合起来，延伸产业链，丰富内涵，而不是只科普讲解。

（5）主题文化。萤火虫很容易打造多样化的旅游IP，借鉴民间传说主题村等模式，打造展示包括萤火虫在内的所有发光生物的“发光村”或“萤光村”，甚至还可以在机场内部和附近建设微型萤火虫景观和科普馆，借用机场自带的客流量发展“机场经济”，打造“萤火虫机场”。

创意赏玩昆虫产业的产业链顶端之一是赏玩昆虫的文化产业和IP打造，所以，我们在做这些昆虫旅游产业的时候，一定要在做到某种程度和基础后，开始高水平地挖掘该昆虫的文化元素，进而提升成IP，这样就能全面打通该产业，也能做深做宽做大该产业。萤火虫的“囊萤夜读”“为爱发光”“一生只为你点亮”“黑暗中的一点萤光”等励志和爱情文化元素的挖掘，甚至两者之间重叠部分的融合升华，最终，将这些文化元素转化成各类文创产品和文旅活动，做成漫画、动画、影视作品等，最终推出IP。

（6）主题露营。利用特定露营地的设备，开展野外住宿、休闲、娱乐、观光的露营旅游是一种新型旅游业态，近年来，城市露营也发展迅速。但是，目前的露营旅游活动基本上围绕篝火、露天电影、自助烧烤、团建活动、户外运动项目开展，总体类型都比较单一，缺乏特点。萤火虫主题的露营活动，符合游客“出逃城市”的想法，可以远离喧嚣，真切拥抱自然，是露营旅游的新突破口。

萤火虫观赏多数都是在天气晴朗的夏天，野外生态赏萤过后，很多人喜欢野外露营，再加上萤火虫有缓解焦虑和失眠等的作用，“与萤火虫共眠”将具有极大的营销诱惑力，因此，萤火虫主题露营具有很大的市场。

萤火虫露营最重要的就是营地的建造和体验感的设计。萤火虫露营的方式除了房车、树屋、玻璃屋、星空房等之外，最多的可能是帐篷露营，最好建在萤火虫景观附近，但又不能影响萤火虫生存，也不能随便捕捉萤火虫，抑或建在萤火虫栖息地的上方，悬空建设萤火虫营房；露营房里，还可以适当散放或器具盛放萤火虫，真正实现“与萤火虫共眠”。

（7）主题小镇。主题小镇的营造通过给予一个特定的主题，通过主题提供的故事性与场景性，结合目标群体的情感需求，通过景观设计的语言元素，采用现代科学技术和主要以符号元素提取、文化转移、文化陈列的方式，将精神与文化融入其中，并且将文化进行解构与重组，进而营造出既满足功能需求又满足景观美学同时还能令人身临其境的空间环境，满足游客的好奇心，并且以主题情节贯穿游览路线。

“一个虫点亮一座城”。运用萤火虫元素，讲好萤火虫故事，打造“萤光里”萤火虫主题小镇的思路和策划有多种形式：可以做成萤火虫动漫城/乐园，可以做成萤火虫版的“迪士尼乐园”；可以做成游乐主题的，也可以做成文化主题的；可以做成针对青少年版的科普和动漫主题的，也可以做成针对年轻情侣版的浪漫萤约许愿主题的；可以单纯打造萤火虫主题的小镇，也可以结合古镇古城、康养房产和商业小镇等改造融入；可以有自然生态萤景，也可以有室内人工萤景，既有活体萤景，也有灯光萤景；既要有赏萤的旅游元素，又要有各类娱乐和购物等元素，既要有景区功能，还要有社区功能，尽量结合和满足“小镇”的要求。

（8）森林旅游。森林既是萤火虫的主要适宜栖息地，也是最佳的赏萤环境之一。因此，国内外很多经典的萤火虫主题景区都是森林赏萤，打造“萤火之森”IP，在森林中加入萤火虫元素、森林游与萤火虫夜游相结合，成为提升传统森林旅游体验的一个重要思路。

森林中赏萤视野开阔，萤火虫栖息在树叶上形成特殊景观，萤火虫在树林中飞来飞去、若隐若现，感觉和效果很佳，成为萤火虫景区的首选地域。但是也要注意解决森林赏萤的一些弊端：森林中有很多蛇、蛙等有毒动物，对游客的安全造成很大的威胁；多数森林萤景在较为偏远的地方，交通不便，或者客流容纳量不够大，安全设施不齐备；要利用森林的树木，结合萤火虫呼吸灯等设施，打造“梦幻萤光森林”景观，融合多样化的“光景”及相关互动体验文化活动；要着力拉动周边的食宿产业，要因地制宜地利用山谷、溪沟、索道等地势和设施开发多样化、差异化的萤景，要结合景区特色文化和旅游资源开发与萤火虫有关的文化活动或旅游项目。

（9）乡村旅游。乡村旅游，既是乡村振兴的重要抓手，又是旅游复苏的重要着力点，尤其是在新冠疫情期间，健康、安全、绿色成为旅游市场的基本诉求，前往乡村观光、休闲和度假俨然成为当前旅游消费的新风尚。随着疫情防控常态化下旅游消费需求的转变，乡村成为热门的旅游目的地，但同质化市场竞争是乡村旅游面临的主要问题之一，市场呼唤投资低、创意足的“小而精、小而美”的乡村休闲项目，乡村民宿产业要建立新的精品民宿集群IP，因此，丰富夜间旅游活动成为乡村旅游突破的关键点。

萤火虫非常适合夜间旅游，而且，在乡村发展萤火虫景观，更是得天独厚。因此，在乡村旅游中加入萤火虫景观，非常适宜，且具有多重效益，会成为乡村旅游的一个引爆点。萤火虫特色的乡村旅游，是乡村原始夜色的还原，不仅能丰富乡村旅游的内容，同时也是乡村生态农产品的活招牌。萤火虫主题的乡村旅游对于时时处于“光污染”包围中的都市游客来说正是其所追求的新奇体验。

乡村振兴过程中若不注意环境保护，有可能会对萤火虫等生物多样性造成损害。若发展萤火虫主题乡村旅游，既能加强生物多样性和环境的保护，还能促进经济发展，是“绿水青山就是金山银山”的绝好注脚，更是一些偏远贫困山区的良好产业。同时，萤火虫的栖息地为农产品提供了安全有机的附加价值和健康保证，结合其他乡村景观资源，开发萤火虫旅游资源，有利于乡村经济发展和产业结构的调整。

萤火虫主题乡村旅游可以冠之以“萤光部落”“萤光村落”等IP来打造，因地制宜地选择项目点和功能区的划分，包括养殖区、观赏区、许愿区、美食区、娱乐区、购物区、住宿区、服务区等几个部分，要有相对的封闭线路和空间，不能扰民，方便管理，业态丰富，全产业链，游客便利；同时，还可以结合沉浸式电商，推出“萤光村落名义村民”等互动体验商业业态产物。

在乡村培育起飞大量萤火虫的同时，能代言该乡村农产品的生态性和有机性，从而发展“萤火虫农业”或“萤光六产农业”，甚至发展“稻萤共生（水稻田养殖萤火虫）”等新型产业模式，在此基础上还能发展“萤火虫音乐节 / 美食节”、萤火虫主题研学游 / 亲子游等文化教育活动，开发系列文创产品，促进农旅融合和一、二、三产融合，全面促进乡村振兴，取得生态效益、经济效益、社会效益、文化效益等多重综合效益。

发展萤火虫主题乡村旅游，要做好产业规划，精心雕琢，不能泛滥，不能粗糙；要综合考虑地理位置、交通条件、生态环境、资源禀赋、现有基础、人员素质等因素，集中人力、物力、财力，集中精力打造示范点，从而辐射带动周边区域发展；要有科学成熟的萤火虫繁育技术指导，要有较为强大的营销策划团队作产业支撑，要有较强的资金和基础设施等作保障；要科学规划，尤其是要注意不破坏生态环境，不造成灯光污染；要采取各类到位的安全措施，不造成人员拥挤和交通堵塞确保游客安全；要完善吃、住、行、游、娱、购等各种业态，留住游客，还要让游客玩得满意，做到可持续发展。

（10）乡愁游。萤火虫是乡村的天然产物和乡愁的象征，几乎只有在乡村野外生态条件好的环境中才能养殖，只有在乡村野外欣赏才有感觉，更是会唤起很多中老年游客的乡恋和乡愁。

萤火虫的光亮也是很多中国人儿时的乡村记忆。在城市化的进程中，一代代人离开家乡，融入新的城市。为客居的游人举办以乡愁为主题的萤火虫游，通过萤火虫思乡文化的传播，一方面可以缓解游客的思乡之情，同时可以使游客在新的生活中寻觅家乡之味，体悟新城市的包容与欢迎之态，更加融入新的生活。

对于很多年长者来说，萤火虫都是儿时的回忆，是乡村的印记，是乡愁的载体。因此，在生态环境好的乡村，结合各类乡愁要素，发展以萤火虫为文化符号的乡愁游，会扣动很多中老年游客的心弦，从而增加萤火虫旅游的游客面。

（11）交友游。“逢君拾光彩，不吝此生轻”，萤火虫还是友情的见证——如果得到认可，就不吝用自己微薄力量作出贡献的友情趋向。和朋友一起出游，是最常见的旅游形式之一，但是新时代的青年，由于工作忙碌、社交圈窄等种种原因，常常现实生活中难以交到朋友。以萤火虫为主题的交友旅游，可观、可游，还有参与互动活动，能增进交流，催发友谊的产生。萤火虫能表达志同道合友人的心愿，又为友情的发展提供了现实助力，该类旅游形式十分有价值。

二、食宿

作为一种经典的夜游素材，除了赏萤及相关联的旅游业态之外，萤火虫所带来的主要产业业态（也是主要的收益来源）就是赏萤之前的饮食和赏萤之后的住宿，从业者一定要高度重视，精心打造好与萤火虫相关联的特色饮食和住宿产业，而不是与萤火虫元素割裂的单纯的传统食宿。除了吃饭和住宿，除了餐厅和酒店、民宿、帐篷等，萤火虫还可以植入房产、茶馆、酒吧等产业中。

需要说明和强调的是：

（1）萤火虫主题食宿可以是单独存在或打造的，但最好还是与萤火虫景区联系起来，或者说，这些食宿场所是依托一定的萤火虫景区而存在的。

（2）萤火虫主题食宿最好是有一定的萤火虫养殖和科普等方面的技术指导，且最好有自己的附属养殖基地或与养殖基地有合作关系，否则，萤火虫的来源都是问题，相关的萤火虫科普也不好把关，这些技术问题是制约萤火虫主题酒店打造的最核心最关键问题甚至是痛点。

（3）萤火虫主题食宿一般都有自己的知识产权、IP 和系列产品及技术和营销技巧等，属于技术性产品，而非单纯的投资和运营，因此，此商业模式可以对外拓展、复制和托管，将自己的知识产品、养殖技术、种源供应、萤火虫灯、文创产品、运营策划等直接输出到加盟、承包、托管的食宿主体，如此会将此业态做大做强，只是要注意地域数量控制，杜绝泛滥。

（4）除了有真实的萤火虫呈现给顾客，还可以适当在某些场所或某些环节加入荧光灯点缀，还要将丰富多彩的萤火虫活动（如赏萤、放飞、许愿、科普、讲座等）加入其中，还要将萤火虫知识、文化、展示及文创产品等嵌入角角落落，把科普和销售等功能嵌入其中。

（5）萤火虫主题食宿的打造，不是简简单单地放飞一些萤火虫、张贴一些萤火虫科普宣传材料就行了，而是应该包含了萤火虫养殖、文化、活动、装饰等诸多要素，最终把餐厅和酒店打造成一个集就餐或住宿等基本功能、体验互动、科普教育、文化渗透等元素的萤火虫综合体或萤火虫微缩景区。

（6）萤火虫主题食宿属网红经济业态，必须要有网红元素，且不断翻新创新，按照网红经济的规律运营和宣传及确立目标客户，精准高效营销。

（7）萤火虫主题食宿属技术性文化赋能产物，在一定时期内具有较大的市场价值和威力，尤其是在突出酒店餐厅的差异性、梳理自己的 IP、增加宣传噱头和网红元素、吸引高端客户、提升客户参与感和新奇感、让传统酒店餐厅转型升级等方面具有显著的作用。

（一）萤光餐厅

萤光餐厅或萤光晚宴的打造包括硬件设计、氛围营造、菜品研发、后续产品等环节。

1. 硬件设计

萤火虫主题餐厅大概分为如下几种情况：传统的纯室内硬装餐厅、结合植物的温室型生态餐厅、高档农家乐或纯野外餐厅，各有优缺点，要因地制宜、扬长避短地打造。

（1）传统的纯室内硬装餐厅。此类餐厅一般要在外部或进门处有网红打卡式的萤火虫雕塑，其他地方要嵌入很多萤火虫文化、科普、知识、IP 类等元素，服务员的服装要有萤火虫元素，播放萤火虫主题音乐，在合适的地方用玻璃或亚克力板等器具围起一个较大的萤火虫养殖及展示区，或者在桌台、墙壁上镶嵌入盛放和展示萤火虫的器具，以供顾客欣赏。

（2）温室型生态餐厅。此类餐厅比较适合萤火虫主题的打造，因为生态环境很好，适合较大规模萤火虫养殖和栖息，萤火虫起飞和展示的效果很好，很有氛围感和生态感，不受气候影响，可一年四季赏萤。一般要在餐厅外部或显眼处放置网红打卡式的萤火虫造型，多处放入或体现萤火虫元素，播放萤火虫主题音乐。萤火虫多数就放在生态环境中自由生长和起飞，但要注意不喷洒药物，且有萤火虫处要铺设垫脚的玻璃板等设施以防踩踏萤火虫并有较好的赏萤效果，还要采取措施不能让游客捕捉萤火虫，同时还要注意赏萤与灯光布置的关系，在集中赏萤的区域不能光线太亮但还要注意顾客的安全，同时，为了集中赏萤和拍照之便，还要在某些地方通过一定造型的器具盛放展示萤火虫。在生态餐厅，甚至还可以适当加入一些蝴蝶或鸣虫，这样白天还可以观蝶，夜晚除了赏萤还可以听鸣虫，又多一些体验和昆虫元素。

（3）高档农家乐或纯野外餐厅。此类餐厅主要是设置在距离萤火虫景区不远或生态环境较好、本来也具有一定萤火虫的区域，硬件打造主要体现在个别网红打卡式的萤火虫造型及安装荧光灯和播放主题音乐等氛围营造工作上。

2. 氛围营造

餐厅氛围的营造比较重要，主要体现在就餐环境的布置、特色餐具的打造及举办活动、萤火虫表演等环节上。

就餐环境主要是通过安装荧光灯（包括极其仿真的萤火虫呼吸灯和全息技术的萤火虫灯）、播放萤火虫主题音乐、布置萤火虫科普资料、服务员萤火虫主题服饰、提供萤火虫灯（甚至里面盛放活体萤火虫，以推出“萤光晚宴”）、放置萤火虫书籍和文创产品及摆放活体萤火虫等措施来实现。

特色餐具主要体现在研发具有萤火虫造型和文化元素的桌椅板凳，甚至还可以在玻璃或亚克力材质的餐桌下镂空空间里展示活体萤火虫或萤火虫全息展示幻影，让餐桌就成为网红；根据幼儿、青少年、家庭、情侣等不同客户研发各自特定的与萤火虫文化和造型有关的餐具和餐巾纸及顾客萤火虫主题围裙等。

商家可以举办一些简单易行、成本低但参与感和趣味性很强的萤火虫文化活动，让在顾客就餐过程中及就餐前后参与，如此，餐厅就变成了一个小型景区、活动场所、娱乐场所和交际场所，而不仅是来吃饭的地方。这些活动可以是某个时间段的萤火虫放飞许愿；可以是萤火虫音乐会、歌谣表演、诗词比赛等让青少年参加；可以是一些有趣的亲子游戏，让一家人都参与其中增进家人感情；还可以借用萤火虫发光来寻找配偶的习性研发一些有趣的交际活动，让青年男女通过就餐时参与这些活动而寻找朋友甚至脱单。除了每天举办不断创新变更的活动之外，商家还可以不时地推出各类萤火虫主题节日，通过节日来促销，还可以不时举办萤火虫科普讲座、文化讲座，举办专家签名售书等活动，不断制造销售热点。还可以结合七夕节、情人节、“5·20”等节日推出“萤火虫情侣套餐”。

为了制造惊艳的萤火虫主题就餐感觉，尤其是针对举办生日宴、订婚宴、求婚派对等特殊宴会的顾客，还可以在就餐的某个环节，突然熄灯，餐桌底层某个机关突然伸出，释放一些萤火虫飞舞，或者在就餐房间顶部安装某个机关，突然打开从上面散落若干萤火虫，呈现“天女散萤”的震撼效果，这些服务和氛围营造肯定会给顾客带来极其难忘的就餐体验，并能引发很好的口碑宣传。

3. 菜品研发

菜品的研发也要与萤火虫有关，比如，有些糕点类具有萤火虫或其他昆虫造型，某些菜品的名字与萤火虫或其文化有关，菜的原材料可能取自萤火虫农场，甚至研发田螺或蜗牛类的菜品，因为这些都是萤火虫的食物，顾客取食这些菜品，相当于代替萤火虫取食，品尝不同味道和营养的同时也深刻记住了萤火虫幼虫的食性，当然了，这些田螺或蜗牛的菜品要制作精良和巧妙，不能让顾客难以下咽，同时，还可以提供部分器具，让顾客（尤其是孩童）模仿萤火虫幼虫取食的具体过程，使就餐过程更有趣且能学到知识。

4. 后续产品

按照上述思路，此类餐厅就不仅仅是就餐的场所，还具有其他功能，因此，除了菜品之外，还可以推出其他产品，比如，可以售卖活体萤火虫（幼虫、成虫等）及其各类活体饵料（蜗牛、田螺等），可以出售各类萤火虫科普书籍、小说、绘本及各类文创产品，还可以出售萤火虫农产品（由萤火虫农场出品，顾客在就餐时已经品尝过，有了体验和信任），如此，延伸了产品链，增加收入。

除了丰富产品之外，商家还可以与附近的萤火虫景区、酒店和萤火虫主题研学游公司合作，互相联动，合作共赢。

（二）萤光住宿

夜间住宿的形式和载体很多样，主要有酒店、民宿 / 客栈 / 木屋、露营及树屋 / 星空房等四大类，都要与萤火虫元素相联系，并发挥萤火虫养神养心、理疗康养的作用，打造“与萤共眠”“萤舞枕边”的特色萤光住宿，突出其“沉浸式”和“治愈系”这两大特色，这样才能凸显差异，从而显著提升入住率。

首先需要说明的是，上述这些可以打造萤火虫主题住宿的载体一般都是附近的生态环境条件较好（最好有密林或溪谷等，或有一个生态较好的大型院子，至少不是城区内的纯商务酒店），最好是周边或酒店院内就可以养殖萤火虫，否则很难或不能做萤火虫主题住宿。其次，这些住宿场所的商业策划与萤火虫主题餐厅类似，要策划相关的节日、活动，举办科普或文化讲座，与萤火虫景区、研学游、农场等有商业互动。

需要强调的是，相对于萤火虫主题餐厅，萤火虫主题住宿类项目特别重视晚饭后的萤火虫放飞许愿活动，最忌讳的是随便购买一些萤火虫、把住客召集起来、空中一抛就算是放飞了，这样的活动是最低层次的、必须摒弃的放飞活动，应该把放飞和许愿及生命教育、环境教育、亲子教育、感恩教育等结合起来，组织不太繁琐但仪式感很强的许愿活动，包括许愿词的撰写、许愿程序的确定、音乐氛围的营造、住客的参与、放飞的技巧和效果、整个过程的拍照等都要精心策划，才是让住客印象深刻、体验感很强的高水平活动。

1. 萤火虫主题酒店

萤火虫主题酒店的打造，一般要考虑如下几个方面：外部装修和内部设计、萤火虫科普知识的宣传、萤火虫主题活动的举办、相关产品的研发、萤火虫养殖基地或生态环境的打造。

外部硬件的打造，首先，要为酒店起一个名字，比如"萤火虫主题亲子/情侣酒店""萤溪谷温泉酒店""野·萤"等；其次，要在酒店外部或显眼处打造网红打卡式的萤火虫造型，比如，用萤火虫灯将某棵树装扮成"火树萤花"，酒店外墙安装的闪烁灯像萤火虫发光一样闪烁，酒店草坪上安装一些摇曳的萤火虫灯，酒店外墙或顶部安装一个或一对发光的萤火虫造型雕塑，甚至将整个酒店装饰成一个萤火虫成虫或幼虫的造型等；再次，酒店院子里要做各类精致的布置，比如，将池塘里放入水生萤火虫养殖，浅水池里放入荧光呼吸灯（模拟水生萤火虫幼虫水中发光），将房顶或某个小花园或假山或某个相对封闭的区域或大树养殖上萤火虫或安装萤火虫呼吸灯，将萤火虫元素嵌入到角角落落，最好打造几个萤火虫元素的网红打卡点，才是真正的萤火虫主题酒店。

房间内部的装修，也要有萤火虫元素。比如，电梯里布置萤火虫的经典照片或科普资料地毯上设置荧光，每个房间的名称以萤火虫的学名命名；房间内部张贴悬挂一些经典的萤火虫照片和科普资料，但最好是布置真实植物、营造萤火虫的生活环境甚至养殖少量萤火虫，也可以用3D技术绘制萤火虫及其生境图画，让住客感觉自己就与萤火虫生活在一起，也可以在墙壁里嵌入养殖箱、养殖一些活体萤火虫幼虫或成虫，也可以在房顶或汤池附近安装一些萤火虫呼吸灯，或者，悬挂嵌有萤火虫呼吸灯的"萤光蚊帐"，营造"与萤火虫共眠"的意境，甚至将几只活体萤火虫成虫放在特制的器具里悬挂在床上部，陪客人入眠。在特色酒店里放置一些小型的萤火虫假山或其他装饰品，让游客在室内昏暗柔和的灯光下泡温泉的同时能欣赏到萤火虫的点点星光，更能增加浪漫氛围。在一些酒店的走廊、墙壁上也可以装点上一点萤火虫的各种饰品。对于温泉型酒店，可以在温泉的周边放上假山、石头等，为萤火虫营造出适宜的环境，让萤火虫栖息在上面，晚上泡温泉的时候就可以边泡边欣赏萤火虫景观了；也可以将萤火虫幼虫或成虫做成萤火虫灯，挂在温泉上面，更有甚者，选择一片相对独立且环境非常适宜的地方，让萤火虫自然栖息繁衍，与温泉自然地融为一体，让游客在泡温泉时可以观赏和嬉戏漫天飞舞的流萤。

酒店最好找一个专门的区域，打造成"萤火虫科普教室"，在此展示萤火虫科普知识，售卖萤火虫文创产品，甚至偶尔举办萤火虫科普讲座、人生讲座甚至亲子教育论坛，作为酒店的配套服务。还可以在酒店内适度加入禅意萤光、萤火虫打坐、瑜伽、洗浴等特色服务项目。还可以和婚庆、庆典（尤其是私人派对、生日派对、订婚求婚等）结合起来，而不仅仅是住宿。可以根据不同的目标客户，分别打造萤火虫不同侧重主题的情侣、亲子、儿童套房，并策划情人节 / 爱情节、六一亲子游、周末游、萤火虫嘉年华 / 夏令营等促销活动，还可以举办一些具有黏性的吸引“回头客”的活动，比如，邀请住客认养、领养、喂养酒店养殖的萤火虫，再次来管理和查看这些萤火虫的长势时可以打折入住，也可以推出“住酒店、发朋友圈，免费赠送萤火虫合影或每人免费赠送一只萤火虫”等促销活动。

对较大型的萤火虫主题酒店而言，最好是选择一个区域进行萤火虫养殖，做到可持续发展，养殖区也是科普区和赏萤区甚至是活体萤火虫售卖区。

2. 萤火虫主题民宿

萤火虫主题民宿、客栈、木屋等和萤火虫主题酒店在装修、软件、营销等方面多数都是相同或相似的，略微不同的是，民宿、客栈、木屋的周边环境会更好一些，养殖、放飞、赏玩萤火虫的效果也会更好一些，可发挥的空间更大一些。可以依托周边的环境特点，因地制宜地营造类型多样、效果不同的赏萤点和网红点，比如，有些客栈依山而建，推窗后即是植被较好的山体，如此则可以在客栈墙体 / 窗户与山体之间的夹缝中和山体侧壁上养殖和观赏萤火虫，低成本地打造“推窗见萤”景观。

对于有些地域较大、环境较好、景区内或乡村周边的大型民宿或客栈而言，甚至可以将其同时打造成一个微型的网红景点、乡村振兴案例点、科普研学基地、亲子游特色基地、萤火虫农场等，具有多重功能，带动多个产业，取得更好的综合收益。

3. 萤火虫主题露营

自 2021 年以来，尤其是后新冠疫情时代，露营以其显著的优势迅速在全国各地成为一种极受欢迎的新型住宿业态，一个新的投资风口。但是，多数的露营没有特色或突出差异化，更没有自己的 IP 和品牌，在这种背景下，萤火虫主题露营产业应运而生，因为，萤火虫天生就是露营的好素材。所有的萤火虫项目点，原则上都可以或都应该配备露营业态，因为它很好地、低成本地、可扩可收地、灵活巧妙地解决了萤火虫夜游弹性住宿的问题和传统露营没有 IP 及特色的问题。

萤火虫主题露营面临的问题是：帐篷的舒适性和安全性、露营与萤火虫结合的方式、其他萤火虫活动和产品的研发。萤火虫主题露营至少分为二三种情况：一种是在普通的开敞式的露营场地中从外引进萤火虫元素让顾客赏萤和打造萤火虫帐篷，要么直接放飞萤火虫，要么在露营区打造一个类似萤火虫造型的网红网棚，将萤火虫养殖在其中观赏；还有一种情况是萤火虫在平地上或稻田里飞舞，用支架支撑起来，铺设木板，其上安放帐篷露营，让游客与萤火虫亲密接触，“睡在萤群中”，但要注意萤火虫的管理和安全；另外一种是露营地有山有水，有溪沟有山谷，植被丰富，气候适宜，本身就是一个非常适合养萤和赏萤的小景点，如此情况下就需要在此大量人工培育较多数量的萤火虫，将其变成一个小的萤火虫景点，赏萤更方便、效果会更好。后者当然是更优质的萤火虫主题露营基地了。

春、秋季的萤火虫也不少，这些季节发展萤火虫主题露营，天气凉爽，蚊虫不多，较易操作，但若在萤火虫更多、赏萤效果更好的夏季露营，则需要在帐篷的选择、降温防虫、安全措施等方面多下功夫，首先要让顾客住得舒服。

由于露营地一般都是空间宽敞、视野开阔，所以很适合搞各类活动，包括萤火虫许愿、各类派对、相亲节、露营节等，也适合策划组织“萤光晚餐”等活动，还可以与暗夜公园、天文观测及其他相关夜间项目结合起来。当然了，搞这些活动的时候也要注意适当分区、注意时间控制，不能持续太晚影响了早睡的客户，或太喧嚣的活动影响了喜静的客户。

还有一种情况就是在一个很大面积（至少上千亩）的乡村或山区或景区里，发展萤火虫综合夜游业态，则需要在一个山谷里养萤和赏萤，山谷附近山坡或平地处做露营基地，露营基地要用垫脚的木板等铺设以防伤害萤火虫，此大片区域为“静区”；另外再找一片相对较远的山坳区开辟为“动区”，即商业区，所有的吃、喝、玩、乐、娱、购均在此区，不会影响赏萤和睡眠，动静分开，互不影响，业态丰富，能满足游客的各类需求。

至于萤火虫与帐篷的结合，也是多种多样，最简单的就是每个帐篷赠送或购买几只萤火虫，直接放飞在帐篷里欣赏和入眠，要么就是将萤火虫放在一个透明造型精致的器具里，悬挂在帐篷里，次日还可以带回家继续欣赏。另外，若把萤火虫呼吸灯置于帐篷外表，打造“萤光帐篷”，夜晚一眼望去，一片“萤光”闪烁，甚是壮观，必是网红景观。

房车露营的形式和方案基本与上述帐篷式的露营情况类似，不再赘述。

4. 其他形式

还有其他几种住宿形式，比如树屋、星空房等，这些与上述的方案和情况类似，不同的是：树屋基本上是悬空架设在树上，更生态，若将树屋建成萤火虫蛹室的形状更为科普和有趣，住客晚饭后赏萤，之后住在树屋里，低头俯瞰萤火虫，甚至偶尔有几只萤火虫飞到房间里来，住客还不会伤害到萤火虫（因为房屋是悬空的，不会破坏萤火虫的生境，住客也不会踩踏到萤火虫），再加上树屋本身的特殊性，这样的萤火虫主题树屋会带给住客非常难忘的体验。在崖壁上的民宿也大抵如此。星空房则因为其顶部是透明的，能赏星观月的，所以若偶尔飞几只萤火虫过来，透过透明顶部看到萤光，也是非常特殊的体验。

（三）萤光房产

萤火虫自带的明星效应是很好的销售噱头，其对优质居住环境的象征指示和品质提升，都决定了萤火虫可以对房产（尤其是在较好的生态环境中的小别墅、联排等特殊房产）的品质和销售有促进作用，其打造方式有如下几种：

（1）房产周围有萤火虫起飞，作为房产周边优质环境的象征和指示，是一个重要的宣传销售噱头。

（2）在有些具有小院的别墅房产中嵌入萤火虫的元素，将萤火虫养殖在别墅附近，并在小院里设计营造假山或池塘等小型萤火虫栖息地，让萤火虫长期栖息在小院里，打造真正的“萤光小院”“萤火虫房产”，推出“买房送萤”活动。

（3）在房产集中区附近的某个地方专门养殖大量萤火虫，并发展萤火虫农场，作为业主免费的赏萤休憩区，还能吃到生态有机的萤火虫农产品。

（4）可以在私家独栋别墅或小院中营造适合萤火虫栖息和生长的生态环境，简单管理后即可长期赏萤，打造私享的养神养心“萤光小院”。

（四）萤光酒吧

萤火虫代表浪漫和情调，特别受年轻人的喜爱，因此，萤火虫还很适合酒吧、夜总会和迪厅等场所。与上述业态不同，萤火虫若应用于年轻人的夜生活中，主要有如下结合点：

1. 集中欣赏

若是大型酒吧，最好建造一个玻璃或亚克力板制作的透明网红造型，里面设计成适合萤火虫养殖和展示的生态环境，方便在此养萤和集中赏萤；若没有这样的大地块，则只能把萤火虫置于一些有造型的小型养殖和展示器具中供顾客欣赏。

2. 桌面欣赏

可以在顾客桌面上摆放由网红器具盛放的萤火虫，私人欣赏，或作为私人生日派对等的礼物，由客人放飞；当然了，也可以用包场的形式，结合私人派对，搞大型萤火虫放飞狂欢活动。

3. 精致礼物

可以做成各种造型的价格不一的活体萤火虫礼物，点单的时候顺便下单或挨桌售卖，可以作为送给情侣或朋友的特殊礼物，尤其是在特殊节日的情况下。

4. 萤火虫酒

研发萤火虫主题的网红酒，包括一按就发荧光的酒瓶、用萤火虫代言酒的原材料水质好的“萤光文化酒”，包括白酒、红酒、特色养生酒等。

5. 主题活动

作为良好的交际场所，在酒吧等场所可以利用萤火虫发光求偶的行为特性举办各类异性相识交友的趣味活动，吸引年轻人参与，这样酒吧会变得更有吸引力，从而促进消费和拉动客流。

（五）萤光茶馆

由于萤火虫的空灵与茶道的静修有精神上的相通之处，所以，萤火虫也可以与茶馆相结合，但主要适合于面积较大、有生态场所、比较重视茶道文化且较为高雅的茶馆。

与上述业态不同，萤火虫与茶馆主要有如下结合点：

1. 养萤赏萤

在茶馆生态环境较好的区域或特殊造型器具中养殖一定量的萤火虫，在固定区域赏萤，或将盛放萤火虫的器具放置在茶座上供客人欣赏，但都需要光线较暗。

2. 文化活动

可以在茶馆中举行与萤火虫科普和文化相关的各类讲座或活动，打造“萤光茶道”品牌，倡导顾客“喝茶修身、赏萤养心”，提升茶馆文化软实力和新品牌。

3. 产业联动

茶馆与“萤光茶园”相联合，给顾客泡制“萤光茶”并推介销售“萤光茶”，可以把萤光茶及茶食品、萤火虫文创产品、活体萤火虫等作为伴手礼销售。

三、文化

由于萤火虫被誉为“昆虫界的大熊猫”，在世界各地都是著名的发光昆虫且广泛存在，而且，萤火虫具有深厚的文化底蕴，不同的国家和民族都有不同的萤火虫文化，因此，萤火虫的文化产业具有世界民众和文化基础，具有做成世界级 IP 和文化产业的潜力。萤火虫文化产业可能会是将来的一个爆点、冷门和行业黑马。

萤火虫产业其中一个巨大的威力点在于萤火虫文化的挖掘，因此，只有深度研发各类萤火虫文化产品作为产业的“金字塔尖”，将“文化特性”转变为“经济效益”和“产业价值”，才能真正做大做好萤火虫综合创意产业链，这一点应该引起萤火虫产业从业者的高度重视。

萤火虫文化产业可以分为以下 3 个层面：（a）萤火虫文创产品；（b）萤火虫文化产品；（c）萤火虫文化产业。其中，文创产品主要是指那些与萤火虫（文化）有关的各类物化的文创性甚至科普研学性产品（包括活体萤火虫及其器具组成的产品），文化产品主要包括与萤火虫有关的文化活动及其少许的相关器具或产品，文化产业是指所有以萤火虫文化素材做成的相关产业。简单来说，三者就是“产品”“活动”“产业”的区别；“文创产品”的“产品”与“文化产品”的“产品”的不同之处在于前者的“产品”不需要依附萤火虫文化活动，可以独立使用，但后者的“产品”是依附于相应的萤火虫文化活动而使用的。

（一）萤火虫文创产品

萤火虫文创是萤火虫产业链中的基础和重要的一环，文创产品研发主要依托的是萤火虫的文化底蕴和萤火虫生物学特性，主要市场目标是文创产品和科普研学产品，可以作为萤火虫景区的伴手礼、文创产品、旅游产品或旅游设施，也可以作为科普旅游或研学游的配套产品。需要提醒的是，萤火虫文创产品不能只是停留在表象的研发，而是要深层次挖掘，尤其是结合文化（包括当地特色文化因子）。

萤火虫文创产品林林总总，多种多样，不拘一格，开发思路数不胜数，大概可以分类如下。

1. 活虫类

主要是作为科普活动和研学游的延伸产品，也可以作为普通大众的家庭和办公室宠物，主要包括幼虫和成虫。其技术核心就是设计合适的养殖或欣赏器具，能让萤火虫幼虫或成虫在其中生活得久，且易于管理和赏萤效果较好。一般都是透明材质（塑料、玻璃、亚克力等），但最好不是玻璃类，因为玻璃易碎，且不利于运输。器具要轻便，不能太笨重，尺寸不宜太大，便于运输。集中一些养萤的要素即可，不必太复杂而导致成本过高，主要考虑的元素包括设置的环境阴暗潮湿、适宜萤火虫生长，有适合喂饲饵料和清理食物残渣的器具，若是水生萤火虫则还要考虑容易换水。还要考虑外观的美观性和艺术性，比如，可以和竹盆景结合，打造“竹萤盆景”；可以借用万花筒和放大镜的原理精巧设计以获得更好的赏萤效果。这类产品，除了产品本身的设计和制造之外，还要注意营销技巧，比如，购买若干只萤火虫后可以免费送养殖/赏萤器具，比如，在器具外表张贴二维码，顾客扫码后可以进入一个公众号，公众号中有技术人员免费辅导养殖和赏萤技巧，且顾客之间可以分享养殖心得，加强了顾客的互动和黏性消费。

除了上述的研发器具养萤作为文创产品之外，还可以根据古时玩萤传统研发有趣的活体赏萤产品，比如，在豆荚、鸡蛋壳、秸秆或其仿制品中放入萤火虫玩赏等。

日本的玩萤文化和方式可以启发赏萤类文创产品的研发。古时的日本人收集萤火虫是为了个人娱乐，萤火虫也作为商品被收集和大量出售。而在近代大多数出售的萤火虫都是野外采集的，主要是较大的源氏萤。人们将萤火虫按其产生光的强度进行分类，然后将几百只萤火虫与洒有淡水的湿润草地或草皮一起储存在覆盖着纱布的盒子或笼子里（图 8-1）。

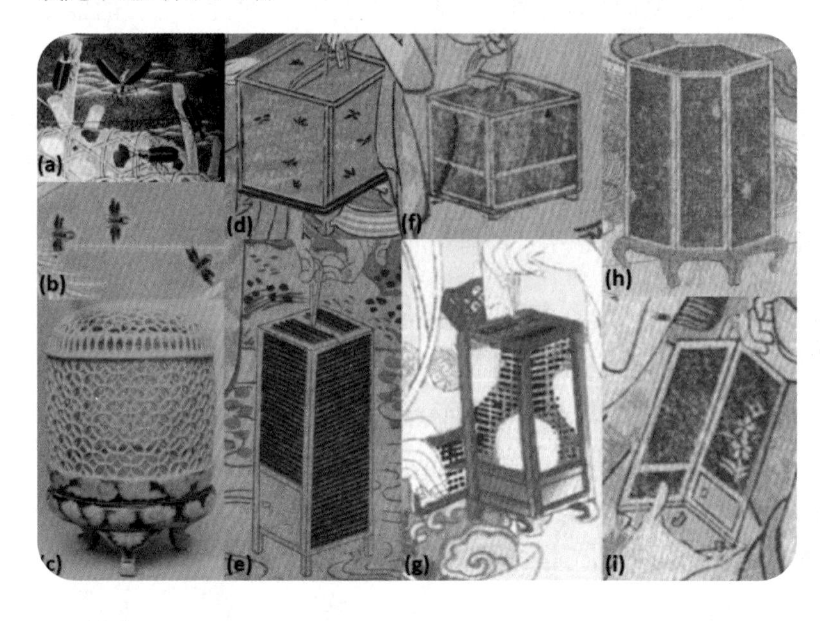

图 8-1　古代日本人使用的萤火虫笼（论文引图）

2. 玩偶类

玩偶类玩具深受孩童和年轻女性的喜爱，因此，若将萤火虫形象做成各类玩偶必然有较大的市场。目前，萤火虫玩偶并不多，且存在如下问题：(a) 玩偶造型不太像萤火虫，且有些形态学设计上的硬伤，不严谨；(b) 做工和质感参差不齐，有的手感很差，制作粗糙；(c) 基本没有具“发光”功能的萤火虫玩偶，没有体现出“发光”这一萤火虫最大的、最有趣的特征，更鲜有加入萤火虫文化内涵的高品质玩偶。这些问题也为未来萤火虫玩偶类文创产品的研发指明了方向。

3. 首饰类

古时候，隋炀帝的妃子把萤火虫抓来装进簪子里，插在头上，照亮人面。如今汉服回流，与汉服搭配的古风首饰日新月异，夜间发光的也有，但是没有寓意。可以借此制作高端的古风萤火虫饰品，用灯模拟光亮，如花朵发簪上趴着一只发亮的萤火虫这类设计。当然，旅游景区内也可以制作一次性耗材类的萤火虫发箍，塑料质地即可，在现有的发光发箍基础上改良，融入萤火虫形象。

首饰类是非常适合且受游客欢迎的一类萤火虫文创产品类型，只要设计精巧且价格适中，一定会有较大的市场空间。首饰类萤火虫文创产品主要包括以下类型：

①胸针类：有各种萤火虫的美术造型，有的大有的小，有的复杂有的简约，有的能发夜光，有的不能发光，鱼龙混杂，造型精美、做工精良、夜晚能发荧光的胸针最受欢迎。

②发卡类：轻巧材质，精巧设计，能发荧光，成本低廉，可以是简易发卡，也可以是精致发簪。

③手镯、项链、耳坠等贴身饰品：质感较好，不伤皮肤，能发荧光，有萤火虫造型，有些也可以把萤火虫“琥珀”作为项链或耳坠，但这种情况最好是赠送者亲手用萤火虫标本制作而成更有意义，因为萤火虫琥珀类饰品并不美观，而更侧重赠送者的情义和特殊意义，很适合作为情侣礼物或亲子礼物。

④荧光贴纸或荧光粉适合孩童玩耍，发光纹身贴纸适合夜店和年轻人。

⑤其他萤火虫发光类穿戴，如头饰、翅膀、手环、眼镜、项圈、头圈、脚圈等。

⑥鞋底或鞋面能发出“荧光”的荧光鞋。

4. 针织类

在针织物上加入萤火虫形象或元素制作的文创产品，不仅美观，而且具有实用性，因此也深受顾客喜欢，尤其是情侣类和亲子家庭类文化衫更受欢迎。

萤火虫主题针织类文创产品主要包括衣服和布包两大类，其中，衣服包括文化衫、T 恤、工作服、外套等（图 8-2），布包包括小提包、帆布袋等，甚至也可以做成小手帕等其他形式。

针织物上的萤火虫元素包括以下几种情况：真实萤火虫的精美照片、顾客与萤火虫的合影照片、抽象的 IP 性质的萤火虫图案、单个萤火虫形象、萤火虫意境图、萤火虫美术作品等；可以是黑白色，也可以是彩色，甚至可以用荧光粉末发出“萤光”；可以是较为自由和灵活的单人版，也可以是一雌一雄具有象征意义的情侣版，还可以是“雌雄成虫守护萤火虫卵或幼虫”的具有“萤火虫家族”含义的亲子版。

图 8–2　装扮成一只萤火虫
（Lynn Frierson Faust 摄）

5. 文创类

此类型主要包括传统意义上的狭义的文创产品，如带有萤火虫图案或文化意境或造型的贴画、书签、明信片、笔记本、手账、冰箱贴、手机贴、钥匙扣甚至表情图、邮票等，其中，冰箱贴、手机贴、钥匙扣等饰物中的“萤火虫”若能“发荧光”则会更增加其实用性和吸引力。另外，还有一种情况就是与当地特色文化元素的嫁接，比如，结合乐山大佛，可以开发“禅意萤光”文创作品，将“拜佛”和“祭萤”以及“祈福”“许愿”等结合起来，形成一种具有地方文化和物种技术特色的唯一性文创产品。当然了，这类文创产品也可以分为单人版、情侣版和亲子版而分别设计不同风格。除此之外，还要善于运用多媒体技术和云宇宙技术，比如，将绚烂的萤火虫视频投放到多屏幕教室做成沉浸式赏萤点，把人 3D 扫描后抓取人的影像放入萤火虫视频中制作成视频纪念旅游产品。

6. 美术类

在世界多国历史上的多种美术作品中都出现了萤火虫的元素，因此，诸如油画、国画、陶艺、工笔画、版画等各种艺术类型作品中都可以加入萤火虫图案或各种文化故事等，成为一种特殊的美术文创产品（图 8–3 至图 8–5）。

图 8–3　扇

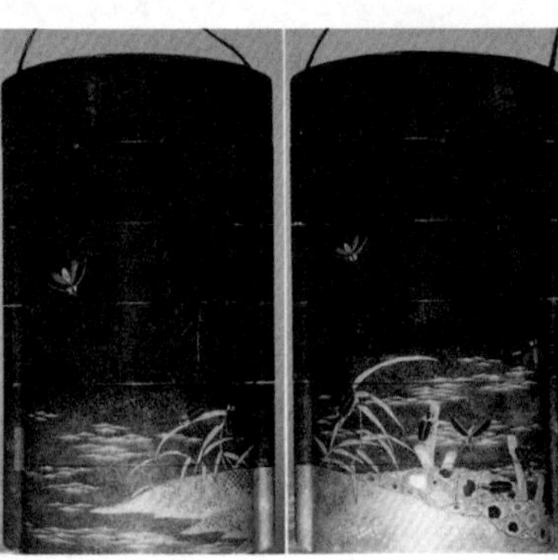

图 8–4　漆器

图 8–5　绘画

7. 玩具类

开发具有萤火虫元素的各类玩具也是有一定市场的。比如，针对孩童开发的遥控飞行萤火虫玩具，类似无人机的操作，且在黑夜中熠熠发光，几个孩童之间还可以合作搞体验式活动或比赛，必是酷炫且能促进沟通交流的好玩具、好游戏，还可以开发萤火虫积木、拼图和金属拼接摆件等。比如，针对成人可以开发萤火虫造型的打火机，要么是萤火虫的品牌，要么外壳是萤火虫的造型、点火处正好是萤火虫的“发光器”，这样，一打火，就好似萤火虫在“发光”，甚为有趣。

8. 灯具类

萤火虫具有发光的特性，所以，萤火虫主题或元素的各类灯具饰品自然就是比较畅销的文创产品。

萤火虫主题文创灯具包括：实用型的照明灯、模拟萤火虫发光的呼吸灯、营造荧光浪漫的氛围灯、用投影技术设计制作的极像萤光的投影灯，以及延伸的卧室灯、节能灯、点烛台以及手表、钟表的荧光指针，甚至还有圣诞树灯（将萤火虫呼吸灯挂在圣诞树上）、小橘灯等。

能用来照明的实用型灯具主要是借用萤火虫的文化元素，分别制作成针对青少年学生的励志型“囊萤夜读灯（或灯具模型）”和针对情侣的浪漫型“一生只为你点亮”爱情灯。

更有甚者，还有科研人员参与开发了技术感很强的灯具。为了让都市男女也能感受到萤火虫的浪漫，美国电气工程师托玛索设计了一款萤火虫灯，可以在室内制造出萤火虫飞舞的效果，十分有趣。萤火虫灯的外形像是古典的欧式灯笼，一个大大的圆球状玻璃外罩内有不少电子萤火虫。这些萤火虫都是独立的无线发光体，受到灯罩内的无线系统的控制，可以不断闪烁和随意飞舞。它们在触碰到灯罩的时候，发光的颜色还会瞬间改变，相当梦幻。萤火虫灯有多种型号，不同型号灯内的萤火虫发光颜色不同。此外，萤火虫灯还可以利用太阳能进行充电，十分环保。

9. 综合类

综合类的文创产品主要是指不易归入上述类型的各类情况。

研发制作的各类造型的赏萤器具、景区各类萤火虫景观小品（包括萤火虫造型的路灯、大门、网红造型等）和各类萤火虫主题设施，如萤火虫造型的赏萤场所、民宿建筑、主题厕所（厕所外部的萤火虫画、模拟萤火虫雌雄发光器规律区分男女厕所、悬挂萤火虫文创或图片、萤光灯投影）等。

萤火虫主题绘本、连环画、有声读物等也是一种特殊的萤火虫文创产品。将文化知识与萤火虫结合起来进行绘画，融合现代信息技术，每一页中有二维码，里面包含萤火虫生物学知识与文化小故事，所展示的萤火虫都抹上荧光粉末，使其闪闪发光，增加图书的吸引力。

还有一些融合了多种文化元素的综合设计类文创产品：

（1）禅意萤光之“萤光之炬”。佛教中非常喜欢用火炬来代表光明，因为火炬是古代人在黑暗中取得光明的一个最常用的手段，而且这种光明是会带来类似于太阳的光和热。佛教认为宣讲佛法就是在黑暗中给大家指引光明，而火炬的这种特征就完全符合教义。

将佛教元素如宝瓶、宝盖、双鱼、莲花、右旋螺、吉祥结、尊胜幢、法轮等，设计成火炬下面的长把手，然后以萤火虫汇聚成光的创意元素设计成上面的火源。可做成一个相对独立的微景观，供游客打卡拍照，也可以设计成沿途的创意路灯等。

（2）竹里萤光之“飞萤流星”。对着流星许愿能让你所祈祷的美好成真，流星作为一种自然现象，在人们心中是对美好生活向往的寓意。萤火虫的短暂生命，犹如流星一般划过，却留下了让世间惊艳的微光，温暖而美好。

利用竹林或森林幽深静谧的环境，设计以萤火虫为创意的流星灯，可利用声音感应、热感应等原理，或是控制亮灯时间和时长，待游客走近，竹林里的萤火虫流星灯就会突然闪耀，犹如流星般划过黑暗，中心搭建一个许愿亭或者许愿台，让游客许下美好的愿望。

（3）隧道萤光之“一路萤你”。利用隧道的空间特点，利用声音感应、热感应原理等控制隧道里的光，让人们从进入洞口的那一刻起，随着自己的前行脚步依次点亮，直至走到洞尾的时候，整个隧道会全部亮起来。

可在设计这个特别创意的时候，就将景观创意玩法进行公开说明，一人站在洞口，一人站在洞尾，当洞尾等待的人等到从洞口过来的人的时候，不仅等待到了人，而且还等到隧道的灯火通明，犹如开启一条光明、幸福、圆满的爱情之路。

（二）萤火虫文化产品

萤火虫文化产品主要包括与萤火虫有关的文化活动及其少许的相关器具或产品。

萤火虫文化活动的主题或类型主要有：

1. 纯粹的与萤火虫直接相关的主题活动

结合萤火虫景区旅游活动举办萤火虫诗词大赛、猜谜大赛、歌曲大赛、摄影大赛、萤火虫祭、萤火虫田园文化艺术节等直接与萤火虫文化有关的活动。每种活动都要精心策划和探索其商业模式，比如，萤火虫主题摄影就可以分为单纯的拍摄萤火虫和人与萤火虫合影两类情况，也分为拍摄自然状态的萤火虫和装入器具后有一定造型的萤火虫两类情况，也分为机器自动拍摄、专业人士现场拍摄和自行拍摄等几种情况，也分为便装拍摄和租赁汉服拍摄等几种情况，也分为个人照、情侣照、亲子照和婚纱照等几种形式，也分为单纯的拍摄和拍后上传网站进行评选并延伸出系列活动等几种模式。

2. 萤火虫娱乐活动

除了举办少数与萤火虫直接相关的主题活动，还可以举办若干以萤火虫为由头的其他娱乐活动，比如，萤火虫音乐节、电音节、啤酒节、红酒节、爱情节、露营节、亲子节、美食节、购物节、科普节、电影节、相亲节、光影节等各类主题节日以及“寻找乡愁（老年游客）”和“萤火虫夏令营/嘉年华（青少年学生）”和萤光夜跑、萤火虫漫展等主题活动，甚至某些电视台节目也可以采用萤火虫做背景。

除了这些节日性的娱乐活动，还有被称为“萤火虫表演”的娱乐性活动，比如，用打火机、香烟尤其是汽车尾灯可以很明显地诱导穹宇萤的集体同步发光，蔚为壮观。因此，可以做一种踩踏或按钮红灯刺激萤火虫的游戏或体验项目，可以每晚较为固定的时间用尾灯刺激萤火虫发光，举行萤火虫表演。

3. 萤火虫主题演艺庆典

萤火虫发光以营造浪漫气氛的特征，使其很适合作为各类演艺和庆典的增色素材。将萤火虫创意性地嫁接到很多传统演艺庆典活动中去，就可以产生很多新生事物或业态。

比如，举行一些结婚庆典或各类大型（庆典）活动时，可以放飞萤火虫，以创造特殊的温馨、浪漫气氛，增加活动的特色及吸引力；除此之外，在特殊的节日，如圣诞节，还可以在圣诞树上挂饰萤火虫幼虫或成虫，亦可挂萤火虫呼吸灯，形成特殊发光的“萤火虫圣诞树”，会形成一定的新闻、轰动和眼球效应。

总体来说，萤火虫主题庆典中，最常见最受欢迎的活动形式当属各类“萤火虫放飞”活动了。萤火虫放飞大概分为以下几种形式：

（1）婚礼萤火虫放飞。是目前最新最有潜力、市场最庞大的项目，可以是自己结婚定购，也可以是定购萤火虫送给结婚的朋友，除了在草坪或树林中，还可以在溶洞中举行萤火虫婚礼；

（2）生日萤火虫放飞。生日人人过，年年过，如果做好了，市场很庞大，一般是年轻朋友和孩童最喜欢用这种特殊的礼物表达对亲朋好友的祝福；

（3）情人节礼物。主要针对有消费能力的年轻人群体，可推出象征爱情的萤火虫精美礼盒，通过这种别出心裁的象征爱情的礼物来表达自己的爱意；

（4）庆典萤火虫放飞。公司开业、楼盘开盘、产品发布、周年纪念、晚会、聚会等等一系列大型活动均可放飞萤火虫，通过这种特殊的庆祝方式，可以提高该活动和公司的知名度以及众多媒体的关注；

（5）各类公园等举行的萤火虫放飞商业活动。通过放飞很多萤火虫，吸引游客前来购票观赏，其实就是一种简易版的赏萤旅游活动。

放飞萤火虫需要注意的是：

（1）萤火虫必须是人工养殖的，且最好是已经产卵过的，不能野外捕捉或影响萤火虫的繁育；

（2）要保证萤火虫的活力，使用适宜的放飞器具，掌握释放技巧，否则，万一打开器具后萤火虫不飞或飞舞效果不佳，那就事与愿违，好事办成坏事了；

（3）要选好萤火虫的种类，设置好放飞的时间和环境，甚至在新娘、新郎身上喷洒部分萤火虫的性诱剂或甜水等吸引萤火虫在新人身边飞舞；

（4）放飞场景要布置得温馨、浪漫，尤其是灯光要调试到位，甚至还要配合合适的音乐，选择好放飞萤火虫的时间段，设计好放飞的程序和仪式，配好放飞的讲解词，确保萤火虫放飞后的效果；

（5）要研发使用合适的放飞器具，包括放飞许愿瓶、不同放飞方式的器具等，甚至研发和使用萤火虫主题婚庆小瓶用酒（酒瓶能“发荧光”的网红酒），这样能提升放飞效果和体验感。

萤火虫可以作为生日贺礼、求婚利器和七夕情侣表达爱意的新宠，其使用案例如下：

（1）生日贺礼。在女友生日当晚，小伙子用丝巾蒙着女友的双眼，牵着她来到一个舞台上，当他悄悄地放飞 1 314 只萤火虫的同时，解开了女友的丝巾，女友惊喜地在原地转圈，手捧着熠熠发光的萤火虫，激动地扎进了他的怀里……

（2）婚礼放飞。婚礼开始，在司仪的指引下由伴娘、伴郎拿出盛放着萤火虫的精美器具，新娘、新郎接过后，手捧器具，闭上眼睛，许下心愿，灯光缓缓熄灭，双方共同打开器具，缓缓释放出萤火虫，萤火虫围绕新人轻柔飞舞，点亮一盏盏爱的灯火。婚礼进行曲响起，所有的来宾都点燃一根白色蜡烛，上千只萤火虫飞舞在婚礼现场，引来一片惊呼。

将萤火虫装入透明纱中，外面用不透明物包装，用氢气球固定好，下面连一条透明鱼线，放在婚礼舞台的上方，全场追灯一对新人。新郎问新娘“在今天这个神圣的时刻，我的爱人有什么需要我做的吗？”新娘说“我想要天上的星星，你能为我摘下来吗？”新郎高声应道“能”，便顺着鱼线“摘下”“星星”——萤火虫献给美丽的新娘，两人一起深情放飞萤火虫。

在婚礼仪式上，将萤火虫装入透明的玻璃容器中，为每一桌的客人献上“满天星”，代表对新人和宾朋的祝福。

在夜间举行的草坪室外婚礼上，新人手挽手漫步在草坪上，小小伴郎、伴娘在他们身后悄悄放飞出美丽的夜精灵，萤火虫缓缓飞舞萦绕在新人身边，仿佛来到了梦幻般的童话世界，寓意和祝福着新人永远相亲相爱。

（3）放飞许愿。许愿树要精心打造，树干可以包缠仿真蝴蝶，树冠包缠萤火虫呼吸灯，打造“萤蝶许愿树”，也是网红打卡树。每位游客领取装有萤火虫的许愿瓶，利用许愿瓶体验囊萤夜读的效果，在许愿瓶上签字标记成为专属的许愿瓶，合影留念。

在放飞台许愿后，打开瓶子放飞萤火虫，萤火虫飞往神树，放飞台周围设计几条与神树相连的悬挂萤火虫玻璃瓶的连接绳，每位许愿放飞的游客均可体验敲击萤火绳或者依次触摸萤火绳上的玻璃瓶，触发萤光依次亮起传递到神树的场景效果。

神树的灯光效果也可以采用可控、可变化的灯带，可以配合游客敲击萤火绳，将美好的愿望传递到神树顶端的幸运星的效果，增强许愿放飞的仪式感，萤光与灯光营造出将美好愿望传递出去的具象化效果。

放飞许愿要做好每个环节，充分体现仪式感和庄重感，尤其是做好提前预热、氛围音乐、许愿时间、许愿词、萤火虫放飞等环节，其中，许愿词可以参考如下：

传说每一只萤火虫都是天神派到人间的天使，只要对着萤火虫许愿，它就会把你的愿望带到天神那里实现。

请大家凝视你手中的萤火虫，在这个美好的夜晚，看着你手中熠熠发光的萤火虫，你有没有想到生活中那些为你发光、照亮黑暗的人呢？你的父母生你养你，你的孩子给你带来欢乐，你的朋友为你遮风挡雨，你自己历经艰辛、不断成长，国家和社会为我们创造安宁，带来幸福。

此时此刻，让我们心怀感恩之心，感谢亲朋，感谢国家，感谢自己；

此时此刻，请您闭上眼睛，面对萤火虫许下心愿，祝愿亲朋安康，祝愿自己幸福，祝福祖国昌盛；

请您睁开眼睛，一起轻轻地打开器具，放飞萤火虫，让可爱的夜精灵把我们最美好的祝愿带给天神！

让我们一起倒计时，3、2、1，放飞！！

4. 萤火虫欣赏延伸产品

为了提高赏萤效果，增加其他科技元素和体验性，可以研发其他若干赏萤景观或商业模式。

借鉴万花筒和多重镜面反射的“无底洞”原理，可以打造多种形状的四面、五面、六面及多面的“萤火虫镜面屋”，打造出多重反射的幻境般的萤光秘境，与普通赏萤效果差异很大，但要注意的是，反射材质的选择、萤火虫器具或活体如何摆放和呈现、如何设置开关门等都会决定最终的呈现效果。除了镜面房间的打造，还可以依据该原理，将“萤光隧道”或赏萤棚的顶部放上镜面膜，也会呈现出“萤光秘境”的感觉，要善于灵活运用，且要注意细节技术，最终呈现出美好的赏萤效果。

除了最新技术研发的各类“萤火虫镜面”欣赏设施，还可以与传统的“星空艺术馆”结合，改造提升，将活体萤火虫和荧光灯加入，将萤火虫文化元素和互动体验活动加入，就一改之前没有“活性”和“灵性”的弊端，打造全新的“萤火虫主题星空艺术馆”，也是一种新的商业产品和模式。

萤火虫文化产品的商业运营模式上也需要做较大的革新和完善，可以借鉴网红恐龙体验馆和土拨鼠俱乐部等，或者打造网红性质的“萤光馆”或“光之馆”或“发光馆”，设计融合了萤火虫欣赏、文化、互动、体验、亲子、刺激、有趣等综合元素的新业态，再将IP、技术和商业模式等对外输出。

5. 萤火虫延伸文化活动或产品

借用萤火虫的诸多文化元素，可以延伸出多种文化活动或产品：

萤火虫和相亲的结合：与妇联等政府组织联合，设置萤火虫主题的互动体验有趣的新型相亲活动，并邀请相亲成功者免费或优惠价格到相关联的萤火虫景区去许愿、约会、求婚、拍婚纱照、举办婚礼、将来亲子活动等，产生多次消费。

由于萤火虫又被称为“发光的钻石”，可以与钻石生产商和销售商联合搞题为“萤火虫与钻石”的“合作共‘萤’”文化展销活动，与求婚、婚庆等活动联动；还可以与电影院合作，在观赏电影之前的黑暗环境中，放飞萤火虫以制造惊艳氛围；萤火虫表演可以与魔术表演结合在一起，突出萤火虫的神秘性；结合抖音和直播、科普小视频等形式，售卖活体萤火虫或相关文创产品；研发萤火虫呼吸灯、萤火虫主题香水。

与道教文化相结合，打造“萤里论道”“空灵养心”品牌和活动；与佛教文化结合，放飞萤火虫祈福，打造“禅意萤光”品牌：闪烁的萤光与禅的空灵和静谧一脉相承；萤光与禅都代表着智慧、光亮，更是象征着黑暗中的希望；禅是养性，萤是养心，异曲同工；禅修主要靠顿悟和自修，萤火虫也是需要自己努力才能真正地“点亮”自我；萤火虫本来就是普通的甲虫，因为能发光而变得不普通，就像人，本来是很普通的，但由于有了智慧和禅性而不普通；萤在黑暗中发光，犹如“参究禅定，那就如暗室放光了（见《六祖坛经·坐禅品第五》）”；综上，萤火虫与禅意在精神层面和文化层面有诸多相通之处，两者可以融合，构造“禅意萤光”和“萤光禅”IP，成为一种新的文化产品；“萤光禅”的内容很丰富，既可以发展“萤光－禅光”，也可以把“萤光”与佛教的“圣灯”结合推出文创产品（“禅灯”）和文化活动，可以售卖新型产品“禅萤”，结合汉服“摄萤”，推出“疎萤禅榻”主题房和禅萤绘画及“萤火虫放飞许愿祈福”之类的萤火虫文化活动。

（三）萤火虫文化产业

文化产业是指所有以萤火虫文化素材做成的相关产业，大概有如下类型：

1. 打造萤火虫主题酒店、餐厅、书吧、酒吧、咖啡厅（“萤巴客”）等新型业态

探索新的商业模式，进而加盟复制推广。这些都已经在上一小节“食宿”中有所阐述，在此不再赘述。

2. 打造萤火虫 IP

作为一种明星物种，很多萤火虫文化元素尤其是积极向上的精神文化都可以写入小说、剧本、绘本，进而拍成动漫、电影、舞台剧等文艺形式，并延伸出相关的文创产品，做成一类新主题的文化产业。

针对幼儿群体，可以借鉴“喜羊羊与灰太狼”“蓝精灵”“唐老鸭和米老鼠”等形象创造萤火虫的网红形象（“萤小乖”“萤宝”“萤仔”等），拍摄动画片，出版绘本，编排舞台剧巡演，研发系列文创产品，做成一个大产业。

针对情侣和年轻人群体，可以将萤火虫打造成一个象征纯美爱情和包含年轻人文化元素的IP或产业，搭建以萤火虫为主题的恋爱平台，拍摄爱情题材的电影，甚至在游戏中加入萤火虫元素（如2022年4月14日上线的《王者荣耀》新英雄桑启自小受“萤火祖树”照拂长大，整体服饰轻便宽松，以生命之绿和萤火之黄组成，当敌人出现时，萤火可以受阿启木剑指挥，为他提供强大助力，给大家带来希望和勇气），还可以作剧本杀之类的故事性萤火虫场景式体验，也可以把某些萤火虫文化典故编写成体验式场景，成为萤火虫景区的文化项目之一。

针对中老年群体，可以拍摄以“光”为核心元素的正义社会题材电影和以乡愁等文化元素为题材的电影，或者以萤火虫为主题，选用中国传统萤火虫故事，打造富有文化底蕴又有趣的演艺庆典，如京剧《千里送京娘》《送京娘新》、昆曲《千里送京娘》中演绎的都是“赵匡胤搭救赵京娘，最终京娘身亡化作萤火虫为赵匡胤照亮黑夜进程”的故事。

除此之外，还可以拍摄萤火虫主题纪录片或发展萤火虫与音乐等结合的产品或产业。值得注意的是：萤火虫题材具有拍摄电影大片和经典动画片的潜力。

3. 萤火虫IP的策划设计运营

类似大熊猫，作为一种享誉世界的明星物种，适宜的萤火虫IP的打造显得较为可行和异常重要。可以想象，一旦把萤火虫树立成大熊猫、唐老鸭米老鼠级的世界级IP，其延伸的相关文创产品能有多少，其产业威力能有多大。当然了，在设计萤火虫IP和重视IP经济的同时，要注意相关商标的注册保护。

下面，以四川虫生生物科技有限公司联合广西涵洲文化传播有限公司推出的“萤仔”“萤小乖”等萤火虫IP及其系列文创产品为例说明。

萤仔

YINGZAI

通过对萤火虫核心元素（触角、翅膀、发光器）提炼进行美化，经过调研后得到的核心萤火虫吉祥物形象。头部云朵形象表现萤火虫单纯的灵魂性格。心形发光器在遇到喜欢的人时候可以发光。

肚子的心形发光器像电量显示一样，当两个萤火虫电量饱和后，迎来的却是死亡。体现萤火虫为爱而活

3D萤仔形象

3D YINGZAI XINGXAING

强识别性超级符号讲解

心形发光器

本元素在后续文创设计中可以进行广泛的应用与特色的突出。
特别设计的心形符号能够让消费者更容易记忆从而转化为购买欲望。

心形翅膀

本元素保留萤火虫原有翅膀的透明质感，同时进行心形的变形。两个超级符号的配合使得萤仔形象在同质化严重的文创设计中脱颖而出。

萤小乖

YINGXIAOGUAI

通过对萤火虫核心元素（触角、翅膀、发光器）提炼及美化，本吉祥物受众为儿童，圆滚滚造型更加呆萌。

保持童真主题是指萤小乖对世界具有强烈的好奇心，保持着生命初期对生活的无限热爱。

3D萤小乖形象

强识别性超级符号讲解

闪电尾巴

本元素是萤小乖形象的核心识别元素，闪电形态的尾巴像触角一样对世界有着各种各样的兴趣试探。这是孩子才会有的童真。当它成年后尾巴就会消失。

适合塑造IP的萤火虫文化元素：萤火虫象征着“光明”“爱情”“浪漫”“神秘”“环保”“爱”等，甚至被喻为“心灯”（养心之器），若从人的内心深处来分析，人们为啥喜欢萤火虫？人们为啥多怕黑？是因为人本性中就惧怕黑暗，黑暗中发出的“光”会给人安全、希望。萤火虫在黑暗中发出萤光，就能给黑暗中的人们以光亮的指引和慰藉。这些文化底蕴都值得深度挖掘，作为文化产业素材。

除了上述直接的文化元素，萤火虫还可以引申出其他的寓意，比如：“萤火虫成虫期短”可以寓意“人生苦短”，在赏萤的过程中可以阐释人一生的故事，与萤火虫产生共鸣，使赏萤过程寓意化；比如，可以构建“萤火虫家族”并研发公仔等相关系列文创产品，人生的很多重要时间点都有萤火虫（童年、恋爱、结婚、老年等），将萤火虫拟人化、情感化，通过感人的文案策划给人情感的活动，进而实现情绪消费。

还可以把萤火虫的文化IP移植或嫁接到其他产业中诞生新型文化产业和商业模式。比如，萤火虫可以为优质水源的矿泉水或白酒企业环境和品牌代言，并推出“喝一瓶水/酒，捐一/十元钱助力萤火虫保护”等企业公益活动。比如，在“光”上做足文章，结合世界知名的灯光团队和商业模式，将“萤光”和“萤火虫”元素嵌入，结合真实萤火虫的欣赏，推出新一代的“光影秀”产业，打造“色诱”这样的世界级商业品牌。比如，在“火”上做足文章，甚至可以结合彝族的“火（火把节）”文化，做具有民族特色和文化元素的新型产业和活动。

4. 萤火虫文化主题平台创建

萤火虫可以与娱乐、爱情、文化、教育、心理等产业结合，创建平台型产业模式。

比如，组建萤火虫乐队，最好来自具有丰富萤火虫资源的少数民族地区，以“萤火虫”命名，主创与萤火虫有关的歌曲，讴歌与萤火虫有关的文化和精神，加入原生态的民族和文化元素，在网络平台播出视频，成为网红乐队，售卖音乐、文化的同时，还可以通过网络直播等方式，为自己家乡的萤火虫景区和萤火虫农业等代言和售货。

比如，成立一个以萤火虫文化为主题的恋爱、交友、相亲平台，创建新颖、有趣、健康的交友方式，拓展交友面和功能，从相识到相知到相爱，还兼有交际及恋爱指导，辅助年轻人更好地交流和恋爱，也为社会解决婚恋问题，还可以与萤火虫景区及相关产业联动，引导这些网络平台客户到这些景区销售和购买相关产品。

比如，成立一个“萤光教育”的家长教育和亲子教育网络平台，倡导正确的教育理念，培养家长掌握正确的教育理念，学会亲子教育知识，做“发出微光照亮孩子成长道路”的“柔光型照耀型”“萤火虫父母”而不做“虎爸虎妈”，并引导这些家长去萤火虫景区或与孩子一起养殖萤火虫等来改善亲子关系，同时售卖一些教育产品。

比如，创建一个网站，致力于解决青少年的心理问题，通过加入萤火虫等元素，让访客了解心理知识，主动与网友或医生对接，购买心理理疗产品，通过结伴去萤火虫景区赏萤和交友等方式，辅助缓解和治疗心理问题。

比如，借用萤火虫“养心静心”“慢生活”的文化特征，建立一个人际交往组织或平台，邀请追求健康慢生活的人群，一同到萤火虫康养基地修身养性，种植萤火虫农产品，交流交友，做成一个享受生活、人际交往和资源整合的平台。

除此之外，还要借用萤火虫的明星效应和网红特征，大力开展萤火虫网络直播，通过直播等形式销售萤火虫宠物、文创产品、农产品等，还可以推出网上萤火虫欣赏和科普活动等。

5. 萤火虫动漫产业

萤火虫深受孩童喜欢，是做动漫产业的绝佳素材。这里所谓的“动漫”产业分为两种情况：一种是做“乡村动漫”产业，在生态优质的自然环境中打造“萤光村落”（萤火虫动漫乐园），将以萤火虫为主的各类动漫嵌入其中，打造萤火虫版的迪士尼乐园；另一种是制作以萤火虫为素材的动画片，发展电视产业。

动漫乡村乐园之“萤光部落”或“萤光之城”或“萤火虫乐园”策划思路：以萤火虫为主线和主角，编写一个完整的昆虫版的剧本，进入该园区即进入了一个“萤光部落”和“昆虫王国”，然后发生各种有趣的故事，让游客沉浸式地游玩，且了解各类昆虫习性，增加科普知识，还能不断地互动参与，体会萤火虫和其他昆虫丰富的“感恩”“团结”等正能量文化，增加亲子关系和团队建设，还能做到“吃住行游娱购学研”一条龙。创设“萤小乖、萤宝、萤仔、亮仔”等IP形象，拟人化，动漫化，编设系列萤火虫绘本和文创产品、文化活动（音乐节、儿童剧、舞台剧、电影等）。园区占地100亩以上，最好有青山绿水和山谷森林等不同地势，生态环境较好、灯光污染较少；设有萤火虫等昆虫养殖区，游览路线嵌入各类科普资料和设施，有文化区、体验区、美食区、住宿区、表演区等；园区内的所有建筑都与昆虫动漫有关，比如，巨大的昆虫雕塑、各类昆虫蛹室/茧状的民宿屋等，连小卖部也开在一个巨大的卡通毛毛虫的肚子里；研发各类昆虫文创，包括萤火虫冰激凌、蝶翅画、竹编虫艺及其他琳琅满目的昆虫文创产品。

以萤火虫为素材的动画片创作思路：以萤火虫为主角和主线，掺杂其他特色经典昆虫（蝴蝶等景观昆虫、蛐蛐等鸣叫昆虫、兰花螳螂和竹节虫等特色昆虫、水生昆虫、土壤昆虫等）甚至其他相关动物（比如发光蚯蚓、水母等）、植物、微生物（比如发光真菌），打造一个以自然界、动植物为素材的贴近观众的作品背景，在娱乐的同时，能了解动植物知识，增加对自然和生命的热爱，还能有利于后期的现实映射、还原制作出和剧本相似的现实场景做成一个配套景区。

该动漫作品的内容和特色：（1）以多种类群的萤火虫（包括全身发光的、最大的、最长的、不长翅膀等特殊类群）从卵到成虫的各虫态生长发育过程，以及与其他昆虫和物种发生的各类有趣的故事展开。（2）故事不仅有趣、搞笑，关键是还要融入对生命的热爱和尊重、家族的集体荣誉感、父母对孩子的教育和呵护、感恩、发光照亮别人、亲情文化等诸多正能量，同时，还宣传科普了诸多萤火虫等昆虫文化和知识。（3）片中萤火虫各类闪光尤其是峡谷里集体发光等震撼场景，必将成为影片的亮点，给观众留下深刻的印象；萤火虫不仅成虫发光，还有卵、幼虫、蛹等都能发光，包括幼虫取食蜗牛、田螺、蚯蚓等非常有趣的且很多人不知晓的行为，必将让观众大开眼界，这些都有别于《喜羊羊与灰太狼》《熊出没》《黑猫警长》等传统的以大型、熟知动物为素材的作品。

6. 举办各类文化主题学院

结合萤火虫的各种文化和产业特征，可以筹建创办各类萤火虫文化主题学院，由此带来相应的各种产业，比如：萤火虫乡愁文化学院、萤火虫爱情文化学院、萤火虫亲子教育学院、萤火虫生命教育学院、萤火虫美学教育学院、“囊萤夜读”书院、萤火虫创意产业学院、萤火虫乡村振兴学院、萤火虫“两山”理论学院甚至萤火虫美学农庄等。

四、教育

作为一种经典的特色发光明星旗舰物种，尤其是其丰厚的文化底蕴和在亲子教育、特殊教育等领域的特殊作用，发光和护卵、求偶等各种行为、炫酷的荧光、短暂的成虫期及对优质环境的代言，使得萤火虫成为自然教育、科普教育、研学教育、科学教育、环保教育、生命教育、美学教育、乡村教育、感恩教育、社会教育、励志教育、亲子教育、幼儿教育、特殊教育等多类型教育的优质素材，又由于广大民众尤其是青少年和情侣对萤火虫天生的极大喜爱，不仅能观赏、体验，还能动手饲养、观察，使得萤火虫成为研学游和亲子游的极佳吸引点，还可以在此基础上发展萤火虫科普教育产品，极大地丰富萤火虫产业。

（一）萤火虫在多类型教育领域的优势

萤火虫是自然教育的经典物种。萤火虫是大自然的神奇杰作和宠儿，是治疗“夜盲症”“野盲症”“自然缺失症”和唤醒人们对自然万物关注、欣赏、珍惜和敬畏的旗舰物种，与大自然密切相连，且一般都是在自然条件较好的野外生态环境下开展研学旅行，学生能感受到萤火虫与自然、与人类和谐相处的关系，形成热爱自然和保护自然的情感，是青少年自然教育的良好素材。

萤火虫是科普教育的经典物种。由于独特的生物发光现象，萤火虫深受青少年的喜爱，其发光原理和各类有趣的行为习性和生物学特性等都成为科普教育和研学教育的良好素材。

萤火虫是科学教育和研学教育的经典物种。全世界研究萤火虫的专家都不是很多，留下了大量的科学问题有待解决，中国尤其是西南地区具有丰富的萤火虫资源，萤火虫十分有趣的行为习性和生物学特性成为青少年科学教育和科研训练的良好素材。

萤火虫是环保教育的经典物种。只要所处环境中有农药，或水质、空气等有污染，萤火虫就会受到威胁甚至死亡，因此，萤火虫成为环境优劣的指示昆虫，而且，目前萤火虫的日渐消失也主要是因为环境的破坏，因此，萤火虫成为保护物种、保护环境以及“绿水青山就是金山银山”理念等环保教育的良好素材。

萤火虫是生命教育的经典物种。萤火虫的4个虫态都能发光，且受到广大青少年的青睐，所以，在研学旅行结束后，还可以引导学生回家后养殖萤火虫，继续科普和探究学习的同时，能在养殖过程中深刻自然地感悟到生命的神奇和宝贵，从而润物细无声地对学生进行生命教育。

萤火虫是美学教育的经典物种。萤火虫绚烂柔美、无与伦比的自然生物之光不仅给人们带来极其特殊而经典的视觉和心灵享受，也成为青少年学生和社会大众美学教育的良好素材。

萤火虫是乡村教育的经典物种。对于很多20世纪出生于农村的人来说，萤火虫一般都是与生态美丽乡村相联系的，成为老一辈乡愁的载体和乡村的印记。因此，萤火虫成为人们寻找乡愁和对青少年进行美丽乡村教育的良好素材。

萤火虫是感恩教育的经典物种。萤火虫温暖的闪光不仅是求偶和警戒的需要，也可被演绎比喻成国家和社会对民众的关爱以及父母和师长对孩子的呵护，因此，在带领学生观察萤火虫闪光的时候，还可以引导学生感恩国家、社会、父母、师长；还有一些萤火虫雌虫有护卵行为，保护卵直至孵化，也极好地象征了伟大的母爱。

萤火虫是社会教育的经典物种。萤火虫的发光也可以被用来喻指英雄人物在黑暗中给社会带来的一点光明，从而让学生从萤火虫敢于在黑暗中发光、尽管微弱但能为社会带来温暖和力量的文化中获得直观的社会责任教育。

萤火虫是励志教育的经典物种。东晋名士车胤“囊萤夜读”的经典成语故事是用萤火虫教育学生刻苦读书、珍惜现有读书条件而励志成才的良好素材，在观赏萤火虫的时候模拟“囊萤”让学生自己查看“夜读”的效果，既倡导了学生质疑的科学精神，又探索了萤火虫的发光效果，还能渗入刻苦学习的励志教育。

萤火虫是幼儿教育的经典物种。直接将儿童置于陌生的环境、人群之中容易引起焦虑、害怕、拒绝的情绪，合理地在幼儿园或中小学校园设置萤火虫景观，借由儿童对奇妙神奇事物的好奇心以及吸引力，在欣赏萤火虫的融洽气氛中，通过教师的引导，儿童更容易放下心中的防备，敞开心扉与共同赏萤的小伙伴进行交流，更早地促进儿童形成良好的自然观，从根本上调节部分人群对昆虫的抗拒作用。

萤火虫是亲子教育的经典物种。幼儿是萤火虫的主要观赏群体，他们在赏萤时常常需要家长的陪伴，作为“80”后或“90”后甚至“00”后的家长也基本没有见过萤火虫，也有赏萤的需求，因此，一起赏萤的一家几口成了萤火虫产业的主要目标群体。在赏萤或共同饲育萤火虫的过程中，不仅增加了家庭成员的沟通和感情，而且通过融入家庭教育和感恩教育的内容教育了父母，融洽了亲子关系，取得多重的教育效果。

萤火虫是特殊教育的经典物种。萤火虫对下至婴幼儿上至中老年的人群都有一定的心理理疗作用，通过长期赏萤、玩萤、养萤，萤火虫这种能发出神奇的温暖之光的独特物种，能温暖人的心灵，有助于人际交往，缓解压力、抑郁等消极情绪，也能让一些残障人士打开心扉，增加自信，阳光生活，因此，萤火虫还可以用来作为特殊教育和心理理疗的辅助载体。

（二）产业业态

1. 科普馆

随着萤火虫产业尤其是萤火虫主题研学游产业的兴起，随着萤火虫多重教育功能的挖掘，各类萤火虫科普馆越来越受到政府和企业的青睐。

萤火虫主题科普馆的建设大概分为以下几种情况：

（1）为科普馆专门建设，单独的主题性的萤火虫科普馆，基本全是依据原有的空闲房间而建，鲜有专门为科普馆而新建建筑，所以，这种情况的科普馆基本都是“命题作文”，要依据现有条件，因地制宜地巧妙设计。

（2）在原馆中加入萤火虫科普的内容，比如，在原研学馆或蝴蝶馆或昆虫博物馆或大型自然博物馆中加入开设一个萤火虫科普的小馆或小间，这种情况下只能微型展示和科普，且要与原馆主题和设计等巧妙吻合，不能太孤立和违和，当然了，若场地面积够大，也可以扩大分成科普区（科普资料和器具）、展示区（活体标本展示）、赏萤区 / 许愿区（既能赏萤，又能许愿放飞，又是一个繁育区）、文化区 / 互动区（展示萤火虫的诸多文化，并举办各类体验活动）、文创区 / 产品区 / 制作区（在此区域 DIY 制作各类萤火虫文创产品，展示并销售各类文创产品，包括销售活体萤火虫、镜面萤光效果、与萤火虫合影等）。

（3）其他情况，比如，有的景区将某个长廊或游客等候赏萤的通道也加入科普资料，这种情况也可以算作微缩版、山寨版的科普馆，比如，有的景区将萤火虫研究院也同时做成科普馆，比如，有的地方将温室大棚改造成科普馆等。

萤火虫主题科普馆的功能定位及其命名大概有以下几种：

（1）主要是科普功能，主要客户就是研学游的学生或供游客科普自行参观，这种情况主要做好科普设计即可，馆的名字一般为“萤火虫科普馆”或“萤火虫博物馆”，当然了，那些走廊式的科普基地可以称之为“萤火虫科普走廊”。

（2）作为萤火虫景区的一个点位或项目，既是科普馆又是游乐馆甚至是购物馆，这种情况就不仅要做好科普内容设计，还需要多加入景区元素，多增加与客户互动、体验甚至销售的元素和环节，满足多种功能，设计更为复杂，考虑的元素更多，这样的馆一般命名为“萤光馆”或“萤里馆”或“萤火虫乐园”。

（3）其他情况，比如，有的还将科普馆与萤火虫研究院等具有科研学术功能的机构融合在一起，可以称为“萤火虫研究院”，但其实在“研究”的同时肯定也有“科普”的功能，甚至将科普馆与“囊萤夜读”主题书院结合在一起，一馆多能。

科普馆的命名、功能定位、建设思路等没有定法，一事一议，因地制宜，不宜雷同，最好是“一馆一面”，但总体说来，也有大概的规律：

（1）若是侧重纯科普或研究院性质，则主要是搞好科普即可，较为严肃也可以，当然，若是灵活形式的科普则更好，而且，这样的馆对科普内容的权威性、正确性、全面性要求较高，最好要有专业的专家指导把关；若是做成景区的一个点位或项目，则要充分突出互动和体验，要有景点的元素，而不仅仅是死板的科普，要更加灵活和多元。

（2）馆的外形或入门处，最好要有萤火虫的造型或文化元素，尤其是夜间的形象更是具备网红潜力，最好不是一个很传统的规规矩矩的方方正正的场馆。

（3）若馆的面积较小（100 m^2 以内），则需要精心设计，把萤火虫最核心最重要的科普知识展示出来，紧凑地把萤火虫的文化、影视、文创作品等展示出来即可；若馆的面积中等（100～1 000 m^2），则可以较为充分地展示科普资料，多加入萤火虫文化和体验性的素材；若馆的面积较大（1 000 m^2 以上），则要仔细地规划，将整个馆巧妙地划分成若干部分，延长展示和游览路线，大概可以分为科普萤、保护萤、养殖萤、产业萤、文化萤、拍照萤、欣赏萤、体验萤等区域，若还有空余地方，还可以设观影区或萤火虫小剧场（观看萤火虫科普及主题电影或表演萤火虫主题舞台剧）、萤火虫课堂、萤火虫自然学堂、文创区等区域。

（4）所有馆内除了“死”的科普资料，还要有“半活”的互动体验设施和“活”的萤火虫（幼虫、成虫等）及其活体饵料（蜗牛、田螺等），尤其是展示萤火虫的生态养殖缸，让游客近距离地看到萤火虫的生活环境和状态，引起游客的游览兴趣和购物欲望。

（5）互动体验元素包括：灯饰（星光馆）、VR、全息萤光、镜面屋（萤光秘境、拍照区）、萤火虫文化区（包括诗词、歌曲的各类互动、许愿树及“囊萤夜读”雕塑拍照等）、萤火虫剧场或电影区、萤火虫文创产品（萤火虫灯笼、萤火虫标本琥珀、萤火虫生态养殖盒等）DIY 制作区、科普的个别互动元素（通过安装电池来判断萤火虫性别等）等，要多加各类体验元素，调动游客的兴致。

（6）要结合当地的文化和产业特色，融入当地的文化和产业基因，打造唯一性和差异性。

（7）只要馆舍面积稍大或有特殊的适合养殖的区域，最好是在科普馆内辟出一个地方专门养殖萤火虫，即使小型科普馆也最好通过设置小型生态养殖缸等方法展示活体萤火虫，这样，既让科普馆显得生动，还能让游客白天黑夜、不受天气影响地近距离观察到萤火虫，当然了，若有暗区或“白日赏萤”的专门器具使得游客白天也能看到萤光那是最好了。

（8）如场馆面积较大，若能借用原有房型或自行策划设计萤火虫主题隧道（阿凡达秘境效果）、萤光大道、萤光镜面屋、萤光许愿树等经典的萤火虫室内人工景观，那会让科普馆增色不少，也会显著提高吸引力。

（9）馆内的参观路线设计非常关键，设计的路线要不长不短，不能拥挤，还得使得游客沿着游览路线所获得的科普知识和参与的活动有逻辑性、科学性，还要考虑到顾客心理，而不是毫无章法。

（10）还可以拓展科普馆或博物馆的功能，比如，在馆内一“回”形空地处建设生态养萤地，萤火虫在其中飞舞成为赏萤点，若在此地四周或附近有较为安全的空地，则可以发展“萤火虫趴”业务，即有些孩子或年轻人过生日的时候，带领好友先是进行科普旅游和赏萤、萤光晚宴，最后还能享受特殊的室内“萤火虫露营”，从而度过一个特殊的“萤光趴”。

2. 科普展览

萤火虫科普展览本来是萤火虫教育功能很好的展示平台和产业路径，投资少、见效快、风险低，近些年很多人尝试举办了各种形式的萤火虫展览，效果并不好，主要是因为从业者都太过看重经济利益，展览所用的萤火虫多是低价收购、野外捕捉，又没有适合的生长环境，所以很多萤火虫在展览过程中或展览后不久就大量死去，遭到了众多环保主义者和媒体、政府的质疑和抵制，又由于展览者不是专业人士，所谓的科普展的权威性值得质疑，又没有人监督，游客大众也不熟悉，只看个热闹，所以，萤火虫展览市场目前做得鱼龙混杂、参差不齐，急需整顿。

萤火虫展览业的真正发展应该是建立在萤火虫养殖业充分发展、萤火虫买卖和运输等变得畅通无阻、商业模式科学规范稳定的基础上。萤火虫养殖高度发达，萤火虫买卖合法而畅通，展览所用萤火虫有周到的技术处理科普内容权威、形式多样、产业多元，商业模式科学，只有满足了上述条件，才能真正发展萤火虫展览产业。

萤火虫科普展或萤火虫展的形式多种多样，不拘一格，甚至还可以复制、拓展，解决了传统景区单独做萤火虫产业投入大、负担重、红火周期不确定等问题。

（1）结合大型商场或动物 / 植物园或大型游乐园，举办短期的萤火虫展，为包括赏萤、科普、互动、售卖等活动的微缩版的萤火虫景区。

（2）打造自主研发的“萤火虫巡展流动车（其实就是一个微缩版的功能齐全的萤火虫科普馆）”搞“快展”营销，“流动作战”，“打一枪换一个地方”，机动灵活，投资少、见效快、风险低。

（3）与学校结合，将赏萤和萤火虫科普教育等送到校园，并与学校的科学教育和学生创新能力培养相结合。

（4）与电影院和剧场等联合，做“见缝插针”式的联合巡展，创造一种叠加式的新型业态。

（5）与地方政府的科技馆联合搞主题型的持续性的专业性的萤火虫主题科普活动，需要全产业链、多种类、多业态的全面策划。

（6）与社区联合搞萤火虫主题的科普活动，打造科普微空间，解决家庭负担，丰富学生课余活动，促进社区文化建设，可以长期、系列地举办，推出多元化的科普产品，举办各种活动和赛事。

（7）与城市公园合作，建立“萤光科普绿道”，将萤火虫展览巧妙嵌入公园之中，让广大市民在晚间散步时就可以欣赏萤火虫。

（8）中小型景区、高档农家乐、民宿露营甚至咖啡馆、酒吧都可以探索嵌入式短平快的萤火虫展览活动。

（9）与飞机场合作，在机场内部或机场周边，建设“萤光小屋”或萤火虫科普馆，让乘机人员在候机的时候赏萤，这是萤火虫展览和机场业务的创新。

3. 研学产业

由于萤火虫具有明星效应和诸多科普知识及其深厚文化底蕴，使得萤火虫成为研学游的绝佳题材，萤火虫为主题的研学游活动目前方兴未艾，正在如火如荼地发展，但由于技术性的制约，很多团队无法介入这个产业或即使介入却做得不够专业和权威，甚至做得不伦不类，变成了赏萤旅游活动，因此，萤火虫主题研学游必须要有专业人士的指导，否则，若只是网上下载、照抄别人，只能做些皮毛的探索，甚至会出现很多知识上的硬伤，更无法把该产业做精、做透。

萤火虫主题研学游产业的要点如下：要选择优质的萤火虫研学基地，要有专业权威的授课师资，要有经典的课程设计，要有丰富的研学产品，要有专业的运营团队和售后服务。具体的阐述参见笔者的著作《萤光探秘——萤火虫研学读本》。

需要注意的是：①古今中外的一些萤火虫玩法值得借鉴到研学活动设计中，增加课程的趣味性和丰富性，但要注意适当筛选和摒弃一些不当的做法，比如，乱捕捉、绑萤腿、碾压萤等较为残忍和破坏萤火虫的做法；②要把科学教育（而不仅仅是科普教育）的内容融入其中，激励学生有创新科研成果，真正做到“研”；③萤火虫的食物（蜗牛、田螺等）及天敌（蜘蛛等）也可以适当拓展成为课程的内容，而不仅仅是萤火虫这一单一元素；④研学游过程中展示和售卖的活体萤火虫都须是人工养殖，不能野外捕捉。

4. 亲子产业

萤火虫产业的重要目标客户之一就是亲子家庭，亲子教育也是萤火虫教育产业群中的重要类型，值得深度挖掘和推广。

萤火虫主题亲子产业可以分为几个层面：①亲子旅游；②做深度的亲子教育和家庭教育；③推出高档的系列亲子产品，包括拍摄萤火虫题材的动漫片和幼儿教育的剧本、视频、舞台剧等；④用萤火虫矫正孩童的心理问题及家庭的亲子问题，树立自己的品牌，对外拓展。

萤火虫主题亲子产业可以分为上中下游：

（1）上游。联合建立萤火虫（和蝴蝶）的大规模人工养殖基地，能大量供虫，为产业奠定虫源基础，并筛选建立若干产业基地。

（2）中游。研发大量的萤火虫（和蝴蝶）系列亲子文创产品和产业形态、商业模式，组织“爸妈去哪儿”“萤火虫爸妈”等活动，结合《家庭教育促进法》，做高品质的研学亲子游。

（3）下游。编写萤火虫（和蝴蝶）科普绘本，编排主题舞台剧、电影、动漫、电视剧，加入亲子教育和家庭教育，加入儿童自然心理教育和矫正等。

（4）最终目标。打造类似迪士尼乐园的中国版的具有独创 IP 的科技与文创融合的特色亲子产业链。

案例：每年 3 月下旬开始，中国台湾地区台北市动物园都会举办“恋恋火金姑”亲子研习营，邀请大人带着孩子夜访昆虫馆的探索谷，动物园在此设置适合萤火虫生长的栖息环境，种植萤火虫幼虫喜食的植物，基本不设灯光，小朋友在赏萤的同时，讲解员详细生动地讲述萤火虫顽强有趣的生命历程，尤其是重点讲述萤火虫卵－幼虫－蛹－成虫 4 个虫态的演化，象征着人的不断磨砺成长，强调萤爸萤妈为繁衍后代及呵护照顾后代而付出的艰辛努力，通过了解这些知识，“性本善”的幼童就会对萤火虫这一微小生命产生怜惜和爱意，也更体谅和感谢父母的养育之恩，就连陪着孩子的大人都会动容，生命教育、亲子教育和感恩教育等在这一渗透式赏萤过程中得以落实。

5. 校园产业

学校是“铁打的营盘流水的兵”，若将萤火虫主题系列教育及多种产品一同植入校园，必将是稳定的巨大市场，也有助于校园文化建设和创新人才培养。

萤火虫主题教育融入学校，有以下几种渠道：

（1）在幼儿园或中小学建设各种类型的各种面积的萤火虫养殖园（里面也可以同时养殖其他昆虫和其他动植物），丰富校园文化，成为一道风景，优化校园环境，为学生提供良好的学习环境，更是学校生物教育、情感教育、生命教育、自然教育、创新教育、科学教育的基地，将萤火虫文化和教育渗透融入幼儿和中小学等校园教育。

（2）配合养殖园，建设室内的萤火虫教室或实验室（也可以单独建设，适合中小学，尤其是中学），辅助开设较为固定的萤火虫科普课程，成为学生定量观察、定性研究的科研锻炼场所。教室的后半部分为萤火虫养殖区域，放置饲养盒及研究使用的辅助用具。饲养盒的放置要整洁有序，不仅方便观察和喂食，还要有较高的观赏性。教室的前半部分为学生学习和师生互动区域。这一区域要有陈列科技创新、昆虫学等相关书籍和资料、萤火虫及其他昆虫标本、昆虫产品及昆虫文化（工艺）作品，查阅信息的电脑，方便阅读和集中讨论的桌椅，用于讲解展示的黑板或电子白板，收纳研究资料的档案柜。教室墙壁的美化以明亮鲜艳的暖色调为主，如红色、黄色等，配以各种萤火虫图片、有趣的具有激励性或启发性的科学巨匠的故事和科学创新的标语。

（3）将萤火虫主题科学试验作为科学教育课的亮点，甚至替代“蚕宝宝”的试验，学生可以采购人工养殖的萤火虫幼虫作为科研材料，进行科学教育训练。

（4）“静静地欣赏萤火虫曼妙地飞舞和发光，是治愈孤独的良药”，萤火虫还可以作为部分具有焦虑、自闭、抑郁、多动症等心理疾病的学生（包括幼儿）的心理理疗素材，通过养殖、观察、欣赏、研究萤火虫和将萤火虫融入学习活动或课余生活中去，进而打开自我、转移注意力、改善与他人的人际关系等。科学的娱乐能够缓解学业压力，利于学生整体的身心健康，也容易增进学生之间的友谊。这一点特别值得特殊教育学校残障学生心理康复的探索和尝试。

（5）借用萤火虫柔性的引领、照明、温暖等文化，推出以“萤火虫爸妈”为主题的家庭教育活动，把家长教育也纳入到校园工作中来，学校和家长一起科学地培养孩子。

6. 延伸产品

萤火虫主题教育不是孤立存在的，是与萤火虫景区建设、萤火虫旅游和赏萤等活动紧密联系在一起的，而且，它也不是一个传统的教育产业，而是可以触类旁通，外延后可以延伸出诸多的产业或产品。

（1）可以开发一系列的萤火虫主题的科普研学产品，包括文创产品、科研器具、活体萤火虫养殖盒（图 8–6）、益智游戏等，只要切入学生的兴趣点和需求点，这将是一个相对具有垄断性的朝阳蓝海市场，而且，通过销售活体萤火虫、养殖、研究、销售饵料，学生通过扫码入群请教养殖和科研遇到的问题及分享收获而逐步获得大量的粉丝和流量，从而延伸出粉丝和流量经济，这又是一个巨大的市场。

图 8–6　各类活体萤火虫生态养殖盒
（左：由四川萤拓教育科技有限公司提供；右：由重庆萤火谷提供）

（2）研发撰写系列萤火虫主题的科普读物、绘本、小说、漫画，塑造萤火虫动漫形象和 IP，注册商标，研发系列产品，拍摄主题动漫片或电影；致力于家长教育和亲子教育，推出具有知识产权的家长教育或亲子教育网站，着重解决亲子关系和教育家长；利用萤火虫“囊萤夜读”的文化背景和青少年对萤火虫的认知及喜爱，创办教育品牌“萤火虫自然学堂”或“囊萤夜读”萤火虫主题书院之类的昆虫 IP 科教产业，提出“为爱发光”“萤光童年”理念，探索新型教育模式；创建以各类教育为主题的萤火虫主题公园，将上述教育产业或产品都囊括其中。

（3）推出“萤火虫守护活动”“保护萤火虫宣誓活动”，加强学生的环保教育、生命教育；结合萤火虫的感恩文化，在“父亲节”“母亲节”“感恩节”等特殊节日强化感恩教育，推出相关活动和产品。

需要说明的是：上述产品或业态不是孤立、割裂的，而是互相融合的、交叉的，比如，在研学活动中或建立萤火虫主题校园时，自然就融入了自然教育、科普教育、科学教育、环保教育、生命教育、美学教育、乡村教育、感恩教育、社会教育、励志教育、亲子教育等内容，甚至还能融合一些心理理疗等内容；比如，萤火虫主题科普馆不是孤立的项目，它本身就是萤火虫研学教育的载体和场所，萤火虫产业和科普都是相互融合和促进的，萤火虫科普本身就是产业或者是助力产业，当然了，科普型的和旅游型的要分开侧重；另外，上述这些产业是可以拓展延伸的，除了上述的那些延伸产业和产品，还可以在做萤火虫主题教育的同时，拓展到蝴蝶等其他昆虫和其他特色动植物上。还要注意，不能只挖掘萤火虫成虫的教育功能及其产品，还要注意萤火虫幼虫等其他虫态的相关产品。

五、康养

萤火虫之所以可以应用在康养产业上，主要是基于以下几个因素：一是萤火虫具有“养心”功能，赏萤可以让人心情愉悦，缓解焦虑、压力等，有助于睡眠，甚至可以治愈一些心理疾病，因此，可以打造“萤养”品牌和新型康养理念；二是萤火虫是优质环境的代言者和监测者，有大量萤火虫的地方基本就具有优质的生态环境，自然适合康养；三是萤火虫农场生产的农产品基本是免检的生态或有机产品，可以直接适用于康养的“食疗”和“食养”；四是萤火虫成虫和幼虫甚至其分泌液和荧光素均具有药用价值或可以应用于医疗产业。

（一）萤火虫与康养

1. 理论基础

现今社会的人们开始更多地关注健康和康养问题。健康不单指的是有无疾病抑或残障，更应当强调在生理、心理以及社会 3 个方面都具有良好的状态，包括生命的活力、情绪的稳定以及乐观向上的精神。康养的概念由美国医生 Halbert Dunn 提出，康养被认为是一个人的精神、心灵以及与外界环境的和谐。国际水疗和康养协会对康养的定义则是将对生活的积极追求与个人的积极态度相结合，积极预防疾病，改善健康水平，提高生活质量，最终提高生活幸福感。因此，真正的康养不该只是找个环境好的地方吃好的喝好的、休息、锻炼、理疗，这些多属于“养身”，我们却忽略了“养心”在康养中的地位和重要性。

环境污染作为直接因素容易诱发各种疾病，社会生活中的压力也会造成人们各种各样的健康问题，心灵的治愈有时或许比单纯身体治疗更为重要。自然是人类的起源也是人类的归宿，是名副其实的“疗养师”。从生理上而言，自然景观能促进和调节免疫功能、改善神经系统功能、对机体产生镇静作用、降低血压等。提供有利于身心健康的户外空间，面对自然景观的治愈作用，使用者可以从主观和客观两方面受益。从心理上而言，自然景观能给予安全感，缓和情绪，促进观景人群的交往能力。由于治愈空间常以植物景观为主，面对需要帮助的群体，野生动物或许会造成某些不安定因素，所以，在运用的场地以及所需的品种上都需要充分地考究。那些无害的同时具有美感的野生动物（包括宠物动物）才是这类人群所需要的。

萤火虫景观是自然景观中极为特殊的一种，萤火虫所营造的人与自然和谐的场面，吸引了生活在城市中长期远离自然环境的人们，借由萤火虫景观产生的美好景象，引起感官共鸣以及感官刺激来改善人们的压力、悲伤等消极情绪。日本的阿部宣男教授及其研究生曾提出过以萤火虫之光为基础，通过科技手段营造治愈性空间的构想，借由萤火虫景观产生的明朗欢快的景观感受容易给人们带来快乐的情绪，对情绪低落的人群有鼓舞陪伴作用或带来和谐安详的景观感受，使其沉浸其中，放空身心。

萤火虫景观与康复类花园景色有着异曲同工的特色，同样也可以作为康复花园的附属，丰富夜间景观。需要陪伴的病患人群在焦虑、孤独中可能使病情恶化，行动不便的人群同样有着对自然的追求与向往。生态治愈景观能帮助社会弱势群体更好地恢复精神健康，是和谐社会精神意义的体现。快节奏的生活驱使人们去寻找并享受一个慢灵魂的空间，萤火虫景观在城市绿地空间的合理运用，依靠城市生态园以及其他休闲设施的建设，有利于城市人口的减压。

“康养旅游”目前已被社会和市场广泛认同，国家也将其正式确立为新的旅游方式，并纳入我国旅游发展战略，从而进入了规范化发展的道路。随着旅游需求的不断变化，从前拼景点打卡观光式旅游已经广受诟病，不少游客倾向于选择一种在气候舒适、养身养心的地方停下来，放松身心，追寻一种诗意田园栖居的“慢生活”的状态。于是，老年人群、亚健康人群和追求生活品质人群都成为康养旅游的需求者。

康养活动对于环境有一定要求，气候宜人、空气清新、海拔适宜的自然环境是必要要求，这些正好与萤火虫栖境特征高度吻合。在快节奏的生活中，选择康养的人群，是想要慢下来感悟生活的人群，萤火虫所带来的夜间沉浸式慢欣赏与此高度契合。动物是自然环境中的重要生命要素，萤火虫独特的生物学特征给人带来丰富的视觉体验与心灵感受，可以通过不同类型的萤火虫展示萤火虫之美，辅之配合萤火虫的传统文化内涵，合理进行景点营造，既是赏萤旅游活动又是心灵体验活动。萤火虫被誉为“心灯”，可以将此引申到心灵修养上，从内心深处进行深度康养，开发心理理疗产品。

因此，萤火虫不仅仅是一种受人喜欢的旅游素材，还是一种康养材料，成为“养心”“治愈”的绝好题材，赏萤是心理理疗和高档养生的一种方式。因此，可以将萤火虫融入传统康养模式中，探索一种新型的“萤火虫养心康养”产业。

2. 产品形式

萤火虫康养的产品和产业形式很多，可以因地制宜打造，比如，打造“萤火虫养心谷”，包括萤火虫森林康养、瑜伽康养、康养林盘、康养温泉等业态，推出“萤光养心”“萤光睡眠”“萤光交际”“心灯康养”“萤光心理理疗”“萤光康养套餐 / 房”等特色产品，并附带延伸出“萤光许愿”和康养讲座等活动，将传统的赏萤活动提升。

（二）萤火虫与环保

众所周知，萤火虫对所处生活环境的空气、水质、土壤、植被甚至光污染和噪声污染等多项环境指标要求苛刻，因此，萤火虫是公认的优质环境的代言者和监测者，这一点就被应用在萤火虫主题康养、萤火虫有机农业及环境监测和生态修复等领域，这种快捷廉价的监测检测方法，可以称之为“虫 / 监检”或“萤检 / 监”，也就是说，只要某个区域内有较大量的萤火虫长期生存，就大概率说明这个区域内的生态环境和多项环境指标都是达标甚至优质的。基于此，国内外很多的环保公司都以“萤火虫”命名，国内很多做生态修复的项目也采用水生和陆生萤火虫来检验和监测生态修复的质量和效果。

日本横须贺的污水处理有一套特殊的生物检测方法，就是将最后处理过的废水部分引入“生态园区”，依据“生态园区”内养殖的萤火虫幼虫及蜻蜓稚虫等水生昆虫是否能在此水质下较好地生存来判断和检测水质的优劣。香港渠务署于 2013 年开展“改善河道生物多样性，复修水生生物生境试验研究”，邀请萤火虫保育基金会合作，以粉岭军地河、元朗锦田河及打鼓岭平原河部分河段为试点，进行河道生态修复，并通过监察萤火虫出现的数目，评估工程对促进生物多样性的成效。

除了代言优质生态环境之外，萤火虫由于其高效的光转化率使其成为节能高效的代言者，因此，有些节能灯或其他灯具公司也以“萤火虫”命名，并通过创办萤火虫公园或举办萤火虫活动（比如“地球 1 小时”萤火虫点亮“60 分”图标活动），向民众宣传节能环保减排、低碳绿色生活，同时也宣传了自家企业。

六、宠物

（一）萤火虫可以作为宠物的理由

作为一种具有丰富的文化底蕴和悠久的赏玩历史且能发光的明星物种，由于生活史较长（半年或 1 年），幼虫也能发光，水生萤火虫幼虫一直生活在水中，对人没有任何毒性和损害，对环境没有任何污染，不会传播人类疾病，肉食性且取食量较小，养殖器具较小，养殖成本低，尤其是由于卵、幼虫、蛹、成虫均能夜晚发光，能为人们带来审美的享受和精神的愉悦，很多种类和虫态的萤火虫成为一种主要用来夜晚赏玩的适合于家庭或办公室的新型宠物，也可以作为青少年学生居家使用的研学和科普素材，更可以作为少年儿童特色生日礼物。

在养殖期间，养主可以欣赏点点萤光，养神养心，促进睡眠和心理健康，感受生命美好，更加热爱和保护自然生态环境，体会养殖成就感，获得科普知识，还能减少对野生种群的需要量，具有多重效益，甚至具有一些其他宠物所不具备的优势和功能。

（二）萤火虫宠物所带动的产业

萤火虫宠物产业，不受时空的限制，可以全国各地网络售卖，而且还可以与萤火虫景区、萤火虫农场等其他业态联系起来发展，形成互动。不仅可以售卖大量各虫态萤火虫，还可以售卖各类活体饵料或人工饲料，能带动多个产业。不仅是普通的产品销售，还可以在宠物包装上印制二维码，养主若有养殖问题或分享养殖经验和喜悦，可以扫码后进入公众号，一起讨论和分享，同时这也是一个流量粉丝经济载体，可以利用这个公众号带动其他的相关产业。

（三）萤火虫宠物的主要种类

可以作为宠物发展的萤火虫种类有：水生的雷氏萤，半水生的穹宇萤，陆生的三叶虫萤、大端黑萤和窗萤、扁萤、短角窗萤等类群。

（四）萤火虫宠物的产品形式和玩法

萤火虫宠物最常见最简单的产品形式是将各种类的幼虫放入生态养殖器具中，由顾客带回家按照说明书养殖管理，直至养至成虫。若能成功养殖至成虫，要么继续产卵繁殖，要么将养出来的成虫到附近萤火虫景区放生（当然了，要看什么物种，不能随便投放而引起生态入侵）。即使养殖不到成虫，能养殖幼虫一段时间甚至能化蛹，也是不错的体验，也能享受到养殖萤火虫宠物的乐趣。

当然了，萤火虫的成虫也是可以作为宠物的，只是，多数萤火虫成虫的寿命很短，只能养殖欣赏几天，但个别特殊种类（如扁萤、窗萤、短角窗萤、雌光萤等）的成虫却可以养殖较久，且发光很亮，尤其是其雌虫多为无翅或短翅芽且身体肥大，养殖起来也另有一番乐趣。

若让萤火虫幼虫取食了鲜艳的食物则可能呈现“彩色”的虫体，若让青蛙取食萤火虫后可以使得青蛙“发光”，这些都是很有市场吸引力的萤火虫宠物，同时也是青少年学生研学游的绝好素材。

第二节　萤火虫第一产业

在不施用农药、生态环境保护得较好的农田中，萤火虫并不罕见，农田（包括稻田）本就是萤火虫适宜的环境之一，所以说，“萤火虫农业”本不是创新的产物，而是以前本来就有的，只是近几十年来，随着人们滥施农药和对生态环境的大肆破坏，使得农田的萤火虫消失殆尽。如今，若再将萤火虫植入到农田系统中，反倒成了一种新鲜事物，我们称之为“萤火虫农业”。

一、萤火虫农业的原理

1. 萤火虫可以用于生物防治

陆生萤火虫幼虫取食蜗牛、蛞蝓等，水生萤火虫幼虫则取食田螺、钉螺等农业有害生物，是一类特殊的天敌昆虫，可以应用于石斛、蔬菜、茶园、果树、烟草、园林等领域防治蜗牛、蛞蝓等有害生物，也可以应用于水田、稻田、池塘、湿地、藕塘等处的田螺、钉螺等有害生物防治。

陆生萤火虫幼虫不仅可以直接取食部分有害软体动物，还可以把虫体上粘带的病原菌在农田里类似“携带炸弹”似地，将病原菌传播到农田里的那些害虫幼虫身上，从而杀死害虫，是一种非常特殊的生物防治方式。

2. 代言农田的优质环境和农产品的生态有机性

萤火虫对生活环境质量要求很高，尤其是对水质和农药等环境指标更加敏感，只要有萤火虫的地方，生态环境都很优质，而且基本不打农药，因此，这样的地方生产的农产品，自然是生态的、绿色的，甚至是有机的，消费者自然就给予这些农产品天然的信任感，进而产生购买欲。

萤火虫“用生命捍卫生态”，可以代言优质生态“只要有污染，我就死给你看”。萤火虫代表了消费者对农产品的信任，“萤火虫为我证明”。因此，萤火虫可以成为优质农产品质量和生态农场的直接显性指示物，可以一眼就能鉴定出生态优质农产品，而无需各类化学检测和各类证明材料，从而成为一种新型、直接、简单、廉价、快捷的“虫检（以虫检测）”或“虫监（以虫监测）”模式。同时，作为一种明星物种，萤火虫还可以为农产品“镀金”，提升农产品的品牌和附加值，从而为传统农业赋能。这一点有别于传统的农业产业项目，后者一般都是品种创新、引进技术、扩大规模等等，通常不会带来产业升级，但萤火虫农业却能使得传统农业提质升级。

萤火虫可以显著解决传统农业“增产不增收”的问题和“滥施药－恶化环境－农产品质量糟糕－消费者不喜欢－价格压低－追求高产－滥施药……”的恶性循环，提高农民不滥施农药和化肥的积极性，破解生态农业和有机农业难题，发展萤火虫生态循环农业。

3. 促进农旅融合和一、二、三产融合

作为一种特殊的夜间欣赏的明星物种，萤火虫具有天然的旅游特性，融入农业后，很自然地就会吸引游客前来赏萤，是农旅融合的最佳切合点，还可以促进一、二、三产融合，尤其是显著促进乡村旅游和乡村振兴，成为“绿水青山就是金山银山”理论的良好注脚。

二、萤火虫农业的形式和技术

（一）产品类型

水生萤火虫整个幼虫阶段全部生活于水中，在水中生活时间长达 4 ～ 5 个月，且幼虫在水中发光，因此，水生萤火虫特别适合与水生作物结合，实现萤火虫与作物种养结合的新模式。如萤火虫水稻、萤火虫莲藕、萤火虫菱角等。

陆生萤火虫整个生命周期都生活在陆地上，且陆生萤火虫种类较多，可以适应各种陆地环境，三叶虫萤可以适应较湿润的环境，如田埂、溪流边等；窗萤可以适应较干燥的环境，如山林、竹林、茶园、果园等。因此，陆生萤火虫可以发展萤火虫茶叶、萤火虫烟草、萤火虫果园、萤火虫中药材等多种萤火虫农业模式。

半水生萤火虫整个生命周期都是非常潮湿的水边，生活条件相对比较苛刻，主要可以与半水生的作物结合，发展萤火虫茭白共生模式。

1. 稻萤共生 / 萤火虫水稻

目前，由于研究和养殖水生昆虫的专家很少，与水稻共生的基本全是各种水产，如鱼、虾、蟹、鳅等，偶有“稻鸭共生”等模式。其实，在大自然的生态系统中，与水稻天然共生的经济性水生昆虫很多，完全可以在水稻田里“养虫”，从而创造性地推出“稻虫共生”新型农业模式，即在优质水稻田里同时养殖特色水生昆虫。

“稻萤共生”最常见的模式就是水稻田里投放一定密度的水生萤火虫幼虫，让幼虫钻在水稻田的泥土或缝隙中生活，取食水稻田的各种螺类（还能为水稻防治螺害）或人工投放的各种肉类饵料。夜晚幼虫在水中发光，即可发展“幼虫赏萤”文旅活动，后期到土坎上化蛹，之后 5—7 月成虫起飞，就在水稻田附近发光飞翔，落在水稻叶上，一幅“萤里论稻”的文创景象。除此之外，广义的“稻萤共生”还包括以下模式：将半水生萤火虫幼虫投放在高度湿润的长满各种覆盖植物的水稻土坎侧壁上，或将陆生萤火虫投放在水稻田内部和周边的土地上，尽管没有和水稻田直接、紧密结合，但也相关联，也能用来代言水稻的生态和安全，也是一种“稻萤共生”的模式。若种植的水稻是彩色水稻，则更具有观赏性，是创意农业和昆虫创意产业的有机结合。

“稻虫共生”模式有诸多的优点和创新：充分利用了水稻田及其周边的角角落落，节约了土地，创造了最大的价值；水生昆虫对水质和环境质量要求较高，能代言和促进生态环境的改善，显著提高水稻的品质和价格，再加上售虫的价值（这些水生昆虫多数都是药食两用昆虫，价值很高），每亩水稻田大概能带来少则一两万、多则几万的综合收入，尤其是“稻萤共生”模式产生的一、二、三产融合会带来更大的综合效益，这是一种突破和点题，稻萤共生会破解生态农业和有机农业的信任危机等瓶颈问题，而且会带来一、二、三产融合，从而开启另外一种新型农业模式——萤光六产农业；激发革新传统水稻生产，引发“水稻创意产业革命”，极大延伸产业链和提升农业产值，打通“绿水青山”向“金山银山”的转换通道。

当然，由于昆虫的特殊性，包括“稻萤共生”在内的各种“稻虫共生”模式还需要配套解决诸多问题。比如，养殖对水质污染敏感的水生昆虫，就不得施用农药（尤其是高毒、剧毒农药），周边区域也不能施药，这种情况下就要注意选择防病的水稻品种，综合防治水稻的病虫害，处理好综合效益与水稻产量之间的平衡关系；水稻田里养殖水生昆虫，需要辅加一些特殊器具以协助养殖（防逃逸和自相残杀及天敌伤害）和采收；为了避免损害水生昆虫，水稻的耕作和采收等要做一些调整和改进；为了防止萤火虫飞走和其他水生昆虫的逃逸，要注意水稻田位置和周边环境的选择及相关的改进工作；还要采取各种措施确保水稻田不能受洪涝灾害的影响，投放水生昆虫的时间、龄期、密度以及稻田的水位、水质、水流等都要注意。

上述这些问题也决定了“稻萤共生”甚至“稻虫共生”新型农业模式的局限性：对生物防治要求较高，由于不打农药，农产品肯定会减产，且农产品的收获等会加大人工量（因为机器收割可能会损伤萤火虫），因此，只能在适宜地域适当规模，不能大面积推广，否则会影响农产品产量。

2. 萤火虫茶叶

全国各地的茶产业竞争愈来愈烈，茶的差异化品牌建设难度越来越大，在这种背景下，“萤光茶”的打造显得正合时宜。

在生态有机茶园中或附近散养或用特定器具扣养陆生萤火虫幼虫，与茶树共生，代言生态有机环境，打造“萤光茶”，为传统茶赋能，提高附加值，极大地解决了茶产业品牌和茶旅融合的问题，尤其是若结合茶主题旅游景区，能显著解决茶区夜间旅游问题。

若萤火虫茶园为山谷状（茶谷）或较大封闭区，周边环境较好，交通便利，有一定的硬件基础（木栈道、舞台等）和旅游基础（食宿条件），则可以发展“茶园夜游”，结合品茗打造“静心修心养心”特色旅游主题，还能带动乡村旅游发展，形成特色青少年研学游和科普游，取得多重效益。

3. 萤火虫中药材

以石斛为例，石斛种植过程中会有蜗牛、蛞蝓等有害软体动物啃食，造成重大损失，且投药防治效果不好，影响石斛品质和价格。针对这种情况，若在石斛种植区投放陆生萤火虫幼虫，不仅可以作为天敌昆虫大量取食蜗牛、蛞蝓，消除虫害，还能代言石斛的高品质和生态安全性，从而提高销售价格，还能促进夜间旅游和石斛销售，还能销售部分萤火虫产品，取得多重收益。

将陆生萤火虫幼虫投放在石斛种植基床上，加置特殊器具防止幼虫逃逸，让萤火虫幼虫取食蜗牛等。甚至可以将石斛栽植在奇形怪状的古树上或做成丛林景观状，让萤火虫幼虫在其上爬行取食蜗牛等，夜晚就会形成特殊的“萤火古树”或“萤火丛林”等网红萤景。同时，养殖床下面空间内也可以养殖萤火虫，四周水沟等养殖爬沙虫，地上的杂草可以养殖蝗虫，石斛生态养殖树上或地表还可以养殖蘑菇等，这样，在养殖基地或温室内，形成一种“虫－斛－菌”共生的新型立体农业体系。

4. 萤火虫魔芋

魔芋是一种喜阴、喜温的作物，不耐高温和低温，最适宜的生长温度为 18 ～ 30℃，阳光的照射不利于魔芋幼苗的生长，一般都要采取遮阳的措施，在魔芋上方多种类型地覆盖黑色遮阳网。

很多萤火虫幼虫的适宜生活条件多与魔芋吻合，再加上若有较为封闭性的黑色遮阳网，在魔芋田里非常适合养殖陆生萤火虫幼虫，既能取食蜗牛等有害动物，也能同时利用了遮阳网，还能为魔芋增加“萤火虫”品牌，增加附加值，也能促进农旅融合。只是要注意，在给萤火虫幼虫投食蜗牛、蛞蝓等活体饵料的时候，要采用特殊技术或器具，以防这些活体饵料取食魔芋造成损害。

5. 其他形态

很多烟田里有蛞蝓发生为害，可以在其中投放萤火虫幼虫，打造“萤光烟草”。

很多萤火虫幼虫可以爬到树上取食蜗牛，因此，也可以在果园中养殖萤火虫，打造“萤火虫果树 / 水果”。萤火虫幼虫更适合在温室大棚的蔬菜田中藏匿取食蜗牛，甚至还能携带生防菌进行生物防治，生产高品质高附加值的“萤火虫蔬菜”，若结合控温性较好的温室大棚，还能加速萤火虫的生长，不受天气影响，一年四季随时赏萤。

（二）相关技术

作为一种新颖的农业模式，萤火虫农业通常需要萤火虫繁育、作物病虫害生物防治以及农产品生产与昆虫养殖的场地配套设计等技术。

1. 萤火虫繁育技术

萤火虫繁育技术是萤火虫农业的基石和品质代言，主要包括萤火虫的种虫繁育和农业场地中萤火虫的繁育，涉及水生、陆生和半水生三大类萤火虫的繁育。萤火虫的种虫繁育参考本书第二篇“萤火虫的人工繁育”，农业场地中萤火虫的繁育包括以下 3 种模式，即半控制人工繁育模式、复育和保育模式以及微型笼式养殖模式，其中复育和保育模式参考本书第五章“萤火虫的复育和保育技术”；半控制人工繁育模式参考本书第六章中的“萤火虫半控制人工繁育技术”。

2. 作物病虫害生物防治

作物病虫害生物防治技术是萤火虫农业的产量和品质保障，利用萤火虫防控蜗牛、蛞蝓、福寿螺等常见有害生物。在设计萤火虫农场的时候，还要加入景观生态学原理，种植一些驱虫或吸引天敌的景观性植物，既起到生物防治的作用，又具有一定的景观性。

目前，菜农原本是通过加盖大棚进行菜地防虫，但实际上，很多大棚的大门却敞开着，大棚的防虫效果就十分有限。为此，有专家发明了简易的“虫网防虫技术”。结合上述新型防虫技术，可以探索一种“虫网防虫＋陆生萤火虫幼虫取食蜗牛并代言安全生态有机”的新型农业模式：在大棚内的虫网和虫网之间，或者大小高低不同的虫网内部，养殖各类陆生萤火虫幼虫，让幼虫取食蜗牛、蛞蝓等农业有害动物，或者人为投放一些幼虫饵料，让萤火虫生活在该系统中代言农产品的生态性、有机性和安全性。

3. 农产品生产与昆虫养殖的场地配套设计

（1）种养场地设计。场地要提前规划设计，使其兼具种植作物和繁育萤火虫的功能。由于萤火虫具有极高的观赏价值和科普价值，在作物栽培前，要充分考虑游客道路、管理道路、科普道路，提前做好规划设计。通常道路可以共用，所有的道路尽量采用单向通过，部分区域设计驻足欣赏、拍照或科普的平台等。

（2）作物品种选择。选择经济价值、附加值高的农产品种类，尤其是具有特殊价值的作物。作物尽量为多年生植物，减少每年重复种植对萤火虫的损失及人工成本。农产品的品种需具有一定的抗虫抗病性，整个生长周期中不施用农药，若使用部分微量的农药，也要至少确保作物成熟、收获的产品中不含有农药残留。

（3）作物管理。作物生长过程中，需要施肥、浇水、除草以及病虫害防控等管理工作。由于萤火虫对化肥比较敏感，应选用无药剂添加的有机肥，同时选择水质较好的水浇水。浇水、施肥过程中尽量减少对土地的踩踏，减轻对萤火虫环境的破坏和虫体的踩伤。

（4）萤火虫管理。萤火虫农场在田中放置适宜波长的淡绿色或黄绿色灯来吸引和收集萤火虫成虫，或放置饵料诱剂萤火虫幼虫到田中。外面围一个网子，成虫在其中产卵，幼虫在其中生活，网子的大小要能让幼虫和成虫能进来但不能出去。还要设置一些人工栖息地，可以供萤火虫在田地不同区域中迁移。

（5）作物的收获和复种。作物收获和复种时应尽量减少翻土、踩踏，减少农事操作时对萤火虫的影响。可以在农田中搭建悬空的结实木板，人行走在木板上收获农作物，从而避免踩踏木板下方的萤火虫，只是略显不便，适合小型的家庭农场。或者在农作物间隙安设一些深埋在土壤中露出地面 20 cm 以上的踩踏物，收获的时候可以直接踩踏在上面，无须再架设木板。若用微型笼式养殖萤火虫，则可以在收获的时候，将萤火虫笼移走，再收获。

（6）设施农业中的技术优化。温室大棚中养殖萤火虫最主要的是控温。温度高时增加控温设备，或使用遮阳网、喷雾、水帘、排风扇等方法降温；温度低时，采用地暖、暖气、控温设备等升高温度。同时，可以筛选适合不同温度的萤火虫品种，如短角窗萤等萤种可以耐受较低的温度。针对作物种植中的药剂使用，首先尽量不使用药剂，如果非得使用农药，先用萤火虫对药剂进行毒力实验，选择合适的药剂和施药量，实现在不影响萤火虫生存的前提下，减少对作物产量的影响。

（三）相关问题

作为一种特殊的新型农业模式，萤火虫农业还需要同时解决一些问题才能顺利实施。

萤火虫生存与农作物正常生长需要打农药之间的矛盾问题：要么采用完善的综合生物防治，基本不施农药或少施低毒生物农药；要么先施药让种苗强壮起来后，再闲置一段时间，确保安全后投放萤火虫，之后不再施药。

高品质的萤火虫农产品与农产品收成受损之间的矛盾问题：只要投放萤火虫，就基本不能施用农药，必然会或多或少地使得农产品收成受损，但只要算综合收益，肯定是利大于弊的；当然了，对于那些关系到粮食安全的农产品，不宜大规模推广萤火虫农业技术和模式。

保护萤火虫不受损坏与农产品高效收获之间的矛盾问题：传统的农产品在收获的时候，要么是机械化地高效收获，要么是人工直接进入农田采收，但一旦农田中投放了萤火虫，在收获的时候就要采取各种措施或器具，相对费劲地小心收获，以防踩踏或损伤萤火虫，当然了，若在收获季节萤火虫成虫起飞或采集移走的情况下，就不存在此问题了，可以照常收获。

萤火虫投放与萤火虫幼虫及成虫收集的问题：为了便利地收集萤火虫幼虫或成虫，农田外围最好有一个简易纱网或者一个很高的屏障物，当然了，若该农田本来就是一个封闭空间或山谷类相对封闭区域则无须架设围网；难度较大的是萤火虫幼虫的高效便利收集，一般情况，若是较小的区域，可以直接投放，收集的时候用饵料诱剂采收，若是较大的区域，则可以将幼虫放在大小不一、形状多样的可移动或扎入土中固定的纱网笼或防虫网中，随时可以集中采收。

（四）产业实现

萤火虫农业的产业实现载体或形式有：萤火虫村落、萤火虫农场、家庭农场、温室大棚等多个种类。

值得注意的是，可以结合其他技术和业态，比如用环保昆虫处理菌糠、居民餐厨垃圾、农业有机废弃物，养殖出来的昆虫作饲料喂鸡和喂鱼等生产“虫子鸡（蛋）”，虫粪作有机肥种植生态有机农作物，然后将萤火虫放入农业体系中，打造“萤火虫生态循环农场”；或者，用畜禽粪便和相关农业废弃物养殖蚯蚓，售卖蚯蚓产生效益，或将蚯蚓放到生态农场，用蚯蚓松土，同时加入养殖蚯蚓后的有机肥等生产有机农产品，将萤火虫放入生态农场中监测代言，打造萤火虫、蚯蚓主题农场。

1. 萤火虫村落

所谓“萤火虫村落”是指某个村，全村多处养殖萤火虫，养萤区基本与农业区重叠，能很好地监测和代言该村所有的农产品都是生态有机且安全健康的，从而整个村为“萤火虫村落”，可以全面发展萤火虫旅游，整个村的所有农产品都可以统一命名为“萤火虫”品牌，提高价格，让所有农产品都受益。

韩国茂竹郡每年都要举办“萤火虫节”，除了刺激发展了旅游业，更重要的是，萤火虫成了该郡的名片，所有的农产品都叫“萤火虫”牌，提高了价格，促进了销售，造福了农民。

因此，严格意义上讲，“萤火虫村落”不仅是指一个行政自然村，还指更大范围的行政区域内统一发展萤火虫农业。这种情况主要是受当地政府职能部门主观能动性的影响，而且最好是成立农业合作社，统一注册品牌，统一价格，统一销售。

2. 萤火虫农场

这是目前较为流行的萤火虫农业形式，也是较大的载体，如重庆的萤火谷和元邦萤火虫庄园等。这种形式都是场地面积很大（几百亩以上），采用生态农业或自然农业之法，注重环境保护，基本不施用农药，让萤火虫在此自然复育。这种农场一般同时也是一个独立的萤火虫景区，可以根据场地在不同区域繁育不同种类的萤火虫，设定植物或农作物的选择标准，设计完善的观光路线，发展赏萤、露营和研学游、亲子游等业态，取得综合效益。这种形式的优点是场地大，赏萤效果好，容纳业态多，但弊端就是由于体量大，投资大，成本高，一旦运营跟不上，就会出现亏损。

3. 家庭农场

家庭农场又称为“萤火虫有机景观家庭微型农场”，是以家庭为单位的小型或微型家庭式农场，是萤火虫农场的微缩版，小而美，投资少，成本低，风险小，易运作，可以复制和加盟。

家庭农场规模一般少则几亩地，多则几十亩地，可以在自家农田建设，也可以结合农家乐改造升级。既要考虑农业项目的具体落实（栽种什么作物，如何栽种），还要考虑能投放不同种类的萤火虫幼虫，还要考虑游客观赏路线及赏萤效果，考虑游客的体验互动项目，考虑白天的景观效果等，确保吸引游客，取得良好的经济效益。既要考虑选址的交流便利性，又要考虑位置的私密性和安静性；既要能赏萤，还要能食宿，哪怕是简易的农家饭菜和露营帐篷；由于场地较小，可以适当采用“萤火虫万花筒”原理建设镜面萤景，最好采用网上提前预约的方式控制游客人数。

4. 温室大棚 / 设施农业

在温室大棚内做萤火虫农业，也分为多种情况：有的是废旧温室大棚或蔬菜大棚的再利用；有的是在大型农业园区或景区新建一个温室大棚后主要用来养殖萤火虫；

有的是在温室内种植地面农作物，萤火虫直接与其生活在一起；有的是温室大棚中有高大作物，在其下的缝隙空间中养殖萤火虫（图 8–7）。

萤火虫设施农业主要是指在设施农业系统中多维度结合萤火虫，甚至可以进行棚中棚设计。如在设施棚中设计镜面薄膜，增加萤火虫发光效果；设施棚四周可用绿植围栏，内部进行萤火虫生存环境改造，尤其是增加水生萤火虫和半水生萤火虫的生活环境。

图 8–7　四川乐山白象谷景区温室大棚香蕉林下的萤火虫养殖

在温室大棚内养殖萤火虫，非常大的优势就是萤火虫幼虫和成虫都处于一个封闭的环境中，不用担心萤火虫的逃逸和收集等问题，再就是温室大棚内的温度较易控制，能加快萤火虫的生长，能做到一年四季赏萤，还有就是可以不受天气影响随时赏萤。但最大的弊端和缺点是，高温的时候不易降温，一旦温度太高再加上干旱，会造成萤火虫的重大损失。

温室大棚式的萤火虫农业，尤其是对于那些面积较大的温室大棚，要充分利用大棚内的较为恒定的温度、空间封闭性和立体性，精心设计好农业种植、养萤环境、功能分区和观赏路线等几个因素之间的协调，既要能很好地种植农作物，又能适合多种萤火虫的养殖，注意划分若干区域、设置不同的功能区，架设一些吊垂植物、高架植物或放置一些屏风、纱帐等以隔离成不通透的区域，还要考虑若干互动体验活动，设置很多旅游项目，让农业园区成为一个小型萤火虫景区（图 8–8）。

若是侧重将温室大棚作为景区来运作，则可以考虑到网红因素，将原有大棚或新建大棚外形装饰成萤火虫成虫或幼虫的形状，将其打造成网红建筑果，还可以建立若干萤火虫农业主题园区或网棚，组团成景。

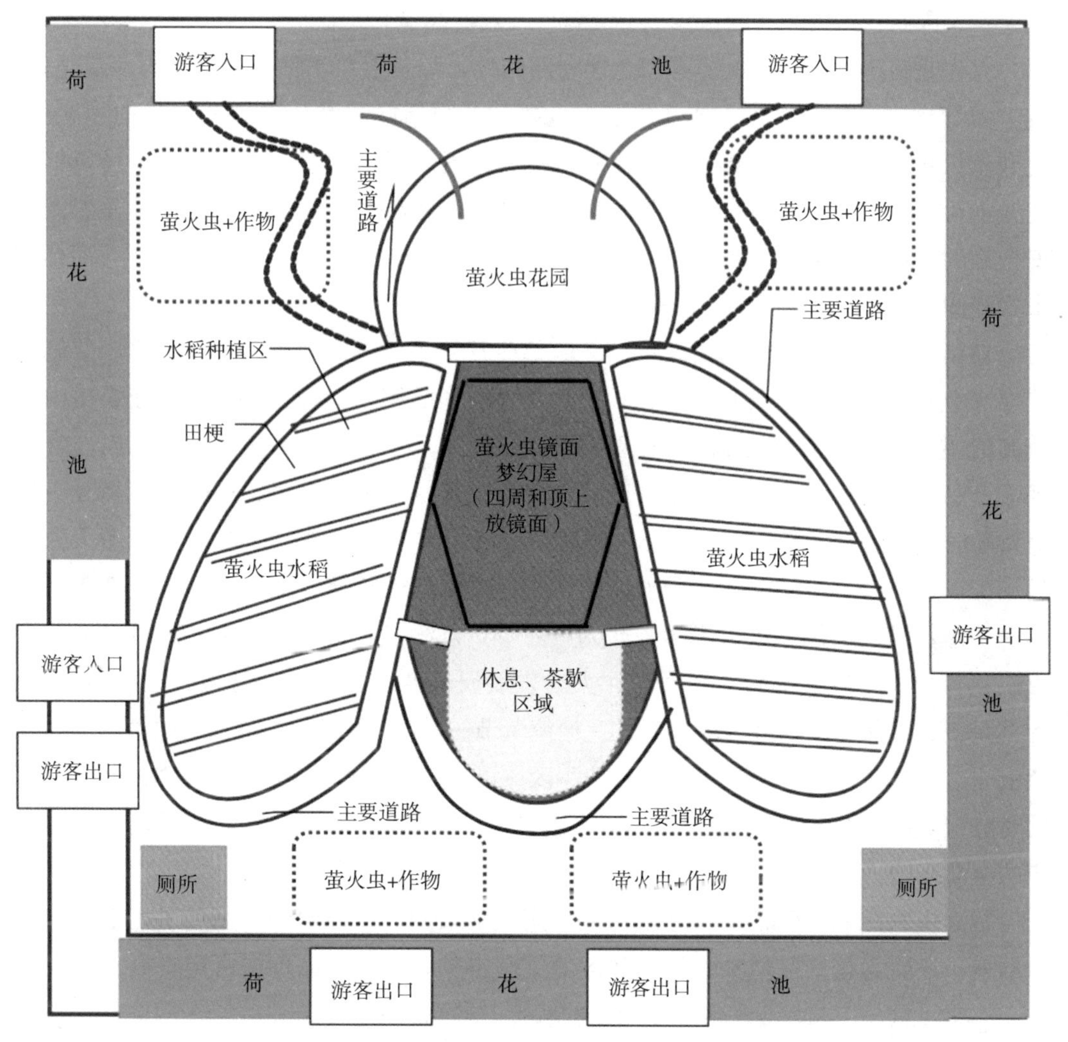

图 8-8　萤火虫主题温室大棚内部功能区划分和设计

三、萤火虫农业的运营

1. 萤火虫农产品的加工

萤火虫农场产出的农产品的加工要加入创意性元素，开发出多种产品形式，既有直接的初加工产品（如“萤光稻”），也有再次加工后的产品（如“萤光稻”加工而成的“萤火虫脆饼”“萤光米粉”或酿制的“萤光酒”）；既有农产品的加工，还有其他辅助产物的加工，如活体萤火虫和各类萤火虫文创产品的加工制作，甚至各类农业废弃物开发做成文创产品（包括用豆荚或秸秆装萤火虫等）。

2. 萤火虫农产品的销售

萤火虫农产品由于理念和技术很新、产品生产过程特殊、加工制作过程中充满创意元素，因此，这类产品的销售也要突破传统农产品销售思维。

首先是在产品的起名上要有创意性和网红性，如萤火虫水稻可以命名为“萤光稻”或“萤知稻”等；其次，在外部包装上也要注意材质的自然生态性和设计的创意性，要和萤火虫文化相吻合；再次，要注意找到精准客户及其对应产品，比如，可以针对婴儿米粉特别关注原材料的生态性安全性，推出“萤火虫米粉”，针对特别注重农产品安全性的高端客户推出定制版“萤火虫产品套餐”。当然了，这些品牌都要注意商标的申报和知识产权的保护。

在销售上，要充分借用萤火虫景区的那些营销手段，同时辅助网络营销。要结合智慧农业技术，发展会员制、定制式、互动式农产品销售，即在温室大棚或农田内安装高清摄像头，让客户可以随时查看农场主是否施药、是否有萤火虫发光，以监督验证农产品的安全性和生态性，定制产品收获后直接送到客户家中，同时邀请高级会员免费随时来园区赏萤和游玩，甚至举办萤火虫节，或者开展“认养”“领养”萤火虫等活动，以加强与客户的互动，增加体验性和促进品牌的传播，消费满一定金额还可以赠送一定数量的活体萤火虫或相关文创产品等，以激发客户的购买欲；还可以把萤火虫农场作为一个独立的萤火虫景区，大力发展研学游、亲子游、餐饮、住宿等业态，尤其是萤火虫荷花田，可以举办夏日莲塘流萤节、“莲花上面一点萤”主题摄影节；在超市中也可以精心设置“萤火虫农产品”区，该区专卖萤火虫农产品和相关文创产品，同时打造一些“赏萤小品”，扫码互动，邀请客户到萤火虫农场去赏萤，从而促进与客户的全面互动。

萤火虫农产品的营销要深挖附加值，搞品牌策划和特色营销，当然了，也不能哗众取宠，还要深挖产品质量，价格和价值要基本吻合，农产品价格肯定要高，但不能太高，要注意一、二、三产业和多产业的融合，提高综合效益。

第三节　萤火虫第二产业

萤火虫不仅可以应用于第三产业和第一产业，还可以与第二产业的某些行业结合。总体来说，萤火虫第二产业刚刚起步，并未形成真正的产业，主要包括三大类的情况：第一类，萤火虫本身做成第二产业的具体和实在的产品，主要是医疗类产品；第二类，萤火虫相关联的实物加工成的二产产品，如“萤光稻”加工成的“萤光米粉”；第三类，与萤火虫实物基本没关系，主要是借用萤火虫的文化代言和发光行为等，如萤火虫酒、萤火虫香水、萤火虫呼吸灯等。

一、萤火虫在医学和农业等产业上的应用

1. 荧光素和荧光素酶

荧光素酶是自然界中能够产生生物荧光的酶的统称。萤火虫荧光素酶可以在萤火虫中直接提取，也可以利用基因工程的方法进行生产。荧光素酶在1956年就已经被成功提取，但直到20世纪90年代荧光素酶才开始逐步应用于各个领域。到了21世纪，随着生物化学技术的不断发展，蛋白质工程、合成化学和物理学取得了巨大的进步，这使得荧光素和荧光素酶得到了前所未有的应用。荧光素－荧光素酶的发光反应现在被应用于ATP快速测定、报告基因分析、生物发光成像、药物中的高通量筛选（HTS）、卫生控制、生态系统污染分析和小型哺乳动物体内成像等领域。荧光素酶是一种非常有效的实验工具，被广泛地应用于医学、生物学、物理学和工程学在内的各个领域，并衍生出了很多跨学科科学，值得被人们持续关注。

在医疗上，可以检测病毒和细菌感染疾病的治愈情况，还可以在动物模型上检测肿瘤的增殖和衰退情况。荧光素酶基因可以用于研究活细胞和组织中的基因，把荧光素酶和高敏CCD相机结合，还能获取动、植物细胞在正常和病理状态下胚胎发育及生理调节不同阶段的信息。此外，荧光素酶作为环境污染的生物传感器，能成功地监测砷、汞、铅、苯酚等农用化学品的污染。

利用萤火虫荧光素酶测定ATP含量具有灵敏、高效的特点，该检测方法现在已广泛适用于在医学领域进行高精度ATP浓度测定。在医院和诊所等医疗机构以及乳制品和肉类加工企业中，荧光素－荧光素酶的发光反应也经常用于监测相关设备表面的清洁度。

通过测定荧光素酶基因的表达，监测各种启动子的活性，利用荧光素酶基因与特定目的基因的连锁或转移，可以建立非放射性的外源基因检测体系。比如在对新冠病毒的研究中，很多研究都使用了基于荧光素酶的测定方法来确定各种冠状病毒在不同宿主细胞类型中的传染性。

生物发光成像基于萤火虫荧光素－荧光素酶系统已广泛应用于肿瘤特异性酶的活性研究、生物活性小分子和金属离子的病理检测，以及疾病的诊断和治疗（包括药物体内运输的研究，免疫反应及机制的研究以及药效组织分布的评价）。荧光素酶的开发和应用将扩大人们对疾病发生和发展的认识，并对各种疾病的诊断和治疗具有重要意义。

美国科学家已经成功克隆出荧光素酶基因，并移植到植物细胞中，使植物发出了淡绿色的冷光。若将荧光基因转基因编辑到某些植物上，或许可以打造出“萤光农作物”“萤光金丝楠”“萤光植物”等产品，从而带来更多创新性产业。

2. 萤火虫虫体的药用

萤火虫成虫是具有药用价值的，能治疗很多疾病，只是，目前人们都重视其文旅

价值而忽略了其药用价值的开发。

在我国很多中医古籍中都可以找到对于萤火虫的药用记载，而近代以来没有文献记载过萤火虫的药用价值和药用的有效成分，更没有这方面的深入研究。

《神农本草经》中对萤火虫有着这样的描述："主明目，小儿火疮伤，热气，蛊毒，鬼疰，通神精"；《药性论》中也描述了萤火具有"治青盲"的作用；《本草纲目》中记载"萤火能辟邪明目"；另外，在《伤寒总病论》《伤寒百证歌》等中医古籍中也都有关于萤火虫药用的记载。

关于萤火虫的临床应用，《太平圣惠方》中记载："治劳伤肝气，目暗：萤火虫二七枚，用鲤鱼胆二枚，纳萤火虫于胆中，阴干百日，捣罗为末，每用少许点之"或"萤火虫七枚，白犬胆一枚。上药，阴干，捣细罗为散，每取如黍米点之"。萤火虫还可以用来治疗白发，《便民图纂》中记载："七月七日夜，取萤火虫二七枚，捻发自黑也"，说萤火虫具有"泻火解毒，乌发明目"的功效，因为萤火虫"味辛，性微温，入肺、肝经，能宣通三焦，条达气血，使周身气血流畅，则火郁之邪可得宣泄疏发矣，故可用于火郁内伏所致头发早白"。萤火虫还可以用于"青盲目暗、水火烫伤等；内服煎汤，7～14只；外用适量，研末点眼"。

古人只注意到了萤火虫成虫的药用价值，其实，萤火虫幼虫的某些毒素也有一定的药用价值，幼虫取食过程中分泌的具有麻醉功效的物质或许也有应用价值，目前都在研究当中。

3. 萤火虫防控卫生有害生物

血吸虫病是一种严重威胁人类健康的疾病，尽管人们已经研制出了防治血吸虫病的药剂，但是，目前采取的人畜化疗及易感地带灭螺等血防措施，尚不足以阻断血吸虫病的传播与流行，而药物灭螺造成的环境污染严重影响了养殖业的可持续发展。钉螺是血吸虫的唯一中间寄主，水生萤火虫幼虫可以高效地捕食钉螺。因此，利用萤火虫控制钉螺来控制血吸虫的发生为害，具有多方面的效果和收益。

蜗牛和蛞蝓是非常重要的农业和卫生有害生物，有些种类的蜗牛还是人畜共患的线虫和吸虫等病原体的中间宿主，由于蜗牛等软体动物在爬行时腹足会分泌黏液，其爬行过的蔬菜和水果上也均可能残存病原体，其排泄物中更是存在活力旺盛的寄生虫幼虫，因此，蜗牛泛滥也会导致寄生虫病的流行，对于蜗牛的有效防控至关重要。因为蜗牛含有坚硬的外壳，受到刺激会立刻缩进壳内，所以普通的化学防治难度很大。陆生萤火虫幼虫主要取食蜗牛和蛞蝓等软体动物，可以作为它们的天敌昆虫，有效地防治并阻断由此带来的各类疾病。

二、萤火虫农产品的加工

萤火虫农产品的加工产品也被认为是萤火虫的二产产品，比如，将"萤光稻"加工成的"萤光米粉"或者酿酒，生产加工"萤光茶"等。

这类产品的加工很简单，主要是营销策略要精心构思。要用“萤火虫”作为该产品的显著品牌，做成网红产品；要针对高端客户，尤其是注重生态有机健康农产品的客户；要注重营销策略和方式，要让客户通过远程视频或现场观赏等方式认知到该农产品的优质和特色；销售的时候要注意结合萤火虫场景，在特定情景下销售。

三、萤火虫代言的相关产品和模拟萤光灯

1. 萤火虫酒

萤火虫酒的制作，大概分为几种情况：

（1）酒的名字与萤火虫有关，代言酒的原料水源地周围有萤火虫飞舞，代言水质优良，间接证明酒的优良品质，如日本的“蛍の舞”酒。

（2）酒的名字没有直接出现“萤”字，但酒的标识上有萤火虫的元素，也是为了代言酒的优良品质，如四川的“金六福”酒。

（3）酒瓶嵌入了“萤光”元素，使得酒（瓶）成了网红，纯粹是借用了萤火虫的网红元素，如天台山景区推出的网红酒“赢在天台”。

（4）用萤火虫农产品（萤光稻等）酿制而成的酒，如“萤里”酒。

（5）酒的酿造或储藏等过程中有萤火虫的元素，如将酒窖藏在萤光洞中，可以推出“萤光守护，窖藏珍酒”“萤火虫为你守护”之类的文化酒。

（6）其他。如直接起名叫“萤火虫酒”或“萤光酒”等，蹭萤火虫的网红热度（图 8-9）。

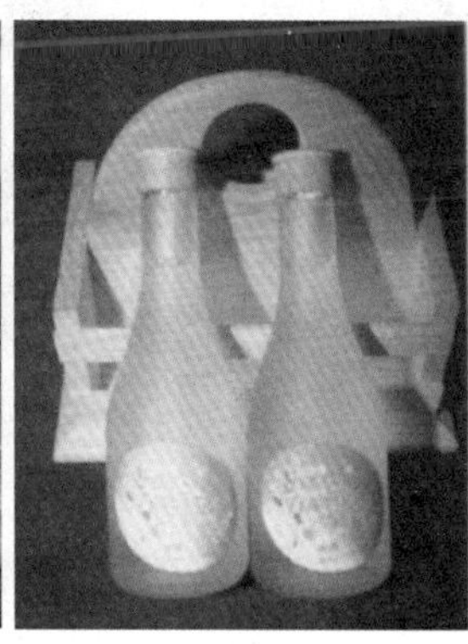

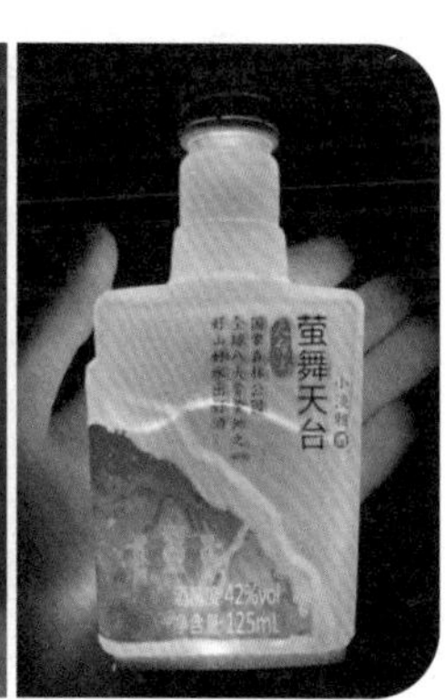

图 8-9　萤火虫酒

萤火虫酒的延伸策划及销售：将一定比例的萤火虫酒销售收入捐赠给当地萤火虫保育协会，或者干脆拿出部分资金设置“萤火虫保护基金”，树立企业的正面形象，间接促销产品；作为萤火虫景区或民宿、酒店等的配套指定用酒，或者作为（萤火虫）酒吧的网红用酒；或者把较大的酿酒生产厂区中做一个生态赏萤景点，直接在生产区用萤火虫吸引顾客参观，带动销售；与萤火虫景区或大型萤火虫活动互动，带动销售。

2. 萤火虫香水

萤火虫香水的制作，其实与萤火虫没有直接的关系，更不是把萤火虫碾碎或提取后融入香水，而纯粹是借用了萤火虫的指代文化而衍生出来的文化产品，大概有两类主题产品：一是因为萤火虫代言优良的生态环境，一想到萤火虫，就想到优美的大自然，所以，可以融合自然清新的元素，用适当的原材料做出具有自然清新之味的香水；二是因为萤火虫代表了浪漫的爱情，因此，可以做一款充满荷尔蒙诱惑的代言浪漫激情的香水，甚至可以分为女款和男款，其香水瓶外形也正好与萤火虫雌性和雄性的区别特征相吻合，既有文化，又有文创。

萤火虫香水的“内在（香水）”主要是借用了萤火虫的文化，还有另外一个网红元素就是香水瓶，可以做成模仿萤火虫的异形瓶，只要一摁喷液按钮，瓶子就能“发荧光”，将香水内外都做成网红产品（图 8–10）。

萤火虫香水的销售，也要充分借“萤火虫”之势，而不是传统的销售模式。比如，结合萤火虫的网络、科普直播销售，在萤火虫主题景区销售，在有情侣参加的萤火虫主题活动中赞助或销售。

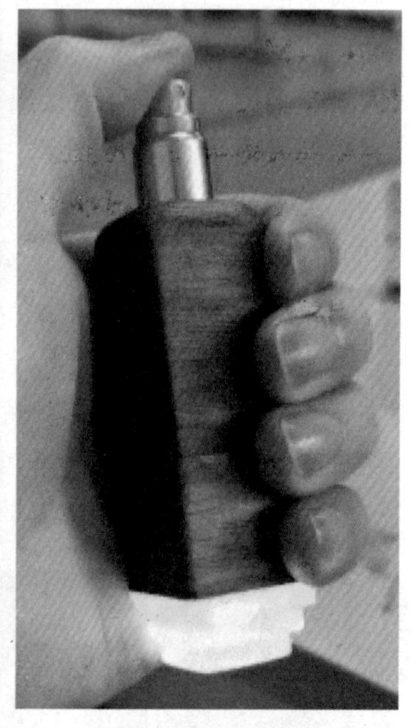

图 8–10　四川都江堰“青城拾香”/ 成都雅致文化传播有限责任公司和四川虫生生物科技有限公司联合研发的萤火虫主题香水

3. 萤火虫呼吸灯

活体萤火虫的养殖和观赏毕竟会受到很多客观因素的限制，因此，高度模拟萤火虫发光的萤火虫呼吸灯的研发就显得尤为重要和迫切，这类产品可以广泛应用于诸多领域。比如，可以在很多场景安放萤火虫呼吸灯，起到“以假乱真”的作用，与活体萤火虫一起营造震撼的场景；可以应用在任何的场合，低成本、不受限地模拟萤火虫发光；可以延伸出多种文创产品，包括萤火虫圣诞树、“囊萤夜读”灯，各种萤火虫文创加入萤火虫呼吸灯后变得“活”起来。

研发萤火虫呼吸灯的原理主要是高度模拟萤火虫的闪光颜色、频率等，要么是大概地模拟一般萤火虫的发光，要么就是模拟具体某种萤火虫的发光，因为每种萤火虫发光的颜色和频率都不完全一致；另外就是一定要设计一个程序，控制这个灯的闪光是永远无序的，这样才能逼真得像萤火虫的闪光，否则就成了普通的LED灯；最后就是灯的形状和尺寸等，不能有折射光线，不能太大，否则就不像萤光了（图8-11）。

图8-11　乐山师范学院和四川虫生生物科技有限公司联合研发的萤火虫呼吸灯

第九章　萤火虫创意产业的实操

第一节　产业技术

要有强大的技术团队支撑，否则无法做活做大萤火虫产业，因为不管是养殖、营销还是产品开发，这都是一个强烈依赖技术的特殊项目。成虫的高效展示和综合利用、幼虫的商业化开发、诱集成虫、虫体造型、虫体运输和储存等，都需要相当成熟的技术做支撑。

在萤火虫项目的实施过程中，不仅仅是把萤火虫养殖做好了就万事大吉了，还需要涉及如下各方面的技术。

一、养殖

本来就具有野生萤火虫资源的产业项目，对人工养殖萤火虫的依赖性较小，但都是短期的、"靠天吃饭的"，不易持续和做大做强，而且，从某种程度上来说，即使这样的项目，也需要一定的人工养殖萤火虫的技术。因为，要人工干预、保护、复育、繁育本地的野生萤火虫资源，才能做到可持续发展，否则，若受到产业化所带来的游客等破坏，野生萤火虫资源也会逐步减少，直至无法营业。

对近期的多数萤火虫项目来说，必须要有人工养殖的萤火虫作基础，必须要有人工养殖萤火虫的技术。要高度重视和花大力气做好萤火虫养殖，这是萤火虫旅游和系列产业的基础。做萤火虫养殖，还要注意不能乱引种而破坏生态，更要注意不能急功近利，要耐得住寂寞，慢慢养殖，逐步发展，把萤火虫产业作为长线来发展，一旦养殖基础扎稳，萤火虫就会保持一个可观的种群数量，就可以持续享受成果了。

就人工养殖萤火虫而言，也分为多种情况或需要考虑诸多因素：既要有南方省份的养殖，也有北方地区的养殖；既要有陆生萤火虫的养殖，也要有水生或半水生种类的养殖，多种类多样化的养殖才能保障一个项目点一年四季地赏萤，且为游客呈现不同的赏萤效果；既有小规模的自给自足式或科普展览式的养殖，也有大规模的种苗式养殖（主要是用来供销）；既有野外自然生态养殖，也有棚内的半人工养殖以及室内或馆内的纯人工养殖；既可以企业自行建设养殖基地（野外或室内），也可以借用废弃或现有的大棚、溶洞、玻璃房、水池等养殖或者在环境好且相对封闭的地方进行野外养殖；既可以在项目点自行较大量养殖，也可以在养殖成本更低的异地建立养殖点然后将萤火虫运输到项目点使用。项目点要根据自身的条件和需求精准高效地选择最适合自己的养殖模式，以免投入不足、养殖数量不够从而对项目掣肘，抑或投入过大、模式不对而让养殖遭受损失。另外，要尽量多区域地分散开来养殖多种类的萤火虫，实现“多点开花”，一个景区可以有多个点位、多个时间段起飞不同种类的萤火虫，从而延长赏萤时间。

理想的养殖技术或养殖技术的最高水平是工厂化养殖、多品种养殖、错茬养殖、反季节养殖、高成活率和化蛹率的养殖，产业的最高水平是每天（包括白天和黑夜）都能看到萤火虫起飞，不断变换花样，动用多种技术，巧妙多样化营销，渗透进多种产业，延伸出系列产业，但这些都需要一段时间的探索和完善才能实现。目前，多数的萤火虫项目主要是靠萤火虫自然资源和野外生态养殖，这样的情况成本较低、起飞成虫的概率很高，但成活率和成虫率受到限制，且养殖效果受天气因素影响很大，观赏效果不确定。

二、采集

除了少数养殖基地即为观赏或产业基地的情况之外，对多数养殖基地而言，养殖出萤火虫后，需要售卖或异地使用，就涉及萤火虫的采集技术。若只养好了，但不会采集或采集方法不当造成损失，亦会影响产业效果。

这里所说的采集涉及卵、幼虫、成虫甚至蛹的采集。

1. 卵的采集

若是野外养殖，要根据不同种类萤火虫的习性，人为栽种萤火虫喜产卵植物或铺设萤火虫喜产卵介质，之后在这些植物或介质上采卵；若是室内养殖，养殖器具的设计就要考虑到采卵的问题。

2. 幼虫的采集

除了个别特殊的种类和高密度养殖情况下需直接徒手采集之外，野外养殖的幼虫采集主要是靠饵料诱集，但除了饵料的科学配制以高效诱集之外，诱集的器具也是非常关键的因素。

3. 成虫的采集

由于多数的萤火虫产业或项目使用的都是成虫，尤其是目前多数都是靠使用异地运输的萤火虫支撑，因此，成虫的采集和运输技术就显得尤为重要。野外敞开式养殖的萤火虫成虫的采集，主要是靠灯光等技术诱集网捕后承装运输；若为纱网棚养殖，则可以设置 2 m 以内的顶棚高度，除了灯光诱集捕捉之外，还可以用漏斗式特殊器具直接扣棚顶；若是室内养殖器具人工养殖，则养殖器具就应考虑到采虫便捷性。

4. 蛹的采集

蛹的使用和采集是非常少的，也是比较困难的，但有时候也是需要采集一定量的蛹。少数萤火虫是在地表化蛹，这样的蛹较好采集，但多数萤火虫都是在土层中化蛹或用泥草等筑巢化蛹，就很隐蔽，不易采集，或即使发现后也不易采集，因为极易破坏其化蛹或蛹巢。若是野外生态养殖，地表化蛹的高密度的蛹较易采集，除此之外，基本无法采集；室内养殖的情况，可以根据是否需要采蛹而设计不同的养殖条件以便采集。

总之，各个虫态的采集，都是首先要确保尽量不对虫体造成损伤和干扰，其次就是要高效采集，再次就是采集后方便运输。

三、运输

目前多数的萤火虫种苗或成品都需要异地使用，因此，产业化的发展离不开高效的运输技术，活体昆虫很娇嫩，一旦运输过程中某个环节出现问题导致虫体死亡，所有的努力就会前功尽弃，造成重大损失。

萤火虫的运输涉及以下几个环节。

1. 装箱

要根据萤火虫的不同种类和虫态选择确定最适宜的装箱运输器具，这是成功运输的第一步和基础。需要纠正的几个误解点有：不要以为水生萤火虫的卵和幼虫就一定要放在水里运输，其实只需要保湿就可以了；相反，若浸泡在水中运输，一旦出现缺氧等情况就会全军覆没；不要以为必须要很多氧气而扎孔很多，其实相反，很多时候这样做导致保湿效果骤降反倒不好。萤火虫运输最好有专门的盛装器具，效率更好，效果更好。但一般而言，用普通的大塑料瓶即可较好地运输，但要注意保湿、黏附物、隔离物、密封、打包箱适当扎孔等技术细节一定要做到位，除上述因素外，最重要的注意事项是一定要保持适当的温度（最好是 20 ～ 25℃），否则，一旦温度过高，就会导致萤火虫呼吸过度或干燥死亡，因此，气温高的时候还要采取加冰块等方式适度降温。

2. 运输

选择最适宜的运输方式并确保运输途中不出大问题是非常关键的。运输的情况和方式有很多。若短途运输，可以自行驾车运输或用公交车辆代运，但一定要注意不能把萤火虫箱体放在后备厢或货厢等非常闷热的地方造成死亡，一定要注意运输途中的通风和控温，一旦遇到气温高的情况，必须采用开空调等措施，并在途中每隔 2 ～ 3h 检查 1 次，最好在 3 ～ 4h 内到达目的地。若是较远距离运输，最低的成本就是快递，但目前很多快递公司不愿运输活体萤火虫，若能配合运输，需要选择较快到达的方式，而且需要特别注意的是，气温超过 30℃的时候就要慎用快递，因为温度太高极易导致萤火虫大批量死亡；若不能用快递，可以用自驾车或代运车辆，但除了注意上述事项之外，需要途中过夜的时候每晚都要把萤火虫放在房间，保持低温，适当照管（保湿和通气等），确保成活率。

3. 收货

收货是运输的最后一关，也不可轻视，一旦收货不及时或处理不当，仍然会前功尽弃，造成萤火虫伤亡。除了第一时间接收萤火虫装箱之外，还要注意以下技术要点：收到后，除了适度开箱检查之外，不要轻易开箱（因为会破坏原有的萤火虫较为适宜的环境），不要置于较高温度处或太阳直晒的地方或完全黑暗的环境中，要根据情况适当采取保湿（上午、晚上在盛放容器里喷洒少量水雾，但不能有积水）和控温等措施，且要尽快投放到使用处，这才标志着运输工作正式结束。

四、投放

异地引进萤火虫种苗（不管是哪个虫态），最终目的都是为了让其存活下来，因此，除了采集、包装、运输等过程中要保证存活率之外，还要注意最后一个环节——投放。之所以很多“萤火虫展览”之类的活动受到大众抵制，主要是因为举办者只看重了经济利益，没有关注萤火虫的生存，不懂技术，没法保证运输过程中的成活率，没有让萤火虫活下来和繁育的意识，更没有养殖技术和环境准备，萤火虫展览的过程就是萤火虫死亡的过程，白白耗费了大量的活体萤火虫。

不管投放哪个虫态的萤火虫，都要根据养殖技术，提前把适应其生长的环境布置好，投放后还要及时多照料，确保成活率。

若要投放成虫，一般是在16:00—17:00，气温不热且萤火虫正在“睡觉”的时候轻轻投放到赏萤地或养殖处，这样基本不会对成虫造成太大的干扰。根据引进成虫的寿命和营销规律，一般建议每周引种两次，周一下午投放1次，周五下午投放1次，基本能保证较好的赏萤效果，且对应赏萤营销规律，当然了，节假日除外。

五、呈现

投放之后，若没有相关的技术，即使萤火虫数量足够，也未必呈现出理想的赏萤效果。

目前，引种和观赏、产业化的基本都是成虫，因为民众关心的主要是成虫的呈现效果。要想呈现出最佳的成虫欣赏效果，要注意以下几点。

1. 野外自然赏萤

要注意周边光线不能太强，甚至要考虑太强的月光干扰，最好是山沟、山谷类的聚集型赏萤区域或植被密集且高森林覆盖率区域，这样，萤火虫能相对高密度地聚集在一个区域，且能趴附休息，会很自由自然地飞翔，从而呈现出较佳效果。若在野外较为平坦、没有上述环境条件的区域，则需要架设一定造型的网棚或用植物围成相对封闭的区域，将萤火虫控制在一定的区域，从而呈现出较好的效果，但这样的情形下赏萤体验会打折扣，因为这类似圈养动物，但若不如此操作，萤火虫会不安地到处乱飞，不仅逃逸且赏萤效果较差。当然了，少数飞翔逃逸能力很差的特殊种类在较为敞开的环境中只要有较为适宜的环境，即使没有围网也有较好的赏萤效果且逃逸比例极低，这些是由萤火虫特性决定的。

2. 室内养殖和赏萤

由于本身就属于"圈养"式，所以，可以较为自由地设计各类人为赏萤器具和呈现效果。除了多栽植被或摆放一些供萤火虫栖息的植被以便于呈现，还可以人造一些图案和数字等造型器具或豆荚、布囊等各类器具中，将萤火虫放入其中，呈现出不一样的效果，当然，所有这些器具和设计都要以养活萤火虫为基础。

3. 增强与游客的互动体验

比如，可以用适宜的灯光刺激让萤火虫同步发光或向游客飞来，从而推出"萤火虫表演"这样的高潮活动；用器具让成虫或幼虫摆成各类图案等造型；有些刚死亡虫体的荧光粉可以擦到身上"发光"成为"萤光绿巨人"；可以把萤火虫放在一个器具里，让嘉宾一起放飞萤火虫从而呈现"天女散萤（从高处往下倾泻释放）"或"萤花爆放（较大量地箱体放飞）"或"萤光溢彩（用小器具释放萤火虫以许愿祈福）"。同时还要注意：不能都是单一的、平面的某种萤火虫成虫的起飞观赏，还要用各种萤火虫、虫态附以各类植物或器具实现立体化多样化的赏萤景观，包括林地或峡沟里正常起飞的平面"平视"萤景、墙壁或崖壁或侧壁上的垂直"仰视"萤景、垫起的钢化玻璃下地面上爬行的脚下"俯视"萤景，包括空中的飞萤、地上的幼萤、水中的水萤等。

4. 协助萤火虫起飞

某些时候，萤火虫自身的发光效果不好，基本上都需要一定的技术处理：比如，有些幼虫（包括水生幼虫）发光效果不好，可能是因为温度太低，需要适当加温；相反，有些时候有些种类的成虫发光效果不好反倒是因为温度太高；有时候萤火虫不发光，主要是受到惊扰，若轻拍一下盛放器具，再刺激一下，萤火虫即可发光。要给成虫营造很多适宜栖息的趴附物，甚至在上面喷洒一些糖水等食物，这样能让成虫生活得更好，发光效果更好。

5. 特殊发光呈现现象或技巧的使用

比如，很多窗萤幼虫发光很漂亮，还可以爬树等实现立体发光；穹宇萤等半水生萤火虫可以趴附在渗水的假山石上，打造出"萤光墙"或"萤光假山"；水生萤火虫幼虫在水中发光可以做成各类家庭或酒店宠物。比如，可以按照万花筒的原理打造一个四面或六面均为玻璃的暗室，或者在一个大棚顶部放一个反光黑色塑料薄膜，就可以实现非常震撼梦幻的赏萤效果。比如，将一些特殊种类的雌萤放在窗口，连续数天都吸引到该萤雄性在窗口附近徘徊，甚为有趣。

除了上述技术性的注意事项外，还有以下注意事项：

一是若在室内赏萤，要注意观赏区的门帘设计，最好是两层，掀开最外一层后进入一个过渡区，然后再掀开一层门帘才能真正进入赏萤区，这样的暗室效果最好，也有利于防止萤火虫的逃逸。

二是要注意打造一些颠倒思维性的萤火虫景观以吸引客人，比如，白日赏萤（萤火虫要提前处理，颠倒其生物钟，让其白天发光、晚上休息，但还需要其他的技术处理，否则效果不好），同时还要注意养殖冬季萤火虫，发展“冬季赏萤”或“下雪赏萤”。

三是要高度重视萤火虫幼虫的观赏产业，其实，若加以科普宣传和营销引导，多数游客都愿意去欣赏一下“初恋”期的萤火虫幼虫在地上（陆生萤火虫）、假山或墙（崖）壁上（半水生萤火虫）甚至水中（水生萤火虫）发出的有别于成虫“流美”的“柔美”景象，还增长了见识。同时，这些幼虫还可以作为产品，销售给游客，可以长期养殖，又延伸了产业链。当然了，要注意的是，很多萤火虫幼虫在野外发光的效果较好，但放在室内后效果大打折扣，所以，要有一定的技术支撑和干预。除此之外，也要适当开展萤火虫卵和蛹等的欣赏活动，拓展萤火虫发光的欣赏虫态和时间，增加收入。

四是既要考虑赏萤效果的呈现，又要注意萤火虫的成活，不能过分用牺牲萤火虫而换来游客一笑，就像有些马戏团或动物园一样，靠虐待动物来赚钱。因此，要在赏萤过程中对萤火虫予以生命的尊重，尤其是注意成虫的产卵繁殖。

五是在国外，只要赏萤点有萤火虫，游客就会心满意足，但所有的游客都期待看到数量惊人的效果震撼的萤火虫景观，否则就觉得效果不好，甚至吐槽投诉。其实，这是对赏萤的一种误解。但在无法纠正游客赏萤评判标准的情况下，如何做到既让游客满意，又能节省景区投入（因为萤火虫越多成本越高）呢？可以在一个较大的赏萤点内再建造若干有一定造型的器具或小棚，里面盛放高密度的萤火虫，呈现较好效果，其他赏萤空间内少量散放萤火虫，有密有疏，这就是折中的一种办法；另外，还要注意科学调配游客赏萤时间，将萤火虫集中放飞和游客集中赏萤的时间点尽量吻合，这样就能实现投入的最大化变现。

六、管理

萤火虫景点的赏萤效果和萤火虫的存活还与平时的管理水平有密切关系。

野外萤火虫观赏点多存在蛇的预防和驱逐问题：萤火虫野外生活的环境质量一般都较好，这样的环境中常有（毒）蛇的出现，这些（毒）蛇的出现会严重影响游客的人身安全，且会对萤火虫造成一定的影响（有些蛇取食萤火虫幼虫），因此，要采取相关措施解决蛇的问题。除此之外，还要注意采取一定措施防猫、狗、鼠等动物，它们不仅会取食萤火虫、破坏萤火虫的生活环境，还会取食野外投放的萤火虫的饵料。

要科学处理好灯光与萤火虫的关系：并不是一点灯光都不能要，而是要低亮度且最好是偏红色的地灯，基本不会对萤火虫造成干扰。既不会对萤火虫造成重大影响和干扰游客赏萤效果，也不至于漆黑一片，让游客看不清道路而造成安全事故。

在很多赏萤点，游客偷抓萤火虫是个令管理者头疼的问题，“偷者罚款”和劝诫等多是费力不讨好，都不算最佳方式，应按照“宜疏不宜堵”和商业化引导的指导思想，巧妙地引导消费者，比如：多投放一些已经存活几天的雄成虫（大概率已交配，本来也不能产卵，也活不了几天，也没有太大价值了），直接就告知消费者每人或每个家庭可以抓两只萤火虫作为赠品或低价出售，或者将自制的捕虫网租赁给消费者，让游客自己捕捉体验，但为了让萤火虫多存活几天，须在赏萤区出口或园区内找工作人员购买盛放器具。如此，既能满足游客的捕捉欲望，又增加了互动体验，还降低了人为管理的工作量和难度，还增加了收入，还让游客带回家继续观察和嬉戏，还有助于品牌的传播，一举多得。

为了提高萤火虫的存活率，平时要加强技术性的管理措施：适当投食，既要为萤火虫幼虫提供足量的食物，又不能浪费饵料，更不能造成环境污染和生物入侵（有些活体饵料最好用专业化的器具投放，保证不逃逸和扩散而带来生物入侵的风险）；要保持适宜的湿度，不能过于干燥，也无需太湿润，尤其是室内通风条件不好的情况下，更要恰当地维持环境湿度；其他的措施就是做好赏萤区周围的围栏，不能让过多的人畜踏入养萤区域，游客若要经过赏萤区，则走道需要垫脚架空，以防止游客踩踏萤火虫并破坏生活环境，更不能喷洒农药或有其他的污染源，确保赏萤区（养殖区）优质的生态环境。

七、回收

对萤火虫的回收，基本是指对成虫的回收，其回收方式和目的等有多种情况。

若是回收利用过的健康活体萤火虫再作他用，其回收就相当于前述的“采集”，具体技术和方法在此不再赘述；真正的“回收”其实是指死亡的萤火虫成虫（虫尸）的收集后再利用。

最简单的情况是在中小器具内的虫尸收集（直接落在器具底部），中等难度的是在室内较大范围内的虫尸收集（可以在萤火虫盛集区设置较易收集的器具），最难的就是野外生态环境条件下的虫尸收集（基本不能收集）。

回收的萤火虫死亡成虫，有如下用途，可以适当增加萤火虫的产业价值：可以作药用，但需要较大的量；可以做成各种标本，用以科普、研学等；可以做成琥珀或各类工艺品。

八、产品

除了上述萤火虫死亡虫态制作的各类产品之外，更多的是活体萤火虫的各类产品。除了前述的萤火虫文创产品和教育产品之外，还可以将活体萤火虫幼虫或成虫装入各类小型或中型生态养殖器具中作为家庭宠物或特殊礼物，比如，在七夕节，情侣除了放飞萤火虫成虫之外，还可以买一些幼虫，装在一个“心”形器具中，让幼虫在整个器具中乱爬发光，组成一个发光的“心”形，代表情侣的陪伴和相思，也是一种很有创意的礼品。

第二节　产业运作

萤火虫产业成功的要素很多，包括：强大的技术背书和支撑，较大规模的萤火虫养殖量，绝好的项目位置和周边环境，一定范围内的垄断性地位，萤火虫景观设计呈现出稳定且较好的赏萤效果，多样化的策划设计和业态形式，精妙到位的营销和宣传，细致入微的管理、服务和运营，优质的旅游硬件和软件，持续的创新和能力提升等。

一、项目选址

选址是萤火虫项目的第一步，就像下棋落子一样非常关键，要考虑多方面的因素。

一是就全国而言，首选南方省份，尤其是经济发达的省份（尤其是其中生态环境较好的区域），再就是生态环境和气候条件优质的省份；其次是北方的山东及京津冀一带，北京以北和西北地区原则上很难做萤火虫项目。整体而言，沿海地区的江苏、浙江、上海、广东、海南、福建和西南地区的四川、重庆、贵州、云南还有广西、湖南、湖北、江西及港澳台等是较适合发展萤火虫项目的地区。

二是就城市而言，最好是选择人口众多、经济发达的省会城市近郊，其次是选择著名的旅游城市尤其是紧靠著名旅游景点的区域，最后是选择尽管不满足上面两个条件但生态环境极好、非常适合萤火虫生长、赏萤效果极好的地域。最好在那些浪漫且适合情侣的旅游城市发展萤火虫项目，比如丽江、大理、三亚等。

三是就养殖条件而言，最好是生态条件极好、非常适合萤火虫生长的野外自然环境，尤其是少数民族地区、经济欠发达地区、贫困山区等，尤其是有大片森林、水沟、峡谷或溶洞、稻田等适宜萤火虫生长且赏萤效果好的地域，最起码有地势差而不是一马平川。若是城区周边生态环境不是很好但旅游设施较好的地方，则需要有较好的温室大棚等室内养殖和观赏萤火虫的硬件设施，尤其对北方省份，若想发展萤火虫项目，温室大棚应该是必需的要素之一；若选取的项目点地势平坦，则会给营造萤景带来一定难度，至少需要扣棚以防止萤火虫逃逸且保证赏萤效果；此外，要最大程度地利用原有条件精巧设计养萤和赏萤棚，大棚不仅能防虫且要美观（甚至外部能发荧光），还要加入镜面效果和防雨功能，棚内布置适合 3 种类型萤火虫生长的生态环境，且要善用养鱼池嵌入土中做简易的水生萤火虫养殖场所。

四是就交通条件而言，若定位于周边自驾游客户，最好控制在车程 1 ～ 2 h 以内，最好周边有机场、高铁站或高速路出口等便于外地游客。除了交通便捷，还要路况好，有多条通道，最好是双车道以上宽车道，且是单行道，交通标识清晰，同时，还有一个非常重要的因素就是要有足够的停车场，否则，很容易导致交通堵塞而严重影响项目进展。

五是就配套资源而言，除了要有较为精彩的赏萤项目，还要有相关的夜游系列产品，让游客不仅能赏萤，还有其他的娱乐赏玩项目，且成体系、成系列有主题、有品质；还要有相关的食宿条件（包括露营、房车和夜宵等），能满足一定量游客的吃饭和住宿，且条件和品质适宜，否则，若是游客来后只有一个赏萤项目，吃饭和住宿及交通等都不方便，整体体验感就会大幅度下降，会极大影响萤火虫项目的口碑和持续发展。

六是就赏萤地点而言，最好是距离停车场和大路不远的地方，道路平坦且宽阔，有护栏，方便游客步行前往；最好是附近有些商业体且夜生活丰富，这样能拉动夜间消费和多个业态；最好是周边没有悬崖峭壁或大江、大河或深坑水库或滑坡等极其危险的安全隐患；最好赏萤点高于萤火虫栖息地，这样有个高度差，赏萤效果好且极大避免游客捕捉萤火虫；相对独立的岛屿（萤光岛）和相对封闭的凹形山谷是最理想的赏萤点，当然了，在溶洞内赏萤也较为理想，只是萤火虫在溶洞内的养殖和存活是个技术难题，多数都是靠引种到洞中放飞。总之，要相对隔离和孤立，最好有个地势差使得萤火虫不易逃逸，不易被人捕捉，且易于相对封闭性地管理和收取门票。

二、景点建设

萤火虫项目的景点建设，一般包括以下几个方面。

（一）植物布置

1. 萤火虫景点植物布置的普适原则

由于萤火虫是不取食植物的，尤其是不取食任何活体植物，因此，植物其实是与萤火虫基本没任何关系的，但在建设萤景的时候也要适度考虑植物的因素，主要涉及如下因素：

（1）供萤火虫的活体饵料取食而种植的植物。要在陆地上种植一些软体动物喜食的植物，以养殖蜗牛等作为陆生萤火虫幼虫的活体饵料，当然了，还要适度考虑营造适合蚯蚓生长的环境，以养殖蚯蚓喂饲喜食蚯蚓的陆生萤火虫幼虫；在水中泥塘里种植一些螺类喜食的植物，以养殖田螺等作为水生萤火虫幼虫的活体饵料。

（2）为萤火虫幼虫的遮阳而种植的植物。基本所有的萤火虫幼虫都喜阴怕晒，因此，要在陆生萤火虫幼虫栖息地的地表种植各类植物以为其庇荫，在水生萤火虫幼虫的栖息地里适当种植一些水生植物为其遮阳。

（3）为萤火虫成虫停息和景观展示而种植的植物。为了让成虫有停息和取食露水等液体食物的地方且能呈现出较好的赏萤效果，需要种植一些高低错落、有层次感、巧妙搭配的各类绿植。

（4）其他需要考虑的因素。除了要考虑上述因素外，还要注意尽量选择耐病虫害、有景观性、四季常绿、价格适宜的植物，若在能基本满足上述要求的前提下又能养殖蝴蝶从而打造“萤飞蝶舞”景观那就更好了。

2. 萤火虫主题园林的打造

营造现代园林萤景有两种思路：一是侧重按照萤火虫的生物学特性和生境需求来营造生态萤景，二是侧重结合古代园林萤文化元素同园林要素配置来营造文化萤景。

（1）生态萤景营造。萤火虫分为陆生、水生、半水生 3 类生态型：陆生萤火虫基本在土表或土下表层生活，雌成虫将卵产在泥土、落叶或者苔藓中，幼虫在土壤表面或者土壤下表层寻找食物，在土表落叶等环境中化蛹；水生萤火虫的幼虫喜欢在浅水塘中生活，最好有各种水草等水生植物为其遮阳和为其食物提供寄主，幼虫要在水塘驳岸的土中、杂草下化蛹，成虫生活在水上方开阔水域及水边的植物上，卵产于水边苔藓上或植物叶片下面；半水生萤火虫幼虫喜欢生活在溪流岸边、瀑布崖壁尤其是假山等湿润环境中，偶尔可以下水捕食，用土等物质营造蛹室化蛹。

①陆生萤火虫萤景营造：陆生萤火虫受人为影响干扰大，更倾向于较为稳定的陆地生态系统，因此，打造陆生萤景，首先要提供较为稳定的生境。陆生萤火虫所需植被主要强调植物的覆盖率及高度，直接生息环境更强调底层植物的覆盖率，为萤火虫提供躲避、遮阳、保湿等作用。

地被配置：陆生萤火虫对地被植物要求不高，只要能遮阳和停栖、适宜蜗牛等饵料取食、没有对萤火虫不利的异常化学成分挥发等即可。很多常见地被，如蕨类、马蓼、节节草、蝴蝶花、空心莲子草、牛耳大黄、灯芯草、野燕麦、看麦娘等都可以为陆生萤提供良好生境。蜗牛喜阴暗潮湿、疏松多腐殖质的环境，是杂食性动物，人工环境中，一些常见地被如酢浆草科、豆科车轴草属等草坪植物较为常见，同时，草本花卉如鼠尾草科的一串红、菊科植物包括大丽花等草本花卉也是蜗牛常见的食物。

上层植景：陆生萤火虫喜遮蔽性较好的密林环境，温度较为适宜，还可以阻隔自然光线，减少人工光线的干扰。所以，上层植物的营造应该多选用常绿树种，冠大荫浓为佳，同时部分配置落叶阔叶树种，打造相对丰富上层植景。常绿阔叶树种可以采用壳斗科、樟科、山茶科、木兰科等，配置常绿树种如松科植物，形成遮蔽性较好的上层植被。以少量落叶树种作为点缀，增加变化性。符合中式审美的陆生萤景，可以采用松、竹、桂花与梧桐的组合，打造植物寓意丰富的“萤火之森”景观。

②水生萤火虫萤景营造：水生萤火虫的不同虫态有不同的生境需求，较为复杂，水域环境、驳岸、地面和水生植物等都要考虑，但整体而言，更偏向于天然湿地型的生态环境。

水生植物：水生萤景营造时，宜种植叶片较为舒展的水生植物提供荫蔽环境，再配置藻类等沉水植物，为萤火虫幼虫的食物螺类提供饵料。常见的挺水植物：荷花、再力花、旱伞草、菖蒲等都较为适宜配置，另外浮叶植物中：睡莲、玉莲、芡实、荇蓬草等，叶面舒展开阔，花朵娇艳可爱，也很适宜水生萤景打造。

水体与驳岸：水生萤火虫适宜生存在平静水塘，幼虫对水质要求很高，还需要充足氧气，水体内不能养殖取食萤火虫幼虫的各类动物。由于水生萤火虫化蛹、羽化的需要，在理水造景中，驳岸的设计和材质较为重要。驳岸材料包括草皮、水生植物、柳树、灌木、木材、石材等，但不能有大面积的硬化，再伴以蒹葭、鸢尾、菖蒲等植物软化驳岸边界，营造良好的水生萤景。

③半水生萤火虫萤景营造：半水生萤火虫喜岩石、喜潮湿、喜苔藓、喜溪流，生态萤景营造时，需要注意满足这些环境要素。

置石与理水：半水生萤火虫萤景营造，特别适宜配置石景。选用多空隙的石类如太湖石，石缝或石台上还需少量配置泥土，供萤火虫化蛹。萤火虫幼虫在石上不时发光，营造出一种特殊的立体萤光景观。若营造石壁、石墙，需内设小孔隙，供萤火虫生存，石壁不宜过高，遮挡住视线即可，既分割空间，又为夜间观萤提供黑暗背景。另外，营造时必须要有明水，既满足潮湿环境的需求，理水配置石又别有风致。

苔藓：苔藓类、蕨类植物喜欢潮湿的环境，稍微有散光就可以很好地生长，是半水生萤火虫的理想生境。根据古代园林萤景文献，苔藓、蕨类、藻类等植被搭配飞萤有良好的景观效果，可以形成碧绿幽暗的大片苔藓植物背景下熠耀的景象。苔藓植物也十分适宜与置石一同构景，营造幽静、质朴的园林景观。还可以作地被种植，或者与其他植物配置，达到良好的底层植景效果，作为萤景营造的背景。另外，苔藓植物可以在盆景、水族箱等小范围内生长，形成封闭或者半封闭的微观园林，亦可用来养殖萤火虫。

（2）文化萤景营造

①植景配置：适宜的植景配置既可以为萤火虫提供优渥生境，萤火虫又能和植物背景结合营造富有吸引力的动境。选择富有萤景内涵的植物，还可以增添景观的文化底蕴，打造出既满足萤火虫生存需求又富有文化底蕴的现代园林萤景。

竹：陆生萤景营造中，可以多植竹。竹子生性喜温暖湿润、雨量充沛的环境，与萤火虫的生境需求相似，这也是古代诗文中萤火虫与竹子经常一同出现的原因之一。在园林萤景打造时，竹林密布，白天日光穿竹翠玲珑，夜里荧光绕竹点点星，是一个全日可赏的景致。竹子具有良好的降温和遮阳效果，夏日园林植竹可送清凉，竹林中设停留点观竹、观萤皆可。在人工营造萤景时，比如萤火虫文化节中，为了快速达到良好景观效果，植竹是个非常不错的选择。同时，竹还是一种良好的建材，在与萤景搭配或建设养萤设施时，也可以适当考虑使用竹构建筑。

苔藓类、蕨类植物：古人秋夜赏苔景飞萤，苔类植物给萤火虫提供了良好生境，宏观大视野范围下，萤火虫在碧绿幽暗的大片苔藓植物背景中飞舞，蔚为壮观。日本园林中就多运用苔藓营造枯寂素朴的园林景观，比如佛寺、茶园等，配合萤火虫赏景。苔藓植物既可以做微景观、盆景，又可以与假山石配置，还可以做地被种植，或者与其他植物配置，比如兰花等，既能营造特别适合兰花的园林小环境，又可以形成良好的景观，成为大规模萤景营造的绝妙背景。园林萤景的营造，如果无法在大范围规模化放萤，可以选择养殖箱微园林的形式，配置苔藓类植物可以更好地展示萤火虫的生境，又可以达到萤火虫造景的目的，适合萤火虫科普展示。

兰科植物：兰花有各种季节开花的品种，考虑到多数萤火虫会在7—9月起飞成虫，可以选择与之相匹配的剑兰。剑兰的花期通常为6—10月，一般生于疏林下、草丛和灌丛中。目前有广泛的盆栽种植应用，可以营造微园林的场景，更可以与苔藓类植物相搭配，为萤火虫提供优渥的生境。生活在岩壁上的附生兰，可以与喜欢岩石生活的萤火虫相配置，营造特别的萤景。此外，春季起飞的萤火虫，则可通过人工繁育配置春兰、墨兰等打造萤景。“空谷幽兰”是人品高洁之征，也是心旷神怡之景，山谷溪流，本就是特别适合萤火虫生活的环境，再配植以兰科花卉，可以打造一种“萤谷幽兰”的空灵高雅意境。

菊花：除了春天，夏秋冬都有不同品种的菊花开花，可以与不同生长期的萤火虫相配成景。菊花丰富的植物形态可以做地被，丛植菊花，繁茂鲜艳的花朵，白天极富观赏性，夜间萤火点缀，又别具一格。同时盆栽菊花也非常多，菊花还可以做造型类植物雕塑，适合与萤火虫一起打造小型造型景观。

荷花、莲花：水生萤火虫景观打造时，可多植荷花、莲花等花卉。荷花、莲花都是符合中国传统花文化审美的植物，园林萤景理水中种植此类水生植物，白日已经有丰富景观体验，而夜间萤火虫翩翩飞舞于花朵之间，香气袭来，花姿模糊，还可以观萤光点点与水面倒影，生动有趣。

②置石与理水：石令人古，水令人远，园林水石最不可无。“漱石枕流”是传统文化中向往无拘无束的隐逸生活的代名词，置石水边，可以听水观萤，享受世外旷奥，不管是水生萤火虫萤景营造，还是半水生萤火虫萤景营造都十分适合。若孤置小型假山，或叠石堆山，可以与苔、兰等植物搭配，在微园林中丰富景致，一峰则太华千寻；若浅溪细水，飞萤缭绕可以点亮湖光，一勺则江湖万里。

（二）辅助设施

多数的赏萤点都需要一定的辅助性设施，总体要遵循的原则是：生态环保无污染、造型别致艺术化、增强效果科学化。

景区入口门头、各个产业展示平台等要精心设计；在为景区照明的时候，要多放昏暗地灯或荧光脚印；景区附近的路灯可以做成萤火虫的造型，也是网红元素；所有的设施建筑材料尽量地生态化环保性，不能有异味和污染源；可以在某些设施里加入人造暗室，使得白天也能观赏萤火虫发光；网棚架构等要卡通化，要艺术性，比如，可以做一个网棚为萤火虫成虫的样式或一个建筑为萤火虫幼虫的样式，“尾部”还能“发光”，本身就是一个网红建筑。

（三）氛围打造

萤火虫是一种特殊的观赏性昆虫，既是夜游经济的宠儿，又是浪漫情调的象征，因此，在赏萤的时候，要特别注意相关浪漫氛围的营造。

首先，在赏萤核心区，不管是野外还是室内，都要注意搭配好相关的植物、架设等，要错落有致，要有隔离，要不同形式地展示萤火虫，要移步换景，不能让游客一眼就把所有的萤景看全、看穿，这样就很大程度地降低了对游客的吸引力和赏萤逗留时间。

其次，在赏萤核心区的周边，可以用适当的灯光打造“火树银花”“流光溢彩”等网红景观，甚至还可以做成各种造型，所用的灯光可以是与萤光相似的各类LED灯或投影灯，也可以用笔者团队自主研发的高仿真萤火虫呼吸灯，也可以适当陈设一些荧光气球或落地灯球；还可以加入全息技术，投射出“全息萤光”，甚至还能与游客互动“捕捉”；有些设施可以适当与镜面结合，四周和顶部甚至地面都放上钢化玻璃或镜面膜，大棚结构的棚顶可以铺盖有点镜面反射功能的黑塑料薄膜，这样的设计就能让赏萤效果放大很多倍，且呈现出非常绚烂奇妙的幻境效果。需要注意的是：上述的这些氛围打造项目其实本身就是一个独立的运营项目，尤其是高端打造的有文化内涵的灯光类项目，只是要注意尽量与萤火虫元素有关，不能纯粹做成灯光节；还要多做一些打卡区、拍照区，增加逗留时间和传播效果。

最后，若要想有更好的氛围效果，还可以加入其他的昆虫（如蝴蝶和鸣虫），白天和黑夜都能欣赏，视觉和听觉都能调动，增强产业项目体验效果。蝴蝶适合于白天观赏，又与兰花、荷花等植物十分相衬。在生境需求上与萤火虫十分相似，古人赏萤时，也常常与蝶、兰同赏，故在萤景营造时，可以适当设计引入蝴蝶，搭配成“萤飞蝶舞”的景象。古代诗文中，萤景常与虫声一起出现，“寒蝉聒梧桐，日夕长鸣悲。白露湿萤火，清霜凌兔丝”，“一声早蝉发，数点新萤度”，“虚窗度流萤，斜月啼幽蛩”。故可在萤景中适量置入蝉、蟋蟀、螽斯等鸣虫，打造声色和谐的文化萤景，当需注意蝉声不能太聒噪，否则会打扰赏萤雅兴。

三、营销策划

此部分为萤火虫产业策划提供思路借鉴。

作为一种崭新的特殊资源昆虫和产业项目，很多人不熟悉萤火虫的营销策划，这也是萤火虫产业尚未充分释放产业威力的重要原因之一。因此，萤火虫产业必须高度重视营销策划，而且要以“昆虫创意产业”理念为指导，加入创意思维，打开思路，延伸触角，多元化、多角度地进行营销策划。

萤火虫产业要想取得好的销售效果和大的经济效益，需要至少做好三方面的工作或者传递好3个“接力棒”，即景观、业态、营销。景观的打造好似做菜的食材，是基础，是“第一棒”；业态的确定好似做菜的烹饪，是核心，是“第二棒”；营销的策划好似做菜的销售，是关键，是“第三棒”。三者相互呼应，层层递进，缺一不可，都做好，才能最终取得好结果。

（一）景观的策划

高质量的萤火虫景观的策划、设计和实现，是萤火虫产业的基础，若景观的效果都保证不了，后面的策划就成无源之水了。

萤火虫主题景观的打造，没有定法，肯定是因地制宜，但也有规律可循：

首先，要有养殖基地，这是可持续多月份合法化发展萤火虫产业的基础，否则，没有像样的足够规模的养殖基地，哪来的足够多样且足量的萤火虫做支撑？养殖基地，一般分为野外生态养殖和室内人工养殖基地，两者各有优缺点。野外生态养殖和赏萤很自然，感觉很好，投入少，不易出现大规模死亡，但易受天气影响，且萤火虫不易控制；室内人工养殖和赏萤则完全可以控制萤火虫效果，观赏不受天气，这些都是巨大优点，但养殖成本高、不好控制，赏萤效果人为痕迹较重，赏萤体验不是很好，投资较大；因此，实际项目中，这两者最好要互补协调。

野外生态养殖基地，若有山谷状较为封闭区域或较大规模郁闭度很高的林地，则为最佳，可以直接引种后作为纯生态养殖基地，顺便在附近开辟一条道路或平台以供游客赏萤，尽量多借用大棚、溶洞、环境好的且相对封闭的地方野外养殖；所有野外生态养殖区都要注意科学地布置灯光、不能在其中放牧、不能喷洒农药等；野外观赏点，也可以适当设置一些隐形的萤火虫盛放器具，能保证萤火虫的聚集和观赏效果，甚至还可以加入萤火虫释放器和诱集器等，每晚举行“萤火虫表演”，提升观赏体验效果；适当放置一些萤火虫科普和体验模具，提升趣味性和艺术性，适当加入音响、灯光和烟雾等营造气氛；要设置单行道，设定游客赏萤路线，总赏萤时间为半个小时左右最好。

若为较为敞开的平地区域，则首选有水域的湿地性质的区域或者一片相对独立和密集的小树林，再将此区域用一个纱网棚遮盖起来，内部封闭性养殖，但需要注意的是：第一，此网棚由一个木制或铁质等支架支撑起来后，四周及顶部均由纱网围拢，长条形隧道式或圆拱形温室式，且网棚内部地面等均不能硬化，就是一个农业网棚；第二，还有的情况是围起一个很大的网棚，但内部还可以再设计精致的小棚，通过“棚中棚”实现萤火虫的聚集和多样化展示，既能节约成本，还能提升赏萤效果；第三，要对网棚外部进行美化，包括外围要漂亮，从外面远处看似一萤火虫幼虫，晚上尾部还能发光，这样该网棚本身就是一个网红设施，变丑为美；第四，网棚内部也要处理，包括顶棚放置镜面膜似的材质，既能实现下雨天仍能赏萤，还能因镜面反射原理而营造出“萤光秘境”的幻境感觉，增加赏萤效果，同时，网棚两侧也要遮黑处理，这样，即便周边有灯光或较强月光也不会太影响赏萤，甚至能实现“白日赏萤”；第五，网棚最好是狭长形，这样既是一个幼虫造型，且狭长形网棚有助于棚内分段设计不同景致，延长游客欣赏时间，且能移步换景，不至于视觉疲劳；第六，相对封闭的场所，所有萤火虫都不会逃逸，且能通过增减萤火虫量而实现人为精准控制赏萤效果；第七，为了实现网棚最大化地利用，该网棚内还可以养殖蝴蝶，从而实现“萤飞蝶舞”“白日观蝶，夜晚赏萤”，白天夜晚均可营业，增加收入；第八，网棚的面积和内部设计要科学，既不能太大而造成投资过高，也不能太小、太窄而无法容纳较多游客，还要注意棚内的植物种植和通风、光照、湿度、温度等的环境因素，首先要保证这些环境因素有助于萤火虫的养殖，网孔不能太大，要有地灯等照明和基础设施，设置科学合理的单行赏萤路线。

室内养殖可以与原有的温室大棚类设施结合，或者新建养殖室，一般情况下，这样的养殖室要与科普馆结合起来，既是精准的室内养殖基地，也是允许游客近距离观赏的科普基地，同时在养殖室的隔壁或外围，可以设计成科普馆，成为研学游基地。如此，既是养殖基地、育苗基地、观赏基地，也是科普和研学基地，还是可供售卖的萤火虫幼虫的储存基地，一基地多用途，实现效益最大化。

在保证养殖基地后，还要将养殖的萤火虫投放或引种到其他展示区域或器具里，以求最多样化的最大数量的赏萤景观，比如：稻田、梯田里、森林里、竹里林、溪谷里、湿地里养殖萤火虫，都会呈现出不同赏萤效果；还要借助一些设施实现特色赏萤，比如，坐在高空栈道或滑道甚至索道上或住在树屋里可以实现俯瞰赏萤，乘坐游船或夜漂可以实现漂乘赏萤，或设水上萤火餐厅，借助玻璃悬空栈道实现“脚下有萤”的“萤光大道”，借助溶洞欣赏“萤火虫溶洞”，借助崖壁打造“疑是萤河落九天”，借助特殊的萤种和树种打造“火树萤花”，借助镜面反射打造“萤火镜面屋”；还可以根据萤火虫的生物学特性实现多种类养殖，发展多样化赏萤。当然了，还要适当加入一些萤火虫文化小品，包括萤火虫形状的路灯、玩偶、打卡点甚至萤火虫主题厕所等，将萤火虫元素渗透到景区每一处，除此之外，还可以通过多样化的地面附属设施和适当添加萤火虫呼吸灯或全息技术萤火虫呈现等措施丰富景区，还要注意加入音响设备，播放与萤火虫有关的歌曲或诗词等，让萤火虫景区不仅有视觉盛宴，还要有听觉刺激，不仅有美景，还要有美食、美音。

总之，萤火虫景点或景观分为普通欣赏型、科普型、浪漫型、神秘型等，要根据项目地的现有自然环境和基础条件，依托生态和人为建造相结合，力所能及地设计出最多数量、最多样化、互补配合的萤火虫景观；这些景观还要有序布点，不能太集中而导致游客散不开，也不能太分散而不好售票和管理，这是实现萤火虫产业的第一步。

（二）业态的策划

景观的策划好似是不同食材的准备，业态的策划好似是不同的烹饪方法。食材不好，什么也别说，但即使“食材”较好，不会烹饪，仍然做不出“好菜”来。

就类似做菜，哪怕一盘菜再经典，若没有几个配菜，也无法成席。同样的道理，哪怕萤火虫再经典，若夜间没有其他的业态搭配，也无法成为经典的夜间旅游项目。但这些“配菜”式的夜间配合活动也有一定的筛选原则：业态要丰富，最好充实游客整个夜晚的时间；轻资产，投入少，好操作，参与度高，吸引力强，要有娱乐性，也要有文化性；要注意错开时间，不能多数赏萤或某项活动都挤在一个时间段，要在有序赏萤上下功夫；要延伸萤火虫的“光”元素，丰富各类“光”项目，但不能粗制滥造。

业态的策划，也是主要依托景区的原有产业和基础条件，但多数都包含以下业态。

1. 单纯的赏萤

包括野外生态型的自然赏萤和养殖网棚或养殖房的室内赏萤，但这些赏萤过程中最好加入科普或科研、亲子等内容，使得赏萤不再单调；若在赏萤前加入“洗礼式”程序或赏萤末加入“许愿”等内容，则更具仪式感。

2. 单纯赏萤的业态扩充

上述嵌入的内容本身也可以扩大后成为一种业态。比如，可以独立地发展萤火虫主题科普游、研学游、亲子游，要精心设计课程、加入互动体验式内容；同时，萤火虫也可以主动走入幼儿园和中小学校园等，发展萤火虫主题教育，也可以将大量人工养殖的萤火虫像家蚕似的作为科学教育的素材。比如，萤火虫许愿本身就是一个独立的业态，可以针对普通的祈福许愿，也可以针对情侣爱情许愿，甚至可以针对性地考学许愿等，但都要营造较为宏大和震撼、对题的许愿环境，要有许愿仪式，要有许愿产品，要有萤火虫许愿文化的充分铺垫，才能让游客深刻感受到萤火虫许愿的厚重，才能自愿地消费。

3. 住宿

萤火虫最大的特征就是“夜游吸客利器”，因此其带动的最大业态之一是住宿，包括萤火虫主题（亲子）酒店、民宿、木屋等，更包括露营，这些传统的住宿产业，一旦加入萤火虫元素或文化，就会“点石成金”，显著提升入住率和价位，带来可观的收入，因此，萤火虫主题景区都需要配备足够的住宿场地。但需要注意的是：要精心打造萤火虫主题住宿业，不是简单放飞萤火虫、让住客看到萤火虫就完了，最好是主题化，将酒店外形加入萤火虫元素，每个房间的名称、内部设计等都要有萤火虫文化，酒店周边有自然生态的萤火虫飞舞，木屋的形状甚至可以作为萤火虫蛹室的样子，帐篷里可以巧妙地飞舞着 2 ～ 3 只萤火虫，要巧妙地把情侣文化和亲子文化加入，推出“萤火虫主题情侣或亲子酒店 / 房间”，推出昆虫美食，在入睡之前要举行萤火虫科普、文化活动等，真正打造“与萤共眠”的养心特色主题住宿，将酒店、住宿场所作为生活的“第五空间”和科普馆、体验馆，提升传统的住宿业，并激励游客以拍摄萤火虫小视频和照片等方式宣传民宿。除了在酒店设计中加入萤火虫元素，还可以差异化地加入萤火虫食物的元素，比如，可以在萤火虫景区设计一个蜗牛造型的民宿，取名为“蜗居”，既具网红特质，又让客户深刻记住了蜗牛是萤火虫幼虫主要食物的知识点，还象征着“慢生活”，提醒游客到此要放松心境，赏萤养心。

4. 饮食

除了“住”，萤火虫带动的另外一个较大的业态就是“食”，因此，要高度重视和精心策划“萤火虫美食街 / 节”。首先，在大环境的打造上，要将美食区建在赏萤不远处，最好还会偶尔有零星萤火虫飞来，而且周边环境要精致打造，突出“乡村 / 山区野奢”味道；其次，要在个人就餐微环境的打造上下功夫，比如，餐桌、椅子、餐具都可以有萤火虫的元素，可以推出浪漫的“萤光晚餐 / 夜宴”；再次，要在餐饮上下功夫，既可以精选当地的代表性美食，也可以推出“红酒 + 西餐”，也可以推出简餐、自助餐或野外烧烤，甚至还可以借助“萤火虫幼虫的食物主要是蜗牛 / 田螺”推出“蜗牛餐 / 田螺餐”，当然了，更可以推出由当地“萤火虫农产品”做的食物或酿酒，这样还可以推销这些农产品，总之，所有的食物最好不要粗制滥造，与萤火虫营造的格调不吻合。

5. 表演

萤火虫作为夜游精灵，还可以自然而然地延伸出很多夜间娱乐业态。萤火虫最大的具象特征就是“火”和“光”，因此，其延伸业态可以首先围绕“火”和“光”，比如，篝火晚会、各类“火”的玩耍和表演、彝族“火把节”“放河灯”许愿的结合等，各类灯光秀、灯会、灯饰、光影节等，但要注意这些“光秀”要精雕细刻，不能太粗糙，且光线不能影响赏萤和萤火虫的生存。当然了，还可以延伸出其他多种夜间业态，比如，萤火虫演唱会、啤酒节、美食节、电影节、摄影节、亲子节、爱情节、相亲节等，这些业态都可以相对集中地聚在一起，放在距离赏萤地相对较远的区域。

6. 购物

夜间消费，除了“娱”“住”“食”，另一个较大的业态就是“购”。因此，要重视推出“萤光夜市 / 集市”。首先，该区域距离娱乐区和美食区不要太远，最好是在回住宿区的路上，相对安静，环境要优美，有些“萤光灯”的布置，营造出“萤光街市”的感觉，产生购物的冲动；其次，所卖的物品以各类萤火虫文创产品、活体萤火虫、萤火虫科普书籍等为主，再就是萤火虫农产品，最后才是当地的各种特色产品，而且要方便携带，制作精良。

7. 摄像

萤火虫炫美的发光使得拍一张漂亮的萤火虫照片尤其是与萤火虫合影成为多数游客的愿望，因此，推出摄影项目或现场教授拍摄萤火虫及与萤火虫合影，将会有很大的商机，不仅能挣钱，基本所有的游客都会将这些拍摄的精美照片上传朋友圈从而为景区免费大量传播。当然了，还可以举行萤火虫摄影大赛或评选“萤光仙子”等活动，为景区销售助力。另外，还可以结合摄影推出“租赁古装汉服”活动，“只要花钱租赁汉服，就可以免费由专业摄影师为您拍摄一张与萤合影”，但若想多拍则需另外付钱。当然了，景区也可以主动与婚纱摄影和婚庆公司等对接联系，推出萤火虫主题婚纱摄影和婚礼。

8. 产业链延伸

萤火虫的另外一个大产业就是“萤火虫农业”或“萤光六产农业”，包括“稻萤共生”“萤光茶”“萤火虫蔬菜大棚”等，此业态不仅延伸了产业链，还把农田做成了养萤地和赏萤地，一举多得。

9. 推出“萤火虫特色康养”或“萤火虫房地产”

由于能代言和指示良好的生态环境，拥有大量萤火虫的地方必是优质康养之地，再加上萤火虫具有“养心”功能，因此，可以将萤火虫与康养和房地产产业结合起来。在萤火虫飞舞之处练瑜伽、泡温泉、品茗赏月、按摩健身，再辅以提供爬沙虫、虫参鸡、蝉花、石蛙、萤火虫农产品等特色补品，实现全套立体新型康养；甚至还可以发挥萤火虫对某些心理疾病有理疗的效果，实现萤火虫特色心理康养。打造“萤光之城”或萤火虫主题小镇，将萤火虫引发的夜游、夜宴、夜欢、夜遇、夜浴、夜眠等业态全部综合起来探索“萤火虫夜游模式”，以萤火虫代言小镇的水质、土壤、环境、空气等生态环境的绝好质量，成为小镇高品质的代言，从而提升小镇品牌形象，最终促销房产。用萤火虫作为旅游噱头，吸引游客前来赏萤，引发旅居需求从而购房；代言周边环境好，住在这里，能养身养心，从而引发购房欲望。

10. 萤火虫文创产品打造

在野外、密林、山谷、稻田等处，可以做各类萤火虫“表演”，包括用灯光等诱集萤火虫同步发光或者向某处飞翔“集合”或飞趴在人身上，或放飞萤火虫，当然了，也可以研发一个“萤火灯笼”，游客“垂钓”，用放入笼中的若干只雌性萤火虫诱集雄虫飞来，甚是惊喜和新奇；可以将萤火虫放在秸秆、豆荚、竹笼等处发光玩耍，还可以制作各类萤光提灯玩耍，发扬萤火虫文化，增加体验感，还能充分利用秸秆、豆荚、竹产品等农林副产品，增加收入。也可以将萤火虫成虫或幼虫拼成字体或星座图案等，甚至可以将雌性双色垂须萤火虫放在窗口，连续数天都吸引到雄性的双色垂须萤在窗口附近徘徊。还可以按照万花筒的原理，制作室内的萤火虫“镜面秀”，让游客进入室内看镜面的萤火虫幻境。当未来萤火虫的养殖和产业达到一定程度之后，萤火虫还可以与商场和展览等结合，推出移动式“萤火虫展”和“情侣亲密小屋”等新业态，但一定要注意要结合多种高科技手段，打造得十分精致和高端，且互动体验性很强，才能真正有市场竞争力。

11. 适当加入其他昆虫元素和其他业态

在某处较为安全且安静的植被丰富区域，投放部分鸣虫，白天和晚上均可以让游客循着虫鸣声寻找虫、粘虫捉虫、购买鸣虫，也可以进行夜晚“灯诱”昆虫，作为亲子或研学项目，不仅增加收入，还能弘扬鸣虫文化，增加客户的参与感和体验感。另外，除了打造好萤火虫景观，还可以加入其他发光生物（发光水母、发光菌等）、发光物体（各类类似萤火虫或与萤火虫有关的灯饰）或其他虚拟的发光物（如“火虫”）打造“发光馆”，而且最好这些灯饰等要融入文化，讲好故事，设置情景，增加互动，诱人体验，而不是隔离的、孤立的灯景。需要注意的是，萤火虫景区，不能所有的业态仅仅就只是萤火虫，这是误解，应该以萤火虫为核心，向外纵横拓展和丰富相关业态，提高对游客的吸引力。

总之，萤火虫的业态一般都包含“游、住、食、娱、研、愿、农、集、摄、赏、康、耍”及“萤约、萤恋、萤婚、萤派、萤眠、萤食、萤节”和“萤光夜市”“萤光夜食”“萤光夜场”“萤光酒吧”“萤光派对”等业态，打造“不打烊的好客场”，针对不同人群设计不同的产品和业态，一定要因地制宜，找到项目的融合点和切入点，确保差异化和唯一性。同时，萤火虫景区一般都是在乡村或自然生态好的景区，因此，一定要结合突出自然教育、自然康养、生态旅游等元素，强调让游客沉浸式体验赏萤，养身养心，不能等同于传统的景区旅游项目。

（三）营销的策划

“食材”很好，“烹饪”得法，“菜”是做好了，但还要会“营销”，卖得出去且卖得多，最终才能多赚钱。萤火虫具有极强的吸客和吸睛能力，把游客吸引来了，到底能挣多少钱，就看营销策划水平了。因此，营销很关键，且由于萤火虫的特殊性，一般的营销人员并不熟悉这个特殊的产品，因此，很多时候，由于营销不得力，致使萤火虫产业的威力并没有得到充分发挥。

萤火虫产品的营销一是对应业态，二是结合萤火虫的生物学特征和文化属性，再就是结合常见的营销技巧。萤火虫产业有其自有的特点，若是就一种萤火虫，一种景观，一成不变的业态，那肯定无法吸引“回头客”，无法可持续地做大做强，所以，除了要多养殖不同种类的萤火虫，为游客呈现不同的萤景，还要通过不断地推陈出新地推出不同主题、不同形式的节日和活动，再辅以邀请来景区放飞自己养殖的成虫并评为“养萤能手”、举办摄影大赛及颁奖等游客参与性的活动，不断吸引游客，甚至多次消费，这样才能保证萤火虫景区旺盛的生命力，否则可能是昙花一现；同时，要最大程度地扩展萤火虫产业业态，各业态之间要交叉融合，分散经营风险，不能把收益简单地寄托在萤火虫旅游或研学等单一业态上。另外，还要挖掘和结合当地文化，打造独特的萤火虫景观和品牌活动，做到唯一性和不可复制，这样的景区才有竞争力。

首先，确定营销主题。营销主题相当于该萤火虫主题景区的名称，也是所有景点的总结提炼，有利于品牌的树立、传播和宣传。如“萤里”“萤光里”“萤约××”“萤（赢）在××”“萤光谷”“萤火谷”“萤溪谷”“竹川萤”“竹里萤光”“萤光乐园”“禅意萤光”“萤里论道”“萤光拾里”“一里萤光”“人间萤河”“萤约可见”“萤飞蝶舞”“萤火之森”“萤火祭/季/记/纪”“一生点亮只为你”“无声的烟花”“与萤共眠”“萤火/光之夜”“萤河系”“夏日萤约”“萤火虫之夜”“欢萤光临”“佛光萤火”“竹里·萤里·梦里”等，然后再确定若干萤火虫景点的名称，以此，所有产业和业态要既有个性、特色，又能协调、有机、统一。这些品牌（如“萤约”“萤里”“萤飞蝶舞”系列）和业态（如“萤火虫主题酒店”“萤火虫农业”）在成熟之后还有可能对外复制和输出。其次，要注意营销的内容重点与主要业态相呼应，重点发展萤火虫旅游、食宿、文化、教育、亲子、许愿、摄影、夜市、农业等方面的营销。再次，营销策划要拓展思维，提升用户黏性，增加二次消费甚至多次消费。比如通过公众号，发布一系列的家庭养殖小技巧或者小视频来持续吸引客户目光，活动现场售卖或者赠送萤火虫宠物，后续通过提供专门的萤火虫饲料来获取用户黏性。最后，要深度挖掘萤火虫观赏点的盈利点，探索多样化的营销模式：比如，观赏廊道传输带、祈福红丝带、扫码玻璃屋、婚纱摄影、求婚、派对、拍照/视频、租赁衣服和手电筒、售卖萤火虫幼虫和成虫及其系列文创产品等都是传统萤火虫产业的延伸经营项目。

营销手段多种多样，其中最常见和最重要的就是“事件营销”“节日营销”“主题营销”，其他还有文化营销、知识营销、体验营销、网络营销、赛事营销等手段。

1. 事件营销

“事件营销”就是创设话题引起新闻媒体报道或引起社会关注，从而达到营销的目的。分为以下几种情况：

（1）单一事件报道。萤火虫研究院或萤火虫科普馆建立，在该处又发现了某种特殊的萤火虫，某个萤火虫创新技术的突破，冬天起飞萤火虫，某重要人物造访该景区观赏萤火虫，某重要媒体报道该景区，某部萤火虫专著出版，萤火虫论坛召开，邀请市民和志愿者投放萤火虫种虫，平时投食人工繁育萤火虫等。

（2）就某个点进行深度挖掘，作为综合新闻事件报道。某个景区用萤火虫成功拉动夜间经济，某个乡村成功用萤火虫拉动乡村五大振兴等。

（3）景区与某个明星事物发生关联，共同发生某件具有新闻效应的事件。某个萤火虫景区与酿酒企业联合推出萤火虫主题酒且设立萤火虫保护基金，与某手机企业联合推出手机拍摄萤火虫等活动并现场直播等。

（4）人为制造某个新闻事件。面向社会招募“护萤者”，让社会大众到景区来“认养、领养”萤火虫幼虫，让在家养殖的萤火虫成虫后到景区来放飞并授予“养萤能手”，举行“一起寻萤”大型萤火虫调查及保护活动，免费萤火虫婚纱摄影、萤火虫婚礼直播等。

当然了，结合“节日营销”和“主题营销”而报道这些营销活动，本身也算是“事件营销”。总之，要找到某个事件的新闻点，引起媒体和社会的关注，这样不仅宣传了景区，还树立了正面形象，取得多重收益。但要注意的是，“事件营销”有时候是“双刃剑”，若营销的“事件”是虚构的、夸大的或者是负面的、不妥的，一旦宣传出去，就会适得其反。

2. 节日营销

主要是根据萤火虫的文化属性和生物学特征，结合景区的业态而人为地创设节日或结合传统节日加以升华，这是最为重要的营销策划方式之一。

综合开发萤火虫创意产业，最常用的商业形式是举办“萤火虫文化节”，结合上述的萤火虫主题旅游和文化活动，把诸多的萤火虫文化元素及其业态融合在一起，综合性地呈现推出；也可以侧重一些主题性的文化节，比如，由于萤火虫是浪漫爱情的绝佳象征，深受情侣喜欢，因此，可以结合情人节、“5・20”、七夕节举办萤火虫活动，也可以创设“萤火虫爱情节或相亲节”，还可以加入一些主题标语，如“为你点亮”萤火虫爱情文化节、“浪漫萤光，情定终身”主题情人节等。除此之外，还可以结合其他与爱情有关的题材或当地活动一起深入创造节日，比如，可以结合白天的蝴蝶举办“萤飞蝶舞”、结合“桃花节”举办“三生三世、十里桃花，一生一亮，只为等你”为主题的爱情节、集体婚礼、婚纱摄影、求婚节、结婚纪念日等，还可以就此推出替代玫瑰花的各类萤火虫爱情文创产品。

还可以举办萤火虫田园文化艺术节、以萤火虫为背景的晚会节目、萤火虫主题婚礼和派对、萤火虫主题摄影、萤火虫会展（包括车展、庆典）等活动，以及配合上述活动所研发的创意产品，比如，萤火虫香水、萤火虫主题婚庆小瓶用酒、萤火虫庆典释放器具等。还可以在圣诞树上挂饰萤火虫幼虫或成虫，形成特殊发光的“萤火虫圣诞树”。由于萤火虫又被称为“发光的钻石”，还可以结合求婚、婚庆等活动搞“萤火虫与钻石”文化展销活动。

萤火虫具有丰富的诗词歌赋等文化，因此，还可以举行萤火虫诗词大赛、猜谜大赛、歌曲大赛及“一千零一夜”等文化活动；由于萤火虫具有典型的科普价值和亲子属性，还可以举办科普节和亲子节，“囊萤夜读”萤火虫读书节。另外，萤火虫祭 / 许愿节、“萤约乡土”乡愁游、“囊萤夜读”萤火虫励志文化节或夏令营 / 嘉年华、“熠熠之光，生命之美”萤火虫生命教育和美学教育文化节等活动，都与萤火虫的相关文化属性有关。当然了，也可以纯粹因为萤火虫的夜游属性而延伸出一些与萤火虫文化无关或关系不大的纯商业节日，如萤火虫音乐节、电音节、啤酒节、红酒节、美食节、露营节、购物节、摄影节、电影节及萤光夜跑等活动。

有些创设的节日要深度挖掘和创新，不能为“节”而“节”，不能点到为止、浅尝辄止，否则，这样的节日没有生命力，效果不好且不可持续。比如，“萤火虫相亲节”

要结合当地政府的政策，积极响应社会需求，利用“萤火虫成虫发光为了求偶、雌雄发光器节数不同”等生物学特性设计有趣的活动，让参与者感兴趣，积极参与，且流连忘返，才能取得好的效果。

结合萤火虫“发冷光、发光效率极高”的习性，在“地球一小时”活动现场可以加入萤火虫的元素，从而制造“热点”。若举办“萤火虫乡厨大赛或乡村美食节”，则需政府协助发动每个村出若干乡厨带着本村的特色农产品，现场烹饪，售卖且评比，每个参展村委会可以免费领取一些门票，自行宣传售卖，但需每天提供一定数量游客免费试吃，试吃需报名转发朋友圈免费领取代金券，收入都归村委会和美食团队 / 参赛者。

也可以结合当地传统节日和文化特征，创设新的萤火虫主题节日。比如，广西上林有一定的萤火虫和爱情文化典故背景，若在此景区加入萤火虫元素，必然相得益彰；比如，将萤火虫与四川乐山峨边彝族自治县大堡镇化林村的悬崖梯田及彝族美神甘嫫阿妞结合，推出中国乃至世界第一个“悬崖萤火”或“萤约·美神”景点，也是一大亮点；四川峨眉山有“圣灯”文化和奇观，可将萤火虫的发光习性与圣灯文化结合，推出“散落在人间的圣灯”或“人间萤河”，还可以将拜佛与拜萤结合起来，打造“禅意萤光”，甚至还可以将道家的空灵和萤的纯幻结合在一起，打造“萤里论道”节日或活动。鬼节在世界各地都有，西方的万圣节影响广泛，然而中华民族传统的中元节却好似淡出了世人视野。萤火虫旅游在中元节进行节日营销，除了宣传萤火虫旅游，还可以给中元节传统正名，弘扬传统鬼文化。中元节是集祭祀祖先、追祭亡灵、宣扬孝道于一体，兼有礼仪性与娱乐性的民间节日，现代人们把中元节过成和清明相似的节日，其自身特质淡化不少，若抓住中元节文化核心，开展敬祖尽孝、庆祝丰收的娱乐性观萤活动十分适合。日本女性在夏季着色彩艳丽的和服，手持花扇，在参加完白天的庙会、烟花盛会和盂兰盆节之后，去草丛捕捉萤火虫；日本多地也会举办“萤火虫祭”，借助此种活动典庆以达宣传萤火虫保育的目的。也可以结合环保主题来打造萤火虫节日，如韩国茂竹郡的萤火虫节是以萤火虫为主题的环保节庆，在节庆众多节目中，20:00 开始的萤火虫探查体验项目是最受欢迎的活动。上述这类结合本地文化特点或区域性文化传统而创设的萤火虫节日或活动，会使得该景区或该活动具有唯一性——即使没有昆虫物种的唯一性，但至少有文化和结合形式的唯一性，这就保证了市场的蓝海性。

需要强调的是，不管什么样的文化节，它的主角还应是文化，一旦把文化当成了扩大影响、发展经济的可有可无的配角，文化节很可能就没了文化，弘扬文化也很可能就变成了糟蹋文化，更重要的是，若这类文化节办得过多过滥，势必造成社会财富的浪费和虚耗，某些由地方政府主导的还容易滋生有关机构和人员的腐败。因此，一定要把萤火虫文化节办好、办实，充分发掘文化元素，在追求经济效益的同时真正普及、宣传、弘扬萤火虫的精髓文化，不能为“节”而“节”。首先要有萤火虫，且不能是纯粹的、简单的萤火虫放飞活动，而是真正扎根于深厚的萤火虫养殖技术和萤火虫文化，提炼升华出真正有内涵、有文化的节日活动，才能取得文化效益和经济效益双丰收。

3. 主题营销

根据萤火虫的不同文化属性和生物学特征而设置不同的主题进行营销，很多时候主题营销和节日营销是结合在一起的，只是主题营销更侧重主题性。

（1）不同文化。"为爱发光"的亲子文化、"囊萤夜读"的励志文化、"点亮为你"的爱情文化，以"乡愁"为主题的中老年游和亲子游、以"浪漫"和"爱情"为主题的情侣游、以"教育"为主题的萤火虫研学游、以"养心"为主题的心理理疗和高档养生游等，分别举行与"爱情、亲子、科普、乡愁、美学、励志、生命、自然"等主题有关的文化活动。

（2）不同季节。一年四季搞不同种类萤火虫的活动，不同萤种有不同的发光规律和观赏效果。在冬季或下雪时节甚至春节专门推出"冬季赏萤"；经过技术处理后，在黑暗空间里也可以搞"白日赏萤"，这些都会给游客不同的赏萤感受，既宣传了萤火虫的科普知识，还延长了营业时间，有效缓解了景区的"淡季"，促进了多次消费，增加了收入。

（3）不同虫态。萤火虫的每个虫态都会发光，因此，不能只发展成虫发光欣赏产业，还可以推出"幼虫发光欣赏"主题活动，甚至推出个别种类的"卵"和"蛹"的发光欣赏主题活动，这样就能显著拉长了一个萤火虫为产业做贡献的时间，最充分地利用了萤火虫，同时加强了对游客的萤火虫知识科普，甚至会取得意想不到的营销效果，因为很多的人看过萤火虫成虫发光而从来没看过甚至没听说过其他虫态的发光。

（4）不同客群。可以分别针对亲子、情侣、老人等推出萤火虫主题亲子游、情侣游和乡愁游，针对喜好露营的人群推出"与萤共眠"萤火虫主题露营活动，针对喜欢夜生活的年轻人群推出萤火虫音乐节、电音节、啤酒节等，针对孩童推出萤火虫童谣节、电影节、诗词节等节日。

（5）不同节日。在春节可以推出"无声的烟花"赏萤活动，在三八节推出"萤光美"妇女主题活动，在五一劳动节推出"萤火虫欢娱节"放松娱乐，在六一儿童节推出"有萤火虫的童年"少儿主题活动，在七一推出"熠熠萤光耀党徽"主题活动，在八一建军节推出"发出光亮，照亮别人"军人免费赏萤活动，在十一国庆节推出"熠熠萤光迎国庆"主题活动，在暑假推出"囊萤夜读"萤火虫励志文化节，在七夕节、情人节、"5·20"推出萤火虫爱情节，在中元节推出"萤光祭"纪念逝人活动。

（6）民族宗教。将彝族的"火"文化和火把节等与萤火虫发光习性相结合，从而推出具有民族特色的文化活动；与佛教和寺庙结合推出"禅意萤光""拜佛祭萤""禅灯寻萤"等文化活动，与道教和道观结合推出"萤里论道""萤光空灵"等文化活动。

4. 文化营销

古代萤文化大致可分为原始化生、民俗鬼化、文人诗化三大类，其中文人诗化里萤火虫文化意象十分丰富，包括了“囊萤夜读、君子比德、思乡情切、不忘久要、无边寂寥”等的丰富内涵。在萤火虫旅游的营销中，结合萤火虫多发的季节进行文化营销，可以取得良好效果。如每年夏季6—7月，是期末季，也是毕业季、升学季，结合“囊萤夜读”营销甚至开发“囊萤夜读台灯”，可以激励学子奋发学习；结合“不忘久要”进行文化主题营销，萤火虫旅游可以提醒青年珍视友情，放心追梦。

5. 知识营销

知识营销是生态旅游的传统营销策略，萤火虫旅游作为一种生态旅游产品，既可以满足人体验生态环境、丰富生态知识的需求，又有助于维护生态平衡。将知识营销融入萤火虫旅游当中，通过各种媒介，在旅游中对大众强调人与自然的和谐，又进行生命科学、人文科学知识传递，还可以利用公益活动来进行知识营销。因此，萤火虫很适合进行科普游和研学游，要注意在游客赏萤过程中加入科普知识的传播和营销。

6. 体验营销

在萤火虫旅游中，旅客可以寻求形式各异的身心体验与满足，体验营销就是要将“体验”注入萤火虫旅游的核心价值中，以各种新奇好玩的情境为基础，通过“艺术+技术”的手段，提供参与式、互动式体验项目，激发游客感官的愉悦、积极地参与、真情地投入、情感的共鸣等，在轻松愉悦的氛围中学到知识，产生联想，拥有美好的回忆，逐渐对萤火虫文化产生认同，进而提升萤火虫旅游的效用和知名度。因此，在萤火虫旅游中要特别注意设计各类有趣的体验活动，让游客参与其中，比如，用打火机、香烟尤其是汽车尾灯可以很明显地诱导穹宇萤的集体同步发光，蔚为壮观，因此，可以做一种踩踏或按钮红灯，刺激萤火虫的游戏或体验项目，可以每晚在某个固定的较晚时间用尾灯刺激萤火虫发光，举行萤火虫表演，以此延迟客人在景区逗留时间从而产生更多消费。还有一种能极大提升游客体验感的方式是：让VIP顾客享受洗礼式的“萤光祭”特殊赏萤仪式和服务，从“看萤、观萤”上升到“赏萤”，最后到体验感和仪式感极强的“拜萤”。

7. 网络营销

旅游产品在线销售量高速上升，网络营销特别是移动网络终端营销成为旅游营销大趋势。网络媒体营销较传统媒体营销存在巨大优势，特别是后新冠疫情时代，网络媒体传达信息的时效性、全面性、便捷性非传统媒体可比，还可以实时进行产品预定和支付。萤火虫旅游一定要注重网络营销，通过精美图片、视频打造网络爆点，吸引游客，建立包括宣传、购票、预约、购物的网络旅游平台。同时，一定要注意网络直播萤火虫卵的孵化、人工养殖、发光行为等有趣的行为和科普知识点，还可以直播“520对新人”萤火虫婚礼等大型事件，在网络上造成重大影响，还可以利用5G技术推出“云上观萤”，不受时空影响地赏萤。同时，还要注意借助网络传播萤火虫的动漫、纪录片和各类影视文化作品。

8. 赛事营销

对赛事特点和萤火虫旅游落脚城市进行仔细研究和文化挖掘，找到共通处，同时针对不同的客源市场设计不同的萤火虫旅游产品和萤火虫主题活动，例如，针对中小学体育赛事可以落脚于科普、亲子，青壮年赛事可以是交友、爱情主题，而中老年就可以打造康养主题。最容易举办的赛事就是“萤火虫主题摄影大赛”和“萤光仙子”评选，将游客自己拍摄的萤火虫作品或自己与萤火虫的合影发到网上进行广泛评选和比赛，必将是一个传播力、参与性很强的活动；还可以在宠物化养殖萤火虫的人群中举办“养萤大赛”，获胜者可以获得“养萤王”之类的殊荣并获得景区免费旅游的机会；可以举行萤火虫诗词、歌谣等大赛，既传播了萤火虫文化，又是参与性很强的高品质的文化活动，会获得游客和政府的多重支持；还可以举行萤火虫文创产品设计大赛，既传播了萤火虫文化，又有营销轰动效应，还能为举办方筛选出优质的文创产品方案，一举多得。

（四）商业模式的策划

1. 门票经济模式

对国内绝大多数旅游景区来说，门票收入是其主要经济支柱。门票经济模式广受旅游者诟病，各景区纷纷调整经营模式，采用出售旅游年票、发放免费门票或者门票优惠券的方式来吸引游客，这些方式本质上就属于免费经济模式。萤火虫旅游是一种综合体验性且延时性很长的旅游活动，在经营萤火虫旅游时，应该减少门票经济模式，多采用免费经济模式，通过萤火虫旅游全时期带来的耗材、补给、服务型消费来盈利，这样可以促进景区提升经营质量，优化景区内容，促进服务质量的改善。即使一开始景区采用门票经济模式，也宜采用“高定价低折扣”的定价策略，即门票定价很高但实际收取的售价较低，等景区逐渐回收资金后可以逐步采用免门票经营模式，多增加二销产品收入。萤火虫旅游一定不能把门票看得很重，而是要把萤火虫旅游过程中的互动体验项目、二销项目尤其是文创产品的销售深入挖掘，这才是萤火虫旅游营销的重点。

2. 产业联动模式

萤火虫景区经营要有产业联动与融合的思维，拓宽除门票消费与餐饮消费以外的消费内容。如狠抓夜间住宿类消费，夜宿的相关设施、配套服务相应跟上需求，并分上中下几个档位，满足不同人的消费。景区可以推出“一站式、保姆式、代办式”营销服务思路，与周边酒店和餐馆甚至其他相关景区等联合运营，让游客价格公道地定向食宿游玩，无需操心，景区收取所推荐运营商由此带来收入的介绍费。

萤火虫景区具备优质的自然生态优势，完全可以利用闲置地块和各类农田从事农业生产，发展萤火虫农业，再配合“萤火集市”和“萤光康养”销售和提供萤火虫农产品，为 VIP 客户提供萤火虫生态农产品。在萤火虫科普游、研学游、亲子游、康养游的过程中就让游客感受和了解萤火虫农产品的生产过程，既科普，又旅游，又促销农产品。游客还可以自行认养领养景区内的萤火虫，或购买萤火虫及其饵料后带回家自行养殖，养殖过程中进入公众号集体讨论，养殖成功后欢迎到景区放飞并获得奖励，可以 DIY 制作各类萤火虫养殖盒、文创产品。

如此，拥有了联动思维，采用混合经营的模式，萤火虫景区就不仅仅是一个门票景区，而是一个综合性的旅游休闲度假生活体，综合收入显著上升。

3. 粉丝经济模式

在当前的流量时代、自媒体时代、网红时代、后新冠疫情时代，旅游景区是否有竞争力与它的网络影响力、粉丝影响力密不可分。因此，在萤火虫景区经营模式中，一定要具有匠心精神深耕萤火虫旅游产品，利用现代互联网传播工具、社交平台将景区包装成网红，注重产品的迭代升级，管理与服务的升级，让游客变成萤火虫景区的粉丝，一起加入景区的营销员行列中来，这样景区才具有市场影响力，衍生产品可以通过粉丝的自带流量与端口销售出去，形成粉丝经济模式，而不是只依靠游客来景区旅游而产生经济效益。

（五）活动的策划

萤火虫产业活动的组织和策划，其实就是上述策划思路的排列组合，结合景区的实际情况，而摘选或创设一些活动内容，尽管是“一事一议”、各有不同，但也有一些共同规律可循，有一些统一事项需要注意。

（1）赏萤活动尽管是夜晚，但真正的产业活动其实从白天就开始了，尤其是对偏重科普和研学以及深挖参与体验的萤火虫活动，白天的蝴蝶及其他昆虫科普观赏、萤火虫活体饵料的科普采集、萤火虫科普知识讲座 / 科普电影观赏、萤火虫简易生态养殖盒、采集或盛放活体萤火虫的各类器具、萤火虫灯笼等夜间互动体验器具的制作等都已经算作产业活动的开始了，是夜间赏萤的铺垫、预热和前奏。

（2）晚饭是萤火虫活动的一个重要节点，要在晚饭的内容、形式乃至餐具上下足功夫，比如，晚饭有萤火虫文化元素，甚至推出田螺 / 蜗牛餐，餐具和桌椅上有萤火虫文化元素，推出情侣“萤光晚餐”。针对不同人群确定晚餐的时间和内容，孩童吃饭较快，吃完后要有坝坝电影、小游戏、歌谣会等活动让其参与，不能饭后无事可干；情侣和成人游客则可以慢慢享用丰盛的仪式感强的晚宴，尽量拖延晚餐到赏萤时间。总之，要让游客在适宜的晚餐时间后不能较长时间无所事事地等待赏萤的开放，要用丰富的内容把游客“拖”到天黑之后赏萤时间的到来，否则，若在这个空档时间段有些游客因无所事事而“溜走”，则功亏一篑，造成游客的流失。

（3）要充分利用好游客赏萤的路程和排队时间。若需要集体乘车前往赏萤区，则须在车上播放萤火虫科普视频、导游适当补充科普和安全注意事项、散发一些文创小产品和安全小产品等，提前预热赏萤，科普知识，做好安全防护；若游客在赏萤点外排队等候，则需要注意最好提供一个遮阳、遮雨的通道甚至必要的休憩座位，同时，要在等候通道上设置足量的萤火虫科普材料，让游客边等、边学习萤火虫知识，甚至可以设置一些互动性的诗词问答等互动项目，也可以销售一些萤火虫文创或科普产品。总之，不能让游客干巴巴、傻乎乎地乘车或排队等候，白白浪费时间，也浪费了难得的科普、互动、营销机会。需要提醒的是，前往赏萤区的过程是最容易发生交通堵塞的环节，一定要精心组织车辆和人员，做到有条不紊，确保安全有序。

（4）赏萤过程中要有一定的科普讲解和文化拓展，这样能极大地增加游客的感受和收获，同时这些科普讲解人员也能一定程度地管理游客，确保赏萤秩序和维护安全，在此过程中，还可以引导销售活体萤火虫及其文创产品，一举多得。在赏萤过程中，要特别注意引导游客拍摄萤火虫美景或与萤火虫合影，这样不仅能提高游客的参与感，还能促进萤火虫拍摄收入，更主要的是，一旦游客手机上有精美的萤火虫图片或与萤火虫的合影，必将发朋友圈，从而免费为景区作宣传和传播。若是野外长条道形式的景区，最好乘坐专门的赏萤观光车，既增加收入，又有序组织，又确保安全，一举多得。赏萤之后，最好还要举行萤火虫许愿或萤火虫表演等特色活动，能极大地吸引拖延游客的赏萤时间，还能极强地增加游客的体验感和参与感，因为，一般情况下，有充分仪式感的萤火虫许愿活动和震撼的萤火虫表演都是压轴式的活动，会将赏萤活动推向高潮，也是决定游客满意度的重要环节，务必要重视。若赏萤区场地大，则游客拍照区、放飞区、许愿区都可以设置在赏萤区内，否则，可以单独放在赏萤区外部位置。

（5）赏萤之后，游客走出赏萤区的时候一定要设计“萤光夜市”，趁热打铁，趁着游客的赏萤兴奋和热度立即开展萤火虫文创产品、相关产品和活体萤火虫等的售卖。

（6）填补活动。萤火虫音乐会或动感荧光舞表演或当地特色的文化娱乐节目，萤光集市、萤光美食、萤光篝火，设置“萤约”等创新性的相亲或青年男女交际活动，举行小型的萤火虫诗词和歌曲比赛，去各处的萤光 / 灯光网红点拍照打卡，逛街购物，“囊萤夜读”，上述这些活动都可以填补游客在赏萤前和赏萤后的时间，使其可以高密度地充实地将游玩时间拖到 22:00 以后的“夜宿时间”，进而拉动后续的夜宿经济。当然了，也可以举行“乡厨美食比赛”“萤光广场舞比赛”，拉动当地民众的支持和参与，确保游客量和人气，也真正带动乡村的文化振兴。

（7）赏萤和娱乐、美餐之后，最后的一个活动环节就是“夜宿”了。酒店、民宿甚至房车的住宿基本都是自行就寝，不需要特别组织，需要精心组织的就是露营了。露营的位置、摆放、相关洗漱设施、安全措施、帐篷的温控和舒适、萤火虫如何与露营结合（放在帐篷内，还是萤绕帐飞）等问题，都要做好精心的安排和准备，确保有序、安全、舒适、有体验感。

总体来说，萤火虫活动的策划要遵循如下几个原则，做到以下几点：

（1）起伏感受。从下午或晚饭的预热，到赏萤的兴奋，到许愿、放飞、表演萤火虫的高潮，再到萤火虫娱乐活动的兴奋、美食和拍照的满足，最后到住宿的安宁，整个活动的流程就像一篇乐章似的，要高低起伏，抑扬顿挫，有动有静，让游客有完全的、复杂的、多样的感受。

（2）精致打造。从能作为明信片收藏的精致门票，到所有网红打卡点的建造，到赏萤点和赏萤过程的精致打造，再到娱乐节目、美食和售卖物品的精美，要处处匠心打造，给游客极佳的体验，要有好口碑和回头客。

（3）安全有序。赏萤是夜间活动，且游客都是在一个相对集中的时间段和相对集中的区域内赏萤，安全隐患很大，很容易出现交通堵塞和无序赏萤，造成安全事故或顾客投诉。因此，保证大量的游客在夜间安全有序地赏萤和游玩，是萤火虫产业活动的首要任务，要予以足够重视，列出万全措施。

（4）丰富充实。若游客只是来景区赏萤，其他的业态跟不上，不丰富，甚至连基本的吃、喝、娱、购住等都满足不了，吃饭没位置，住宿没床位，停车没车位，除了看萤火虫，其他的时间都找不到事可干，或者简单堆砌了一些所谓的夜间活动，都是粗制滥造，毫无吸引力，那就彻底麻烦了，这样的景区就是萤火虫效果再好，也难以为继，收益甚微。

四、赏萤管理

此部分内容是为萤火虫产业作铺垫，既有助于游客的赏萤，也为主办方组织赏萤活动提供科学参考。需要指出的是，此部分的有些内容是针对民众自发去欣赏野生萤火虫而非去萤火虫景区的情况。

赏萤不仅是一项感性的旅游活动，还可以兼顾环境保护及科普教育的功能，同时，由于赏萤活动往往会造成大量人群的消费行为，由此产生的消费行为若能转化成对当地环境保护的助力，这将会是一项能兼顾各方需求的完美活动。然而，若组织不当，当大量人群涌入萤火虫栖息地时，会对萤火虫造成过度的干扰而影响族群繁衍；若游客对赏萤地点和时间没有正确选择，或者萤火虫活动没有恰当规划，最终的赏萤效果会受到极大影响。

1. 赏萤时间的选择

萤火虫发光的时间和最佳欣赏时间，因种类不同而各异，还受天气因素影响。一般来说，天黑后半个小时左右就开始有萤火虫起飞发光，然后逐渐增多，出现几个发光高峰，过凌晨之后，再有若干个发光高峰后即逐渐降低发光频率和发光量，在天亮前 1 ～ 2h 基本不再发光。赏萤黄金时期一般是 20:30—22:30。若在野外生态赏萤点，如果下中、大雨，萤火虫无法起飞，不能发光；若下小雨，则有部分萤火虫会发光，而且，有些种类的萤火虫，在雨后甚至会起飞发光效果更好。若夜晚月光太强，也会较大程度地影响萤火虫发光效果，所以，最好选择阴天或每月阴历初一前后月缺时赏萤效果较好。

2. 赏萤地点的选择

稳定的萤火虫资源是赏萤活动的首要条件，但并非一定需要有非常多的萤火虫才适合。一般来说，在一条长 150 ～ 250 m 的赏萤路线中，若有 250 ～ 300 只萤火虫，就能达到赏萤的标准。

由于不同种类萤火虫的发生期不同，即使同一种类的萤火虫在不同环境或海拔中成虫发生期也不同，所以，要进行经常性的萤火虫资源调查，才能较为精准地掌握环境里的萤火虫发生期，取得最好的赏萤效果。

在当地环境里较优势的种类会成为规划的赏萤焦点物种，秋末或冬季出现的萤火虫常被冠以颇具诗意的“冬萤”来统称，不同地域、不同海拔、不同环境里有不同的优势物种。

各区域萤火虫发生的数量是否稳定，最重要的是取决于栖息环境是否被干扰或破坏。只要栖息地不因泥石流或人为的开发、整地、开路、路灯架设、喷洒农药等因素的影响，每年出现的萤火虫数量往往差别不大，但是，每年成虫发生的时间大概会受到气候因素的影响而有些波动，波动幅度一般在 2 周左右。

3. 赏萤地点的注意事项

（1）有承载大量人流的路线。赏萤地点的选择还要考虑是否能够容纳大量人流。一般路线越长越宽广，越能容纳更多的人数，往往以单向赏萤路线最理想。同时，还要考虑游客体力的负荷能力，过长或过于陡峭的路线，可能都会让游客吃不消，一般路线规划在 1 000 m 以内。

（2）赏萤场所可以分成几个明显不同的区域。为了避免赏萤时人群过度干扰萤火虫族群，赏萤场所有必要划分出“保护区”“缓冲区”“观赏区”明显的 3 个区域。其中，“保护区”为参观民众无法进入的区域，该区主要用于萤火虫的保护和繁衍；“观赏区”则充分供参观民众行进、驻足观赏和倾听解说；“缓冲区”是介于上述 2 个区域之间的区域，其功能是缓冲参观民众偶尔不当的跨越等行为，该区域用草皮、低矮的围篱或沟渠来标识。

（3）没有人工光源的干扰。为了避免光线对夜行性萤火虫求偶交配的干扰，赏萤地不应该有人工光源的干扰，若赏萤地已有架设的人工光源，则有必要对既有的路灯或室内灯光进行管制。最理想的灯光管制方式是直接将赏萤区里的路灯电源切断，将邻近地区的路灯改为高压钠灯（橘黄色灯光），并加装灯罩以缩小灯光照射范围，光源的高度也越低越好。由于红色光系的光线对萤火虫的干扰最小，应在萤火虫栖息范围内使用黄色、红色的光源，而赏萤者照明用的手电筒也需要贴上红色玻璃纸。另外，在人工光源的部分还要考虑到避免车灯的照射及附近住家的室内光线外漏，因此，停车地点的设置及请求附近居民装设窗帘也是很重要的工作。

事实上，夜行性萤火虫并不是只能在完全没有人工光线的环境里生存，发光较为明亮的种类，也能在光度略高的环境里进行求偶行为，所以，只要能将栖息环境里的人工光源控制在此范围内，萤火虫仍能正常生活其中。

（4）要有安全的赏萤路线。为了方便游客尤其是提高安全性，赏萤地点的选定尽量选平坦的路面，而且要有明显标示赏萤界线或路线。最简单的标记方式就是在地面上涂上白色漆，也可以适度地利用低照度的 LED 灯或太阳能埋地灯等来标示。关于赏萤路线的告示，最好是在入口处即以告示牌标识，并在沿路设置辅助标识，以免游客在黑暗的赏萤区里分不清方向。由于赏萤活动多以步行方式进行，因此，赏萤路线中务必要管制机动车辆进入，且要提前明显地公告。另外，赏萤路线最好是单行通道，这样能有效维护秩序，避免人员拥挤和出现踩踏事故。

需要注意的是，赏萤地自然环境较好，一般都会有蛙蟾和蛇类等，为了避免给游客带来恐惧或伤害，需要有安全人员提前做好安全探查工作，并采取一定措施驱赶上述有毒、有害动物，还要提醒游客注意和佩戴一定的防护器具。

（5）考虑交通承载量和停车空间。大量的游客要求赏萤地点的选择最好是交通方便且有足够停车空间的地方，且要规划好路线，谨防交通堵塞。理想的停车空间设置，不宜设在赏萤区或紧邻赏萤区，因为游客在夜间停车或离开，刺眼的车灯一定会影响现场其他人赏萤，但是也不宜离赏萤区太远，一般从游客下车到赏萤区，以步程 5 ～ 15 min 的距离为宜。

（6）要有食宿的配套安排。由于参与赏萤活动的民众多为外地游客，对于当地环境多不熟悉，而且赏萤活动都在傍晚到夜间进行，因此，举办活动时应该要协助远道而来的游客安排食宿问题，既可以发动赏萤区附近的居民开办民宿，也可以在附近建设正规旅馆。同时，还可以与当地的特色景点、人文历史或农产品等结合起来配套游程。如此，则能带动附近景点或居民的经济，提高附近民众的认同度，达到资源共享的目的。对于很多想发展萤火虫产业的农村来说，若食宿条件受限，可以考虑将合并乡镇或小学而空出来的房舍改造成赏萤食宿场地。特别强调的是：要想真正发展好萤火虫产业，除了解决如何吸引大批人流量的问题，还要解决大量游客来之后接待能力和接待质量的问题，否则，若遭到游客吐槽或出现堵塞等事故，会极大影响萤火虫产业的健康持续运营。

（7）要有一定的讲解和导引。由于萤火虫具有极强的专业性，且不同时段的萤火虫也不同，为了达到环保教育和科普教育的目的，也为了增加游客的体验感和收获，赏萤活动中最好加入较高质量的科普讲解服务，讲解员既是导游，又是科普导师。

主办方应该为游客提供赏萤地萤火虫年消长图，明确本地常见萤火虫种类，并列出不同生活环境下萤火虫的优势种群及其最佳观赏时段，甚至还可以在网络上像天气预报似地每天提前发布次日或近几日的“赏萤预报”，以方便游客科学有效赏萤。

（8）最好有一些延伸产品。在赏萤过程中或结束后，最好是结合当地文化和资源特色，开发出一些与萤火虫相关的特色旅游产品，既能增加当地收入，又能让游客对萤火虫有更深刻的认知。

4. 赏萤活动规划的注意事项

赏萤地点大概可以分为在私人园区以及在公共空间两种。在私人园区内举办的赏萤活动，由于其制约性高且规模性不大，因此，一般不会衍生意外问题。至于在公共空间举办的赏萤活动，由于其制约较弱，人数也较多，稍微疏忽就可能产生不必要的困扰。因此，赏萤规划活动时，必须将下列注意事项列入讨论。

（1）务必制约所有人不能有采捉萤火虫的行为。许多人在看到萤火虫时，常会忍不住想捕捉看一看，这样的行为除了直接干扰到萤火虫外，也会让其他赏萤者效仿。因此，在赏萤前，一定要求赏萤者及现场解说人员都不能采捉萤火虫。至于若要满足赏萤者对萤火虫的好奇，可以制作解说板，或必要时于解说站前准备少量萤火虫来为游客讲解，待当天活动结束后，立即将萤火虫放回。

（2）流量管制与总量管制。赏萤流量的管制宜依据所规划的解说人员负荷来确定，总量的管制则以赏萤点的观赏区区域大小及赏萤路线距离来估算。赏萤活动若通过网上提前预约进行，则会有效缓解人流量问题，同时能舒缓淡、旺日问题，保证每天游客量都较为均匀，且保证了赏萤安全有序。

由于赏萤活动都是在夜间进行，在视线不良的情况下，一名解说人员所负荷的人数在 12 ～ 15 人，因为过多的人数将造成过长的赏萤队伍，如此将无法兼顾后方民众的状况，不仅后方民众无法听清楚解说人员的说明，也容易造成后方民众脱离解说人员的掌控。夜间解说人员不适合以扩音器来进行现场解说，而且，同时间过多的赏萤人流会彼此干扰造成赏萤品质降低，并会造成解说人员的过度负荷。

（3）安全措施。选择固定路线、人车分道、单行道、加装地面跳灯，避免赏萤群众离开步道，并请民众穿着长裤与运动鞋，不要任意向草地、草丛伸手摘取生物，以免碰触到有刺、有毒植物或遭蛇袭击。

（4）资源共享。大量人流所衍生的消费直接受益的是当地的店家或摊贩，然而执行萤火虫栖息地维护的工作者极可能不是上列的受益者。如果资源无法共享，涌入的人潮实际上是干扰当地居民。所以，举办赏萤活动时一定要把资源共享考虑在内，如果能规划出让当地大部分居民都能享受到赏萤的红利，不仅可以提高环境保护的功能，也能让当地居民达到共荣的共识。

（5）摊贩问题。大量人潮背后所带来的往往是利益的觊觎，因为它可以带来商机。因此，很容易引入商贩或其他消费行为，于是原本高品质的生态旅游，就开始变得像市集活动了。摊贩的销售行为不仅直接产生垃圾，也无法限制销售项目，若有会发光或发出声音的商品，则会干扰赏萤活动，因此，在赏萤区域尽量与商贩沟通清楚，甚至限制设摊。

（6）垃圾问题。人多了，往往会留下一定的垃圾。因此，在赏萤活动中，建议加强宣传将垃圾带回家，而且现场尽量不设置垃圾桶，由以往的经验发现，设置垃圾桶往往到最后变成垃圾场。

（7）夜间干扰问题。赏萤地点大多位于郊区，行进在寂静的夜里，倾听虫鸣声响是一件很惬意的享受。此时，任何声光都有放大作用，因此，要约束人群发出任何声响，以提高赏萤的品质，也避免影响附近居民的安宁。有了赏萤事前的完善规划及对萤火虫生态的正确认知，不仅有助于活动的顺利进行，对于萤火虫的保育工作也有更广泛的宣导效果。

5. 游客赏萤前的准备工作

为了让游客有更尽兴的赏萤体验，还需要有些工作提前准备。

（1）安全方面。尽量穿长裤及长袖衣服，必要时涂抹防蚊液，避免被蚊虫或蚂蟥等叮咬。在所规划的范围内行走，避免踩踏路边草地与土堆，更不要跨越路旁围篱。准备手电筒。为避免踩入坑洞或不小心踩到蛇，在野外行进时务必先用手电筒探照路面，确定没有危险的时候再熄灯慢慢走过。不要在大雨或地震过后的夜晚靠近山壁或悬崖赏萤，以免由于土石松软造成落石或路面崩坍。

（2）赏萤方面。除了注意游客自身的安全外，在观察萤火虫时也要提醒自己，将对萤火虫的干扰减少到最小。请勿大声喧哗，以免干扰萤火虫或影响他人赏萤。用包了红色玻璃纸的小手电筒观察。红色的光对夜行性萤火虫的干扰最小，所以，手电筒要用红色玻璃纸包裹。除了安全考量及必要的观察外，请尽量不要开灯以免影响他人赏萤。请勿追赶萤火虫。萤火虫胆很小，快速的追赶行为会使萤火虫飞离，而且夜间视线不好，不当的跑、跳、追赶太危险。请不要捉萤火虫。萤火虫是环境的指标、夜间的精灵，也是全体居民用心维护的结晶，所以，要爱护萤火虫，不抓萤火虫。

6. 赏萤解说

（1）赏萤解说的重要性。不论是在赏萤前或是赏萤进行中，“解说”都是一件非常重要的事情。“解说”除了可以提供有趣的萤火虫科普知识外，也可以借此宣传环境保护的重要性。整个赏萤活动中，可因解说的内容而引导出不同的赏萤意义。例如，赏萤不该只保持着一定要看到满林子飞舞的萤火虫才叫成功的赏萤，就像赏鸟、赏鲸不一定要看到一大群的鸟、鲸一样。另外也可以利用解说的机会，向民众说明“由于季节、物候、环境及人为的干扰破坏，对萤火虫族群的影响，因此，很难保证何日何地一定会有很多萤火虫”。只要游客树立了正确的赏萤观念，即使在赏萤当日没有大量的萤火虫出现，也不失该次赏萤的意义，更不会让游客悻悻归去甚至投诉。

一般赏萤前的解说可安排在日间约定的时间，适合在室内进行，可依实际室内空间大小规划参与人数。如果游客能在日间参与萤火虫的生态及环境保护的观念沟通，将可以减缓夜间解说人员的负担。

但是在对游客解说时，要避免提及萤火虫的采集方式及养殖技术，否则反倒误导民众采集萤火虫。科普讲解词要统一范本，不能出现知识错误，且可以适当与当地文化和景点结合起来阐述，要注意挖掘讲述萤火虫的文化及产业等，而不仅仅是萤火虫的科普基础知识。最后，还要注意科普讲解得生动有趣和引人入胜，比如，萤火虫是提着灯笼来找对象的，如果受到惊扰就会影响人家的结婚生子；萤火虫雄性一般要“两节电池（发光器）”，尽力发光找对象，雌性则只需要“一节电池（发光器）”，觉得哪个雄性中意就害羞地闪烁几下就算是答应婚事了；赏萤是一种“心跳”的活动，因为萤火虫的发光多数都是一闪一闪的，闪烁频率类似人的心跳速度，最好在解说的同时能有一些引导消费的成分，因此，对于讲解员的综合素养要求较高，甚至比普通导游的要求还要高。

（2）赏萤解说的模式。赏萤活动的解说，大致可以归纳出下列几种模式：

①日间先安排解说人员解说，夜晚也派解说人员导览。

②日间先安排解说人员解说，夜晚由民众自行前往赏萤。

③夜晚赏萤活动开始前由解说人员解说，其后也派解说人员导览。

④夜晚赏萤活动开始前由解说人员解说，其后由民众自行前往赏萤。

⑤夜晚赏萤活动过程中由解说人员解说和导览。

⑥无专业人员解说，但店家自办简单的科普讲解或周边居民有零星宣讲。

⑦无任何人员解说，由赏萤者自理，偶尔利用网络、媒体自学或游客间相传。

第1种和第3种模式是最花费解说人力的，但是如果能以第1种模式进行赏萤活动，将可以大大提高当地居民及参与赏萤活动的游客对萤火虫及自然环境保护的认同；而第6种和第7种没有组织或自发零星进行，甚至没有任何的解说，因此，其环境教育的功效最低，赏萤体验也会大打折扣。

（3）解说板的设置及赏萤插页的制作。由于并不是所有参与赏萤活动的游客都能参加事前的解说活动，因此，主办方有必要制作一些解说板或宣传插页。对于陆续前来的游客，可以利用赏萤活动地点内所设置的解说板，或主办单位提供的宣传插页来补充。整个赏萤活动的解说工作，人力最大的负担在于现场解说，解说板及插页的制作，可以辅助赏萤活动进行时解说人员的解说，也可以补充解说人员不足的问题。

解说板或插页的内容一般不外乎以下内容：萤火虫的基本知识及生物学习性、当地常见萤火虫的辨识、引导赏萤路线、赏萤注意事项等。

主要参考文献

曹倍荣，闫振天，陈斌，2021. 中国萤科和雌光萤科昆虫名录 . 重庆师范大学学报（自然科学版），38（5）：21-36.

曹成全，2019. 萤火虫在特色农业和乡村旅游中的应用 . 生物资源，41（04）：376-379.

曹成全，2023. 萤火虫文化及其产业化应用思路 . 乐山师范学院学报，38（02）：76-84.

曹成全等，2021. 昆虫创意产业 . 北京：中国农业大学出版社 .

曹成全等，2021. 萤光探秘——萤火虫主题研学手册 . 成都：四川师范大学电子出版社 .

曹成全，陈申芝，童超，等，2016-03-18. 半水生萤火虫的室内规模化人工养殖方法：中国，CN201610155498.8.

曹成全，李希然，2021. 追光者笔记——萤火虫科普读物 . 成都：四川师范大学电子出版社 .

曹成全，张毅，王义哲，等，2023. 萤火虫的研究、保护及开发利用进展 . 环境昆虫学报，45（01）：1-22.

陈斌，曹倍荣，闫振天，2020. 萤火虫的分类、生物学特性及保护和利用 . 大学科普，14（3）：34-37.

陈灿荣，2003. 台湾萤火虫 . 台北：田野影像出版社 .

陈申芝，曹成全，童超，等，2020. 三叶虫萤的交配和产卵行为 . 应用昆虫学报，57（4）：973-979.

陈申芝，曹成全，鲜黎明，等，2014. 乐山市绿心公园三叶虫萤生境分析与夜间活动规律 . 乐山师范学院学报，29（12）：47-50.

陈申芝，卢聪聪，曹成全，等，2018. 三叶虫萤各龄期幼虫形态描述 . 四川动物，37（03）：298-304.

大场信义，2012 . 萤火虫的饲养方法与观察 . 东京：株式会社ハート .

董平轩，侯清柏，梁醒财，2009. 萤火虫的发光行为及其功能起源 . 四川动物，28（02）：309-312.

方立，杨江伟，王佳璐，等，2013. 胸窗萤幼虫对灰巴蜗牛的捕食机制初探 . 应用昆虫学报，50（1）：197-202.

付新华，2009. 胸窗萤的防卫行为：反射性出血及翻缩腺反应 . 昆虫学报，52（7）：783-790.

付新华，Nobuyoshi O，雷朝亮，2004. 条背萤的形态和生物学研究 . 昆虫学报，47（3）：372-378.

付新华，王俊刚，雷朝亮，2005. 条背萤幼虫水生适应性形态与游泳行为研究 . 昆虫知识，42（4）：419-423.

李学燕，2005. 中国萤火虫的系统分类与进化研究 . 昆明：中国科学院昆明动物研究所 .

李学燕，梁醒财，2006. 发光甲虫与生物荧光 . 昆虫知识，43（5）：736-741.

刘飘，曹成全，童超，等，2017. 三种萤火虫幼虫臀足的形态与功能 . 生物资源，39（05）：373-378.

卢聪聪，童超，曹成全，等，2017. 不同环境和介质对三叶虫萤卵孵化的影响 . 生物资源，39（05）：386-388.

DEIRDRE A. PRISCHMANN-VOLDSETH，2022. Firefl flies in Art：Emphasis on Japanese Woodblock Prints from the Edo，Meiji，and Taish ō Periods. Insects，13，775.

LEWIS SM，2016. Silent Sparks：The Wondrous World of Fireflies . Princeton：Princeton University Press.

LEWIS SM，THANCHAROEN A，WONG CH，et al.，2021. Firefly tourism：Advancing a global phenomenon toward a brighter future . Conservation Science and Practice，3（5）：e391.

LYNN FRIERSON FAUST，2017. Fireflies，Glow-worms，and Lightning Bugs. Georgia：University of Georgia Press.